問題+解説編 数学Ⅲ 入試問題集

第1章　複素数と複素数平面
1　複素数　*001*
2　複素数と図形　*015*

第2章　式と曲線
1　2次曲線　*023*
2　曲線の媒介変数表示，極座標と極方程式　*042*

第3章　関数
1　関数　*048*

第4章　極限
1　数列の極限　*054*
2　無限級数　*065*
3　関数の極限　*071*

第5章　微分法
1　微分係数と導関数　*083*
2　いろいろな関数の導関数　*087*
3　関数の連続性と微分可能性　*096*
4　接線・法線　*101*
5　関数の増減　*108*
6　方程式・不等式への応用　*123*

第6章　積分法
1　定積分の計算　*128*
2　定積分で表された関数・数列　*143*
3　定積分と和・不等式　*153*

第7章　積分法の応用
1　面積・体積・弧張　*165*
2　物理への応用　*183*

第8章　積分計算演習
1　積分計算演習　*186*
2　総合演習　*192*

東洋館出版社

SURE STUDY シュアスタ!

問題+解説編
数学III 入試問題集

土田竜馬／高橋全人／小島祐太

第1章
複素数と複素数平面

第2章
式と曲線

第3章
関　数

第4章
極　限

第5章
微分法

第6章
積分法

第7章
積分法の応用

第8章
積分計算演習

東洋館出版社

まえがき

本書の特徴

　書店に行くと，学習参考書のコーナーにはたくさんの問題集，参考書が溢れています．薄いものから厚いもの，易しいものから難しいもの，解説が少ないものから解説がとても詳しいもの，と本当に様々です．
　しかし，我々が受験生に心から推薦することができるものは決して多くありませんでした．

　あまりにも分厚いものはたしかに網羅性はあります．しかし，本当にそれを全て終わらせることができると思いますか？　また，最初のほうはやり込んだものの，後ろのほうは全く手付かずの状態になっていたりしませんか？

　あまりにも薄いものも推薦はできませんでした．最重要問題から始めるということは受験勉強をしていくにあたり一理あるとは思います．しかし，それだけでは網羅性がなく，穴だらけで，せっかく1冊を仕上げても得点力につながりません．大学入試は重要問題のみが出題されるわけではないのです．よって，次の一冊に取りかからなければならなくなります．

　そこで，本書では網羅性を維持しつつ，最後までやり切れるようになるべく問題数を削減しました．例題→類題という構成の問題集や参考書もありますが，例題→類題と2問解くならば，本書の1問を2回繰り返してください．たくさんの問題を解くこともももちろん重要です．が，まずはこの一冊をボロボロになるまでやりこんで，完璧に仕上げてみましょう．東大・京大に代表される最難関大を除けば入試に必要な事項はすべて網羅されています．

　また，1ページに問題と解答がきちんと収まっているようなものがありますが，全てが1ページに収まるということは不自然だと思いませんか？　分野に

よって，問題によって，解答が短いものもあれば長いものだってあります．また，その解答に行き着くまでの考え方に説明が長くなるものもあれば，そうでないものだってあります．そこで，本書ではレイアウトの問題で書くべき内容を削減しなくてもよいように，解説，問題を別に構成し，さらに解答編は別冊にしてあります．

最後に，以下の質問の答えが一瞬で浮かぶか考えてみてください．

---

① $x^2 - 2x - 1 = 0$ を解の公式にあてはめずに解けますか？

② 相加平均・相乗平均の不等式を使う際に，等号成立条件の確認が必要な場合と必要でない場合の違いはわかりますか？

③ $\sin\theta + \cos\theta$ を $\cos$ で合成できますか？

④ $3^{\log_3 5}$ の値が見た瞬間にわかりますか？

⑤ 3次関数 $f(x)$ が極値をもつ条件は $f'(x) = 0$ の判別式 > 0 であって，0以上でないという理由がわかりますか？

⑥ $\sum_{k=1}^{n} k^2 = \frac{1}{6}n(n+1)(2n+1), \sum_{k=1}^{n} k^3 = \left\{\frac{1}{2}n(n*1)\right\}^2$ が成立する理由がわかりますか？

⑦ 特性方程式という言葉だけを覚えて，漸化式の解き方を全て丸暗記してませんか？

⑧ 数学的帰納法には様々なバリエーションがあることが理解できていますか？

どんな人でも「苦手な分野」というものは必ずあると思います．こういった場合，教科書の太枠で囲まれている公式部分を丸暗記し，それに数値をあてはめるような勉強をしてきたのではないでしょうか？

もしそうだとしたら，それは数学の勉強ではなくただの作業です．そんなことを繰り返しているようでは応用力はつかないし，公式や解法を忘れたらどうしようという恐怖に常に付きまとわれます．受験勉強をしていくにあたって，定理や公式の成り立ちを理解し，納得することを大切にして欲しいです．

本書では単なる暗記ではなく（もちろん暗記を軽視したり否定しているわけではありません），その公式や定理の概念やイメージがわかりやすくなるように

書きました．全てをしっかりと読み込んでほしいと思います．ただし，あくまでも高等学校教科書レベルの基本事項をひと通り学習したほうが本格的な入試対策を始めることを想定して作られています．そのため，未習の方には解答・解説が少ないように感じられるところもあるでしょう．未習の分野がある場合には，まず教科書を学習してから取り組んでください．

本書の構成

本書では，まず各章ごとに「出題傾向と対策」，そして各単元ごとに「基本事項の解説」とその分野における「問題」が掲載されています．

「出題傾向と対策」は，入試におけるその章の出題のされ方や重要度，他の章との関連性などが書いてあります．「基本事項の解説」では定理や公式などの紹介とその証明を中心にその単元の重要ポイントをまとめてあります．

「問題」ではPointでその問題の解法のヒントが書かれています．なお，問題は以下のように3段階にレベル分けしてあります．

★☆☆（ランク1）…基本問題（教科書の例題レベル）
★★☆（ランク2）…標準問題（入試問題基本レベル）
★★★（ランク3）…発展問題（入試問題標準レベル）

以下に本書の具体的な使い方の一例を記します．

1. 「出題傾向と対策」を読み終えたら「基本事項の解説」を利用して定理・公式に抜けがないかを確認しましょう．余力があればここで証明までできるようにしておくと，より深い理解が得られるでしょう．

2. 次に「問題」を実際に解いてみましょう．解く順番は各自の実力に応じて変えてもよいでしょう．数学があまり得意でないならば，まずは★☆☆（ランク1）の問題のみを解き，次に★★☆（ランク2）を解く．ここまでを繰り返し解き，完璧になったら★★★（ランク3）にチャレンジするなどというのも一つの使い方です．

ただし，数学な得意な人でも★☆☆（ランク1）の問題から全て解くことをおすすめします．というのも，自分ではわかっているつもりだったけれども実は勘違いしていた，本来暗記していなければならないものなのに実は忘れてしまっていた，というようなものが必ずあるからです．

3. 実際に「問題」を解くときには Point で与えられたヒントを参考にしながら，まずは自力で最低 15 分は考えて自分なりの解答を作成して下さい．解けなかった場合は別冊の解答をよく読み，自分でその解答が再現できるように繰り返し練習しましょう．このとき，ただ解答を暗記するのではなく「基本事項がどのように運用されているか」を意識しながら解答を作成することが重要です．また，問題が解けた場合でも，自分の解答と本書の解答を見比べて，よりよい解法はないか，記述が不十分な箇所はないかをしっかり確認して，より完成度の高い答案の作成を目指しましょう．

4. 初見で解けなかった問題に関しては，時間をあけて再び解き直しをするとよいでしょう．

　数学は積み重ねが重要な教科ですから，すぐに劇的に実力が向上することはありません．また，ある程度の苦痛が伴うのを避けることはできません．しかし，本書と正面から向き合い努力すれば必ず報われます．頑張ってください．

　本書の刊行にあたって，いろいろな方の協力がありました．駿台予備学校講師の小野敦先生，大阪府立和泉高等学校の山下尊也先生には原稿の内容面でたくさんのアドバイスを頂きました．また，TeX コンサルタントの瀬川直也氏には組版や図版の作成で大変お世話になりました．ここで深く感謝いたします．

著者一同

土田竜馬

一橋大学経済学部卒業後，東京工業大学大学院に進むという異色の経歴をもつ．大学時代から予備校の教壇に立ち，2004 年より代々木ゼミナール講師となる．近年は東大理科数学，一橋大数学，早慶ハイレベル理系数学など上位クラスを中心に担当．その授業の一部は全国の代ゼミ各校舎・サテライン予備校，提携先の高等学校等で受講可能である．

授業中は厳しい発言も多いが，それも全ては第一志望合格のため．受験生のことを本気で応援する頼れるオヤジである．

高橋全人

早稲田大学卒．代々木ゼミナール講師．

幼少時代をアマゾン川のほとり，三浦の海辺で過ごす．中学・高校時代は，勉強そっちのけでバレーボールに没頭．大学卒業後，塾の講師として勤務したのに，代々木ゼミナール講師となる．趣味であるスキューバダイビングでは，プロのライセンスを取得．暇さえあれば，パラオ・モルディブなどの海に潜りに行くが，なかなか時間が取れないのが悩みである．

小島祐太

慶應義塾大学理工学部卒．代々木ゼミナール講師．

長崎県生まれ．大学入学時より予備校講師を志し，日吉のアパートに移り住む．学費捻出と修行のため，大学受験予備校の教壇に立つ．卒業後，母校代々木ゼミナールの講師となる．

休暇はふらりと気ままな旅に．旅先で趣味の自転車を走らせる．

目　次

第1章　複素数と複素数平面　　1

1　複素数 1
2　複素数と図形 15

第2章　式と曲線　　23

1　2次曲線 23
2　曲線の媒介変数表示、極座標と極方程式 42

第3章　関数　　48

1　関数 48

第4章　極限　　54

1　数列の極限 54
2　無限級数 65
3　関数の極限 71

第5章　微分法　　83

1　微分係数と導関数 83
2　いろいろな関数の導関数 87

3　関数の連続性と微分可能性 96
　　　4　接線・法線 101
　　　5　関数の増減 108
　　　6　方程式・不等式への応用 123

第 6 章　積分法　　　　　　　　　　　　　　　　　　　　128

　　　1　定積分の計算 128
　　　2　定積分で表された関数・数列 143
　　　3　定積分と和・不等式 153

第 7 章　積分法の応用　　　　　　　　　　　　　　　　　165

　　　1　面積・体積・弧長 165
　　　2　物理への応用 183

第 8 章　積分計算演習　　　　　　　　　　　　　　　　　186

　　　1　積分計算演習 186
　　　2　総合演習 192

第1章 複素数と複素数平面

1 複素数

■複素数の定義とその性質を学習します

出題傾向と対策

複素数平面は，その名前の通り複素数を用いて図形を扱う分野で，方程式の解を図形的に捉えたり，図形の回転移動などを学習します．積や商といった計算がどのような図形的意味をもつのかをよく理解することがポイントです．数学IIIというと微分積分のイメージが強いですが，入試において非常に出題頻度が高い重要なテーマです．基本事項をしっかりマスターしましょう．

1-1 共役複素数

複素数 $z = x + yi$ (x, y は実数) に対して，$\bar{z} = x - yi$ を z の **共役複素数** といいます．このとき，

① $\bar{\bar{z}} = z$

② $\overline{z_1 \pm z_2} = \overline{z_1} \pm \overline{z_2}$ (複号同順)

③ $\overline{z_1 z_2} = \overline{z_1}\, \overline{z_2}$

④ $\overline{\left(\dfrac{z_1}{z_2}\right)} = \dfrac{\overline{z_1}}{\overline{z_2}}$

が成立します．要するに，和・差・積・商の全てに関して分配可能ということです．

1-2 複素数平面

複素数 $z = a + bi$ (a, b は実数) と xy 平面上の点 (a, b) を対応させると，すべての複素数は，xy 平面上の点と，1 対 1 に対応します．

このように各点 (a, b) が複素数 $z = a + bi$ を表している平面を**複素数平面**といい，x 軸を**実軸**，y 軸を**虚軸**といいます．

複素数平面上で，複素数 z を表す点 A を A(z) と表します．

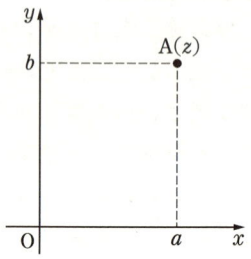

複素数 $z = a + bi$ と共役複素数 $\bar{z} = a - bi$ は実部が等しく，虚部が異符号であるから，点 z と点 $\bar{z}$ は実軸に関して対称となります．同じように考えると

$$-z = -(a+bi) = -a - bi$$
$$-\bar{z} = -(a-bi) = -a + bi$$

であるから，

点 z と点 $-z$ は原点に関して対称

点 z と点 $-\bar{z}$ は虚軸に関して対称

となることが分かります．

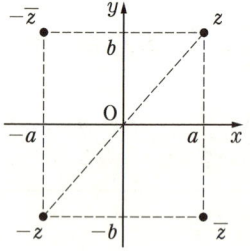

1-3 複素数の絶対値

複素数 $z = a + bi$ (a, b は実数) に対し，

$$|z| = |a + bi| = \sqrt{a^2 + b^2}$$

を z の**絶対値**と言います．これは複素数平面において，原点と点 z の距離という図形的意味を持ちます．

さて，絶対値については，次の性質が成立します．z, z_1, z_2 を複素数とするとき

> ① $|z|^2 = z\bar{z}$
>
> ② $|\bar{z}| = |-z| = |z|$
>
> ③ $|z_1 z_2| = |z_1||z_2|$
>
> ④ $\left|\dfrac{z_1}{z_2}\right| = \dfrac{|z_1|}{|z_2|}$ （ただし $z_2 \neq 0$）

上の性質の証明をしておきます．

① $z = a + bi$ (a, b は実数) のとき，$\bar{z} = a - bi$ より
$z\bar{z} = (a+bi)(a-bi) = a^2 - (bi)^2 = a^2 + b^2 = |z|^2$

② $z = a + bi$ (a, b は実数) とすると
$|\bar{z}| = |a - bi| = \sqrt{a^2 + (-b)^2} = \sqrt{a^2 + b^2} = |z|$
$|-z| = |-a - bi| = \sqrt{(-a)^2 + (-b)^2} = \sqrt{a^2 + b^2} = |z|$

③ $|z_1 z_2| = \sqrt{z_1 z_2 \cdot \overline{z_1 z_2}}$ （∵ ①）
$= \sqrt{(z_1 \overline{z_1})(z_2 \overline{z_2})} = \sqrt{|z_1|^2 |z_2|^2} = |z_1||z_2|$

④ ③を利用すると $\left|\dfrac{z_1}{z_2}\right||z_2| = \left|\dfrac{z_1}{z_2} \cdot z_2\right| = |z_1|$ ∴ $\left|\dfrac{z_1}{z_2}\right| = \dfrac{|z_1|}{|z_2|}$

複素数平面上で α, β の表す点を A, B とするとき

$$\mathbf{AB} = |\beta - \alpha|$$

が成立します．

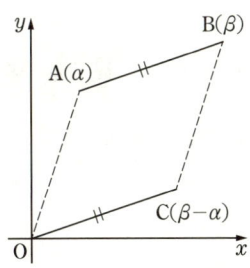

これは，右図で A が原点にくるように平行移動したとき，B に対応する点 C を表す複素数は $\beta - \alpha$ になります．AB = OC で，一般に $|z|$ は O と z との距離を表すので，AB = OC = $|\beta - \alpha|$ となるのです．

1-4 極形式

$z = a+bi$ を複素数平面上にとると，右図の位置にあります．実軸と線分 OA がなす角を θ (これを **偏角** といいます) とし，線分 OA の長さを r (z の絶対値) とすると，

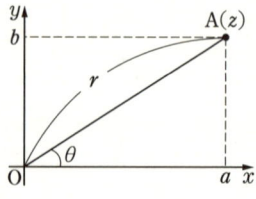

$$\begin{cases} a = r\cos\theta, \ b = r\sin\theta \\ r = |z| = \sqrt{a^2+b^2} \end{cases}$$

が成立します．これらを $z = a+bi$ に代入すると，

$$z = a+bi = (r\cos\theta)+(r\sin\theta)i$$
$$= r(\cos\theta + i\sin\theta)$$

となります．このように，複素数 z を絶対値 r と偏角 θ で表した式を **極形式** といいます．なお，$\boldsymbol{\theta = \arg z}$ と表します．

1-5 複素数の積・商

α, β を極形式で表した $\alpha = r_1(\cos\theta_1 + i\sin\theta_1)$, $\beta = r_2(\cos\theta_2 + i\sin\theta_2)$ に対して，

$$\alpha\beta = r_1(\cos\theta_1 + i\sin\theta_1) \times r_2(\cos\theta_2 + i\sin\theta_2)$$
$$= r_1 r_2(\cos\theta_1\cos\theta_2 + i\sin\theta_1\cos\theta_2 + i\cos\theta_1\sin\theta_2 + i^2\sin\theta_1\sin\theta_2)$$
$$= r_1 r_2\{(\cos\theta_1\cos\theta_2 - \sin\theta_1\sin\theta_2) + i(\sin\theta_1\cos\theta_2 + \cos\theta_1\sin\theta_2)\}$$
$$= r_1 r_2\{\cos(\theta_1+\theta_2) + i\sin(\theta_1+\theta_2)\}$$

となります．これは，

> 複素数の掛け算は偏角の足し算，絶対値の積

となることを意味します．また，

$$
\begin{aligned}
\frac{\alpha}{\beta} &= \frac{r_1(\cos\theta_1 + i\sin\theta_1)}{r_2(\cos\theta_2 + i\sin\theta_2)} \\
&= \frac{r_1}{r_2} \cdot \frac{(\cos\theta_1 + i\sin\theta_1)(\cos\theta_2 - i\sin\theta_2)}{(\cos\theta_2 + i\sin\theta_2)(\cos\theta_2 - i\sin\theta_2)} \\
&= \frac{r_1}{r_2} \frac{\cos\theta_1\cos\theta_2 + i\sin\theta_1\cos\theta_2 - i\cos\theta_1\sin\theta_2 - i^2\sin\theta_1\sin\theta_2}{\cos^2\theta_2 - i^2\sin^2\theta_2} \\
&= \frac{r_1}{r_2} \frac{(\cos\theta_1\cos\theta_2 + \sin\theta_1\sin\theta_2) + i(\sin\theta_1\cos\theta_2 - \cos\theta_1\sin\theta_2)}{\cos^2\theta_2 + \sin^2\theta_2} \\
&= \frac{r_1}{r_2}\{\cos(\theta_1 - \theta_2) + i\sin(\theta_1 - \theta_2)\}
\end{aligned}
$$

となります．これは，

> 複素数の割り算は偏角の引き算，絶対値の商

となることを意味します．

1-6 ド・モアブルの定理

たとえば「$(\sqrt{3}+i)^{60}$ を計算せよ」と言われたらどうすればよいでしょうか．さすがに，まともに60乗する気はおきないと思います．複素数では

$$(\cos\theta + i\sin\theta)^n = \cos n\theta + i\sin n\theta \quad (n \text{ は任意の整数})$$

が成立し，これを **ド・モアブルの定理** といいます．

ということは，$a+bi$ を極形式に変形すれば，$(a+bi)^n$ の計算に，ド・モアブルの定理を適用することができるので，n が大きくなっても簡単に計算することができるわけです．

では，実際に $(\sqrt{3}+i)^{60}$ を求めてみます．

$z = \sqrt{3}+i$ とおくと，右図から $r=2$，$\theta = \dfrac{\pi}{6}$ とわかるので，

$$z = 2\left(\cos\frac{\pi}{6} + i\sin\frac{\pi}{6}\right)$$

となります．よって，

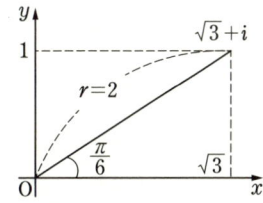

$$(\sqrt{3}+i)^{60} = \left\{2\left(\cos\frac{\pi}{6} + i\sin\frac{\pi}{6}\right)\right\}^{60}$$
$$= 2^{60}\left\{\cos\left(\frac{\pi}{6}\times 60\right) + i\sin\left(\frac{\pi}{6}\times 60\right)\right\}$$
$$= 2^{60}(\cos 10\pi + i\sin 10\pi)$$
$$= 2^{60}(1 + 0\cdot i) = 2^{60}$$

となります.

最後にド・モアブルの定理を証明します. まず $n \geqq 0$ について, 成立することを数学的帰納法で示します.

(1) $n=0$ のとき, $\begin{cases} (左辺) = (\cos\theta + i\sin\theta)^0 = 1 \\ (右辺) = \cos 0 + i\sin 0 = 1 \end{cases}$ より, $n=0$ のとき成立.

(2) $n=k$ のとき, $(\cos\theta + i\sin\theta)^k = \cos k\theta + i\sin k\theta$ が成立すると仮定すると
$$(\cos\theta + i\sin\theta)^{k+1}$$
$$= (\cos\theta + i\sin\theta)^k(\cos\theta + i\sin\theta)$$
$$= (\cos k\theta + i\sin k\theta)(\cos\theta + i\sin\theta)$$
$$= (\cos k\theta\cos\theta - \sin k\theta\sin\theta) + i(\sin k\theta\cos\theta + \cos k\theta\sin\theta)$$
$$= \cos(k\theta + \theta) + i\sin(k\theta + \theta)$$
$$= \cos(k+1)\theta + i\sin(k+1)\theta$$

となるから, $n=k+1$ のときも成立.

以上 (i), (ii) から $n \geqq 0$ に対して, $(\cos\theta + i\sin\theta)^n = \cos n\theta + i\sin n\theta$ が成立する.

次に, $n<0$ に対して, ド・モアブルの定理が成立することを示す.

$n<0$ のとき $n=-m$ とすると, m は自然数である. よって $(\cos\theta + i\sin\theta)^m = \cos m\theta + i\sin m\theta$ が成立することに注意すると
$$(\cos\theta + i\sin\theta)^n = (\cos\theta + i\sin\theta)^{-m}$$
$$= \frac{1}{(\cos\theta + i\sin\theta)^m} = \frac{1}{\cos m\theta + i\sin m\theta}$$
$$= \frac{1}{\cos m\theta + i\sin m\theta} \times \frac{\cos m\theta - i\sin m\theta}{\cos m\theta - i\sin m\theta}$$
$$= \frac{\cos m\theta - i\sin m\theta}{\cos^2 m\theta + \sin^2 m\theta}$$
$$= \cos m\theta - i\sin m\theta \quad (\cos^2 m\theta + \sin^2 m\theta = 1 \text{ より})$$
$$= \cos(-m\theta) + i\sin(-m\theta)$$

(一般に $\cos\theta = \cos(-\theta)$, $\sin(-\theta) = -\sin\theta$ であることを利用して)
$$= \cos(-m)\theta + i\sin(-m)\theta = \cos n\theta + i\sin n\theta$$
となるから，$n < 0$ のときも成立する．

以上から任意の整数 n に対して，ド・モアブルの定理が成立することが示されました．

1-7 n 乗根

自然数 n に対して，方程式 $z^n = 1$ を満たす複素数 z を **1 の n 乗根** といいます．まず，1 の 3 乗根，つまり $z^3 = 1$ を満たす z を求めてみます．
$z = r(\cos\theta + i\sin\theta)$ $(r > 0, \ 0 \leqq \theta < 2\pi)$ とすると，ド・モアブルの定理より
$$z^3 = \{r(\cos\theta + i\sin\theta)\}^3 = r^3(\cos 3\theta + i\sin 3\theta)$$
となります．一方，1 の絶対値は 1，偏角は $2k\pi$（k は整数）ですから，絶対値，偏角を比較して

$$\begin{cases} r^3 = 1 \\ 3\theta = 2k\pi \end{cases} \quad (k \text{ は整数}) \quad \therefore \quad \begin{cases} r = 1 \\ \theta = \dfrac{2}{3}k\pi \end{cases}$$

$0 \leqq \theta < 2\pi$ より $k = 0, 1, 2$ となるから $\theta = 0, \dfrac{2}{3}\pi, \dfrac{4}{3}\pi$

以上から，
$$z = \cos 0 + i\sin 0, \ \cos\frac{2}{3}\pi + i\sin\frac{2}{3}\pi, \ \cos\frac{4}{3}\pi + i\sin\frac{4}{3}\pi$$
$$= 1, \ \frac{-1+\sqrt{3}i}{2}, \ \frac{-1-\sqrt{3}i}{2}$$

となります．

これを図示すると，右図のようになります．1 の 3 乗根は，複素数平面上では単位円に内接する正三角形の頂点となっています．

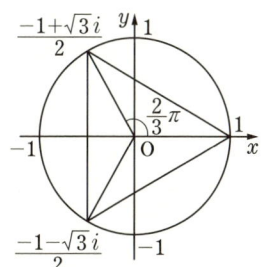

同様にして，1 の n 乗根を求めてみます．
$z = r(\cos\theta + i\sin\theta)$ $(r > 0, \ 0 \leqq \theta < 2\pi)$ とすると，
$$z^n = r^n (\cos n\theta + i\sin n\theta)$$
ですから，$1 = 1 \cdot (\cos 0 + i\sin 0)$ と絶対値，偏角を比較して

$$\begin{cases} r^n = 1 \\ n\theta = 0 + 2k\pi \end{cases} \quad (k \text{ は整数}) \quad \therefore \quad \begin{cases} r = 1 \\ \theta = \dfrac{2k}{n}\pi \end{cases}$$

$0 \leqq \theta < 2\pi$ より，θ は $k = 0, 1, 2, \cdots, n-1$ となるから，
$$z = \cos\frac{2k}{n}\pi + i\sin\frac{2k}{n}\pi \quad (k = 0, 1, 2, \cdots, n-1)$$
となります．これらの表す点は複素数平面上では

> 単位円に内接し，点 1 を 1 つの頂点とする正 n 角形の頂点

となっています．以下に $n = 4, 5, 6$ のときを示します．各自で確認してみましょう．

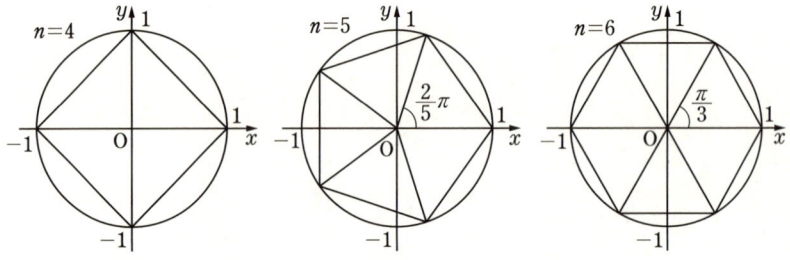

問題 1 難易度 ★☆☆ ▶▶▶ 解答 P1

複素数 $-5-4i$ を表す点と実軸，原点，虚軸に関して対称な点の表す複素数をそれぞれ求めよ．

POINT 座標平面と同じように考えることができます．

問題 2 難易度 ★☆☆ ▶▶▶ 解答 P1

a を実数とし，$z=a+i$ を複素数とする．このとき，次の問いに答えよ．

(1) z^4 が実数となる a の値を求めよ．
(2) z^4 が純虚数となる a の値を求めよ．

POINT $z=a+bi$ (a, b は実数) に対して

z は実数 $\iff b=0 \iff z=\bar{z}$

z が純虚数 $\iff a=0, b\neq 0 \iff z=-\bar{z},\ z\neq 0$

となります．z が純虚数のとき，$b\neq 0$ を忘れることが多いので注意しましょう．

問題 3 難易度 ★★☆ ▶▶▶ 解答 P1

$\alpha=\dfrac{1-i}{2}$ とする．$\bar{\alpha}z+\alpha\bar{z}=1$，$|z|=1$ を同時に満足する複素数 z を求めよ．

POINT 複素数 $z=a+bi$ (a, b は実数，i は虚数単位) とおくと，その共役は $\bar{z}=a-bi$ と表せます．なお，$z=a+bi$ と置かずに，共役複素数の性質 $\alpha\bar{\alpha}=|\alpha|^2$, $z\bar{z}=|z|^2$ を用いて解くこともできます．

問題 4 難易度 ★★☆　▶▶▶ 解答 P2

複素数 z を $z^6 + z^3 + 1 = 0$ の解とする．このとき，
$$\left| z + \frac{1+i}{\sqrt{2}} \right|^2 + \left| z - \frac{1+i}{\sqrt{2}} \right|^2$$
の値を求めよ．

POINT $|z|^2 = z\bar{z}$ を利用して式変形をしていきましょう．式の図形的意味を考えて処理することも可能です．

問題 5 難易度 ★★☆　▶▶▶ 解答 P3

次の問いに答えよ．

(1) α, β を複素数とするとき，
$$|\alpha + \beta|^2 + |\alpha - \beta|^2 = 2(|\alpha|^2 + |\beta|^2)$$
が成立することを示せ．

(2) 複素数 α, β, γ に対して，$|\alpha| = |\beta| = |\gamma| = 1$ となるとき

(i) $\left| \dfrac{1}{\alpha} + \dfrac{1}{\beta} + \dfrac{1}{\gamma} \right| = |\alpha + \beta + \gamma|$ が成立することを示せ．

(ii) $\alpha + \beta + \gamma \neq 0$ のとき，$\left| \dfrac{\alpha\beta + \beta\gamma + \gamma\alpha}{\alpha + \beta + \gamma} \right|$ の値を求めよ．

POINT (1) 左辺を展開して，右辺を導きます．$\alpha = a + bi$ (a, b は実数) などとおいて，処理すると煩雑になります．$|z|^2 = z\bar{z}$ が成立することを利用しましょう．

(2) (i) $|\alpha| = 1$ より $|\alpha|^2 = \alpha\bar{\alpha} = 1$　∴　$\bar{\alpha} = \dfrac{1}{\alpha}$ となります．
(ii) (i) を利用します．

問題 6 難易度 ★☆☆　　▶▶▶解答 P4

(1) $(1+\sqrt{3}i)^6$ の値を求めよ．

(2) $\left(\dfrac{1+\sqrt{3}i}{2}\right)^{15} + \left(\dfrac{1-\sqrt{3}i}{2}\right)^{15}$ の値を求めよ．

(3) $\theta = 10°$ のとき $\dfrac{(\cos\theta + i\sin\theta)(\cos 7\theta + i\sin 7\theta)}{\cos 5\theta + i\sin 5\theta}$ の値を求めよ．

POINT (1), (2) そのまま計算するのが大変ですから，極形式に直してからド・モアブルの定理を利用しましょう．

(3) 複素数のかけ算は偏角の足し算，複素数の割り算は偏角の引き算となることを利用しましょう．

問題 7 難易度 ★☆☆　　▶▶▶解答 P5

z についての方程式 $z^3 = -2 + 2i$ の解を極形式で表し，複素数平面上に図示せよ．

POINT 両辺を極形式で表し，両辺の絶対値と偏角を比較します．

問題 8　難易度 ★★☆　解答 P5

方程式 $z^5 = 1$ の解 z について

(1) z を極形式で表せ．

(2) $z^5 - 1 = (z-1)(z^4 + z^3 + z^2 + z + 1)$ を用いて $z + \dfrac{1}{z}$ の値を求めよ．

(3) $\cos \dfrac{4}{5}\pi$ の値を求めよ．

POINT $z = r(\cos\theta + i\sin\theta)$ とおいて，r と θ の値を求めます．また相反方程式 $z^4 + z^3 + z^2 + z + 1 = 0$ は，両辺を $z^2 (\neq 0)$ で割り，$z + \dfrac{1}{z}$ の 2 次方程式とみます．

問題 9　難易度 ★★☆　解答 P6

$\dfrac{z}{2} + \dfrac{1}{z}$ が 0 以上 2 以下の実数となるような複素数 z $(z \neq 0)$ を表す複素数平面上の点の集合を式で表し，図示せよ．

POINT ① $z = x + yi$ (x, y は実数) とおく．
② $z = r(\cos\theta + i\sin\theta)$ $(r > 0, 0 \leqq \theta < 2\pi)$ とおく．
③ w は実数 $\iff w = \overline{w}$ を利用する．
　の 3 つの解法が考えられます．
虚数には大小の概念がないので $0 \leqq \dfrac{z}{2} + \dfrac{1}{z} \leqq 2$ から，$0 \leqq \dfrac{z^2 + 2}{2z} \leqq 2$ より $z^2 + 2 \geqq 0$ などとしないように気をつけましょう．

問題 10 難易度 ★★☆　▶▶▶ 解答 P9

次の漸化式で定義される複素数の数列
$$z_1 = 1, \quad z_{n+1} = \frac{1+\sqrt{3}i}{2}z_n + 1 \ (n = 1, 2, \cdots)$$
を考える．ただし，i は虚数単位である．

(1) z_2, z_3 を求めよ．
(2) 上の漸化式を $z_{n+1} - \alpha = \dfrac{1+\sqrt{3}i}{2}(z_n - \alpha)$ と表したとき，複素数 α を求めよ．
(3) 一般項 z_n を求めよ．
(4) $z_n = -\dfrac{1-\sqrt{3}i}{2}$ を満たす最小の自然数 n を求めよ．

POINT 数学 B で扱う漸化式と同様です．公比が $\dfrac{1+\sqrt{3}i}{2}$ の漸化式の形をつくります．(4) では，z_n を極形式で表し，偏角 θ を一般角の範囲で考えます．

問題 11 難易度 ★★☆　▶▶▶ 解答 P10

x の 3 次方程式 $x^3 + ax^2 + bx + c = 0 \cdots\cdots(*)$ が $-2-\sqrt{3}i$ を解にもつとき，次の問いに答えよ．ただし，係数 a, b, c は実数とする．

(1) a, b をそれぞれ c を用いて表せ．
(2) 方程式 $(*)$ の 3 つの解を表す複素数平面上の 3 点が正三角形をなすとき，c の値を求めよ．

POINT (1) 実数係数の方程式で $x = -2 - \sqrt{3}i$ が解より，$x = -2 + \sqrt{3}i$ も解になります．解と係数の関係を利用しましょう．
(2) $x = -2 + \sqrt{3}i$, $-2 - \sqrt{3}i$ は実軸対称になります．

問題 12 難易度 ★★★　▶▶▶ 解答 P11

1 の 7 乗根の 1 つ $\cos\dfrac{2}{7}\pi + i\sin\dfrac{2}{7}\pi$ を α とし, $A = \alpha + \alpha^2 + \alpha^4$, $B = \alpha^3 + \alpha^5 + \alpha^6$ とする. このとき, 次の問いに答えよ.

(1) $A + B$, AB の値を求めよ.
(2) A の値を求めよ.

POINT　1 の 7 乗根は複素数平面上で単位円に内接し点 1 を 1 つの頂点とする正七角形の頂点となっています. その重心が原点 O であることから, $1 + \alpha + \alpha^2 + \alpha^3 + \alpha^4 + \alpha^5 + \alpha^6 = 0$ は明らかです. ただし, 証明なく用いていい事実ではないので, 解答では数式の処理をしましょう.

問題 13 難易度 ★★★　▶▶▶ 解答 P12

2 つの複素数
$$\alpha = \cos\theta_1 + i\sin\theta_1,\ \beta = \cos\theta_2 + i\sin\theta_2$$
の偏角 θ_1, θ_2 は, $0 < \theta_1 < \pi < \theta_2 < 2\pi$ を満たすものとする. ただし, i は虚数単位を表す.

(1) $\alpha + 1$ を極形式で表せ.
(2) $\dfrac{1}{\alpha + 1}$ の実部の値を求めよ.
(3) $\dfrac{\alpha + 1}{\beta + 1}$ の実部が 0 に等しいことは, $\beta = -\alpha$ であるための必要十分条件であることを示せ.

POINT　点の位置を視覚的に捉えるとイメージが掴みやすいです. 複素数は, 大きさ ($=$ 絶対値) と偏角を利用することが重要です.

2 複素数と図形

第1章 複素数と複素数平面

■ベクトルのイメージをもつと理解しやすいでしょう

2-1 複素数とベクトル

複素数 $z_1 = x_1 + y_1 i$, $z_2 = x_2 + y_2 i$ (x_1, x_2, y_1, y_2 は実数) に対して，和 $z_1 + z_2$, 差 $z_1 - z_2$, 実数倍 kz_1 (k は実数) は，それぞれ，

$$\begin{cases} z_1 + z_2 = x_1 + x_2 + (y_1 + y_2)i \\ z_1 - z_2 = x_1 - x_2 + (y_1 - y_2)i \\ kz_1 = kx_1 + ky_1 i \end{cases}$$

でした．

一方，ベクトル $\vec{a_1} = (x_1, y_1)$, $\vec{a_2} = (x_2, y_2)$ の和 $\vec{a_1} + \vec{a_2}$, 差 $\vec{a_1} - \vec{a_2}$, 実数倍 $k\vec{a_1}$ は，それぞれ

$$\begin{cases} \vec{a_1} + \vec{a_2} = (x_1 + x_2, y_1 + y_2) \\ \vec{a_1} - \vec{a_2} = (x_1 - x_2, y_1 - y_2) \\ k\vec{a_1} = (kx_1, ky_1) \end{cases}$$

でした．

この2つを見比べると，実部と x 成分，虚部と y 成分は同じことがわかります．つまり，複素数 $x + yi$ (x, y は実数) とベクトル (x, y) を同一視することで複素数の和，差，実数倍は，それぞれベクトルの和，差，実数倍と同じとみなせるのです．

2-2 複素数の和の図示

複素数 z_1, z_2 を表す点を P_1, P_2 とします．$z_1 + z_2$ に対応する点を P_3 とすると，$\overrightarrow{P_1 P_3} = \overrightarrow{OP_2}$ ですから，四角形 $OP_1P_3P_2$ は平行四辺形となります．

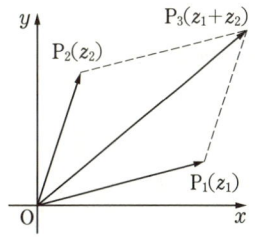

2-3 複素数の差の図示

$z_1 - z_2$ に対応する点を P_3 とすると，$z_1 - z_2$ は $\overrightarrow{P_2P_1}$ に対応して，$\overrightarrow{P_2P_1} = \overrightarrow{OP_3}$ ですから，四角形 $OP_2P_1P_3$ は平行四辺形となります．

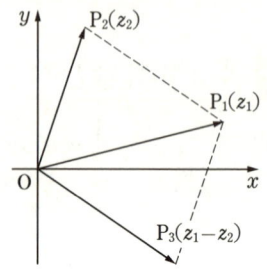

2-4 複素数の積と商

2つの複素数を
$$z_1 = r_1(\cos\theta_1 + i\sin\theta_1)$$
$$z_2 = r_2(\cos\theta_2 + i\sin\theta_2)$$
とすると，
$$z_1 z_2 = r_1 r_2 \{\cos(\theta_1 + \theta_2) + i\sin(\theta_1 + \theta_2)\}$$
$$\frac{z_1}{z_2} = \frac{r_1}{r_2}\{\cos(\theta_1 - \theta_2) + i\sin(\theta_1 - \theta_2)\}$$

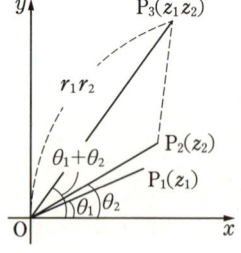

となりました．結局，複素数の積，商は次のように拡大・縮小と回転という図形的意味をもちます．

> z_2 を掛ける … z_1 は原点からの距離が r_2 倍，反時計回りに θ_2 回転した点に移動
>
> z_2 で割る … z_1 は原点からの距離が $\dfrac{1}{r_2}$ 倍，時計回りに θ_2 回転した点に移動

原点以外の点 α のまわりの回転・拡大については，ベクトルをイメージするとわかりやすいでしょう．複素数平面上の3つの複素数 α, β, γ に対応する点をそれぞれ A, B, C とおき，$\angle BAC = \theta$ とします．このとき，$\overrightarrow{AC}$ は $\overrightarrow{AB}$ を角 θ だけ回転させ，さらにその長さを r 倍したものと考えることができます．

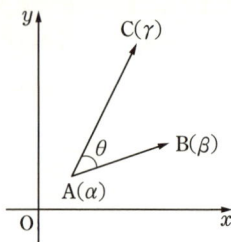

$\overrightarrow{AB}$ は複素数 $\beta - \alpha$, $\overrightarrow{AC}$ は複素数 $\gamma - \alpha$ に対応させることができるので,

$$\gamma - \alpha = r(\cos\theta + i\sin\theta)(\beta - \alpha) \cdots\cdots (*)$$

となります.

2-5 線分のなす角

$(*)$ から

$$\frac{\gamma - \alpha}{\beta - \alpha} = r(\cos\theta + i\sin\theta)$$

ですから, AB からみたときの AC の回転角 θ は $\theta = \arg\left(\dfrac{\gamma - \alpha}{\beta - \alpha}\right)$ となります.

2-6 共線条件

3点 $A(\alpha)$, $B(\beta)$, $C(\gamma)$ が同一直線上にあるのはベクトルで考えると $\overrightarrow{AC} = k\overrightarrow{AB}$ を満たす実数 k が存在することでした. これを複素数で表すと

$$\gamma - \alpha = k(\beta - \alpha)$$
$$\frac{\gamma - \alpha}{\beta - \alpha} = k$$

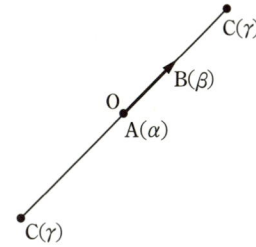

つまり $\dfrac{\gamma - \alpha}{\beta - \alpha}$ が実数となることです.

$$A, B, C \text{ が同一直線} \Leftrightarrow \frac{\gamma - \alpha}{\beta - \alpha} \text{ が実数}$$

2-7 垂直条件

2直線 AB, AC が垂直に交わるのは $\overrightarrow{AB}$ を $\pm\dfrac{\pi}{2}$ だけ回転させ, r 倍の拡大・縮小をしたものが, $\overrightarrow{AC}$ であると考えると 2-5 より $\arg\left(\dfrac{\gamma-\alpha}{\beta-\alpha}\right) = \pm\dfrac{\pi}{2}$ と表せます. このとき, $\cos\left(\pm\dfrac{\pi}{2}\right) = 0$ ですから, $\dfrac{\gamma-\alpha}{\beta-\alpha}$ は純虚数ということになります.

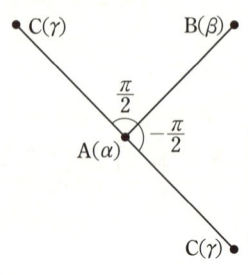

$$AB \perp AC \Leftrightarrow \dfrac{\gamma-\alpha}{\beta-\alpha} \text{ が純虚数}$$

2-8 円の方程式

点 $A(\alpha)$ を中心とし, 半径 r の円は, 円周上の任意の点を $P(z)$ とすると

$$AP = r$$
$$|z-\alpha| = r$$

で表されます.

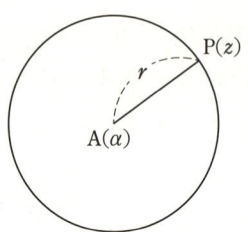

問題 14　難易度 ★☆☆　▶▶▶解答 P13

複素数 $4+2i$ を $2+i$ の周りに $90°$ 回転して得られる複素数を求めよ.

POINT p.16 の 2-4 を参照してください.

問題 15　難易度 ★★☆　▶▶▶ 解答 P13　再確認 CHECK

複素数平面上で，A(α), B(β) は $\alpha^2 + \beta^2 = \alpha\beta$, $|\alpha - \beta| = 3$ を満たす O(0) と異なる複素数を表す点とする．

(1) $\dfrac{\alpha}{\beta}$ を求めよ．

(2) $|\alpha|$ の値を求めよ．

(3) △OAB の面積を求めよ．

POINT　$\alpha = \beta \times r(\cos\theta + i\sin\theta)$ と表すことができれば，2 辺の長さの関係とその間の角 θ がわかります．そこから三角形の形状を考えます．

問題 16　難易度 ★★☆　▶▶▶ 解答 P14　再確認 CHECK

A, B, C は複素数平面上の三角形の頂点で，それぞれ複素数 α, β, γ を表すとする．この 3 数が関係式 $\dfrac{\gamma - \alpha}{\beta - \alpha} = \sqrt{3} - i$ を満たすとき，次の問いに答えよ．

(1) AB : AC を求めよ．

(2) ∠BAC を求めよ．

POINT　$\dfrac{\gamma - \alpha}{\beta - \alpha} = \sqrt{3} - i = 2\left\{\cos\left(-\dfrac{\pi}{6}\right) + i\sin\left(-\dfrac{\pi}{6}\right)\right\}$ はベクトルのイメージをもつと，$\overrightarrow{AC}$ は $\overrightarrow{AB}$ を $-\dfrac{\pi}{6}$ 回転して 2 倍に拡大したものであることがわかります．

問題 17 　難易度 ★★☆　　▶▶▶ 解答 P14

(1) 0でない複素数 z_1, z_2 が $z_1\overline{z_2} + \overline{z_1}z_2 = 0$ を満たしている．複素数平面において，O, z_1, z_2 の表す点をそれぞれ O, P_1, P_2 とするとき $OP_1 \perp OP_2$ となることを示せ．

(2) 3点 $A(\alpha)$, $B(\beta)$, $C(\gamma)$ があり，$\alpha = 2 + 2i$, $\beta = 4 + 3i$, $\gamma = ai$ (a は実数) を満たす．$AB \perp AC$ となるように定数 a の値を定めよ．

POINT (1) $\overrightarrow{OP_1}$ と $\overrightarrow{OP_2}$ のなす角が $\dfrac{\pi}{2}$ または $-\dfrac{\pi}{2}$ より，$\arg \dfrac{z_1}{z_2} = \pm \dfrac{\pi}{2}$

これは $\dfrac{z_1}{z_2}$ が純虚数であることを示します．

p.18 の垂直条件を丸暗記するのではなく，自分で作り出せるようにしましょう．

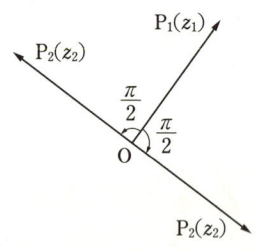

(2) (1) と同様に図を描いてみると，$\dfrac{\gamma - \alpha}{\beta - \alpha}$ が純虚数となるように a を定めればよいことが分かります．

問題 18 　難易度 ★★☆　　▶▶▶ 解答 P15

複素数 z が $|z - 2 - 3\sqrt{5}i| = 4$ を満たしているとき，

(1) $|z|$ の最大値を求めよ．

(2) $|z + 4|$ の最大値を求めよ．

POINT $|\beta - \alpha|$ は複素数平面上における α と β の距離を表すので，
$|z - 2 - 3\sqrt{5}i| = 4$ は中心が $2 + 3\sqrt{5}i$，半径 4 の円を表します．

問題 19 難易度 ★★★　解答 P15

(1) 複素数平面上の点 z が単位円周 $|z|=1$ の上を動くとき，$w=i(z+3)$ の関係を満たす w はどのような図形を描くか．

(2) 複素数平面上の点 z が $\left|\dfrac{z-1}{z+1}\right|=\sqrt{5}$ を満たすとき，点 z はどんな図形を描くか．

(3) $|z-2i|=4$ のとき $w=\dfrac{iz}{z+2i}$ の関係を満たす w は複素数平面上でどのような図形を描くか．

POINT 軌跡の問題を解く際には，以下のアプローチ方法があります．それぞれ一長一短があるので，問題によって使い分けられるようになりましょう．

① 式の図形的意味を考える．特に極形式表示の場合は，回転と拡大・縮小に効果的です．

② $|z|^2 = z\bar{z}$ などを用いて，z のまま扱う．式変形に習熟するまでに経験が必要になります．

③ $z = x+yi$ (x, y は実数) として処理する．万能ですが，計算量はそれなりに必要となります．

問題 20 難易度 ★★★　解答 P16

複素数平面上に異なる 3 点 z, z^2, z^3 がある．

(1) z, z^2, z^3 が同一直線上にあるような z の条件を求めよ．

(2) z, z^2, z^3 が二等辺三角形の頂点になるような z の全体を複素数平面上に図示せよ．また，z, z^2, z^3 が正三角形の頂点になるような z をすべて求めよ．

POINT (1) A(α), B(β), C(γ) において

$$\text{A, B, C が一直線上} \iff \text{AB // AC}$$
$$\iff \dfrac{\beta-\alpha}{\gamma-\alpha} \text{が実数}$$

となることを用います．

問題 21　難易度 ★★★　　解答 P18

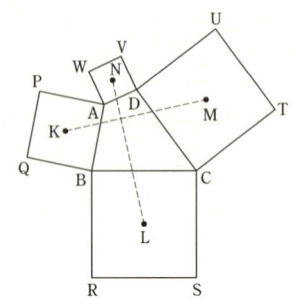

図のように，複素数平面上に四角形 ABCD があり，4 点 A，B，C，D を表す複素数をそれぞれ z_1, z_2, z_3, z_4 とする．各辺を 1 辺とする 4 つの正方形 BAPQ，CBRS，DCTU，ADVW を四角形 ABCD の外側に作り，正方形 BAPQ，CBRS，DCTU，ADVW の中心をそれぞれ K，L，M，N とおく．

(1) 点 K を表す複素数 w_1 を z_1 と z_2 で表せ．
(2) KM = LN，KM⊥LN を証明せよ．
(3) 線分 KM と線分 LN の中点が一致するのは四角形 ABCD がどのような図形のときか．

POINT 複素数平面を利用することで幾何の有名性質を証明する問題です．ベクトルで表したらどうなるかをイメージしながら考えましょう．

問題 22　難易度 ★★★　　解答 P19

右図のように複素平面の原点を P_0 から実軸の正の方向に 1 進んだ点を P_1 とする．次に P_1 を中心として 45° 回転して向きを変え，$\dfrac{1}{\sqrt{2}}$ 進んだ点を P_2 とする．以下同様に P_n に到達した後，45° 回転してから前回進んだ距離の $\dfrac{1}{\sqrt{2}}$ 倍進んで到達する点を P_{n+1} とする．このとき点 P_{10} が表す複素数を求めよ．

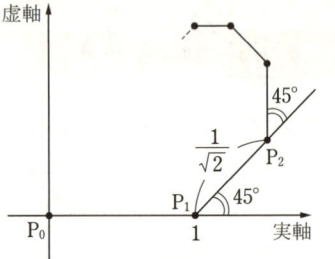

POINT 回転と $\dfrac{1}{\sqrt{2}}$ 倍の縮小を表す複素数を α とすると，$\overrightarrow{P_0P_1}$, $\overrightarrow{P_1P_2}$, $\cdots$ に対応する複素数は公比 α の等比数列をなします．複素数でも等比数列の和の公式は利用可能です．

第2章 式と曲線

1 2次曲線

■それぞれの定義をしっかりとおさえましょう

出題傾向と対策

ここでは「2次曲線」「曲線の媒介変数表示」「極方程式」の3つのテーマを中心に学習します．いずれも定義や基本事項を理解した上で計算が正確にできるかどうかが重要です．「曲線の媒介変数表示」は後に学ぶ「微分法」の単元にも出てきますので注意してください．入試では「2次曲線」は定義や性質が問われたり「極方程式」と融合されることもあります．

1-1 楕円

右の図では，定点 F を中心とする同心円，定点 F′ を中心とする同心円が描かれていいます．円の半径は小さいものから 1, 2, 3, … と 1 つずつ大きくなっています．このとき図のように，$P_1, P_2, P_3, \cdots$ をとっていくと

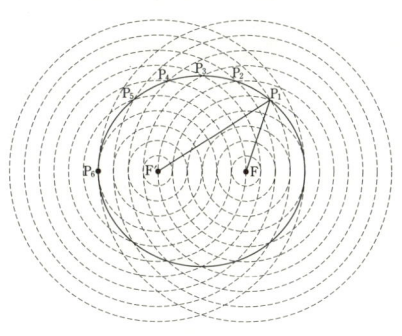

P_1 は F から 5 個目の円周上，F′ から 9 個目の円周上より $P_1F = 5$, $P_1F' = 9$
P_2 は F から 6 個目の円周上，F′ から 8 個目の円周上より $P_2F = 6$, $P_2F' = 8$
P_3 は F から 7 個目の円周上，F′ から 7 個目の円周上より $P_3F = 7$, $P_3F' = 7$
$\vdots$

となり，常に $P_nF + P_nF' = 14$ が成立することが分かります．このように

2つの定点からの距離の和が一定である点の集合

を**楕円**といいます．このとき，2つの定点 F, F′ を楕円の**焦点**といいます．
以下，楕円の方程式を導出します．話を単純にするために $c > 0$ として $F(c, 0)$, $F'(-c, 0)$ とし，F, F′ からの距離の和を $2a$ とします．

まず，右上図において，三角形の 2 辺の和は
他の 1 辺より長いので，

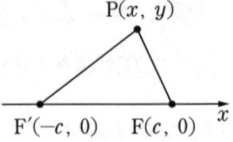

$$\text{PF} + \text{PF}' > \text{FF}' \text{ より } 2a > 2c \quad \therefore \quad a > c > 0$$

となることに注意します．このとき，

$$\text{PF} + \text{PF}' = 2a$$
$$\sqrt{(x-c)^2 + y^2} + \sqrt{(x+c)^2 + y^2} = 2a$$
$$\sqrt{(x-c)^2 + y^2} = 2a - \sqrt{(x+c)^2 + y^2}$$

この両辺を 2 乗して，

$$(x-c)^2 + y^2 = (2a - \sqrt{(x+c)^2 + y^2})^2$$
$$(x-c)^2 + y^2 = 4a^2 - 4a\sqrt{(x+c)^2 + y^2} + (x+c)^2 + y^2$$
$$a\sqrt{(x+c)^2 + y^2} = a^2 + cx$$

さらに，この両辺を 2 乗して，

$$a^2\{(x+c)^2 + y^2\} = (a^2 + cx)^2$$
$$(a^2 - c^2)x^2 + a^2 y^2 = a^2(a^2 - c^2)$$
$$\frac{x^2}{a^2} + \frac{y^2}{a^2 - c^2} = 1 \ (a > c > 0) \quad \cdots\cdots ①$$

$a > c > 0$ より，$\sqrt{a^2 - c^2} = b \ (b > 0)$ とおくと①は

$$\frac{x^2}{a^2} + \frac{y^2}{b^2} = 1 \ (a > b) \quad \cdots\cdots ②$$

と表すことができます．$\sqrt{a^2 - c^2} = b \iff c = \sqrt{a^2 - b^2}$ ですから，②の楕円の焦点は a, b を用いて，$\text{F}(\sqrt{a^2 - b^2}, 0)$, $\text{F}'(-\sqrt{a^2 - b^2}, 0)$ となります．
②よりこの楕円は x 軸に関して対称，y 軸に関して対称，さらに原点 O に関しても対称な形になることがわかります．

線分 AA′, BB′ をそれぞれ楕円の **長軸**, **短軸**
といい，O を楕円の **中心** といいます．

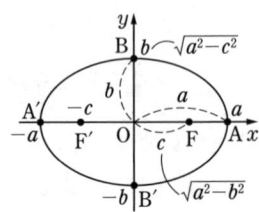

1-2 まとめ

方程式	$\dfrac{x^2}{a^2}+\dfrac{y^2}{b^2}=1\,(a>b>0)$	$\dfrac{x^2}{a^2}+\dfrac{y^2}{b^2}=1\,(b>a>0)$
概形	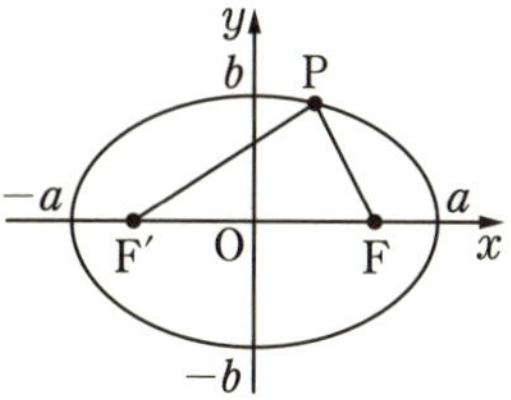	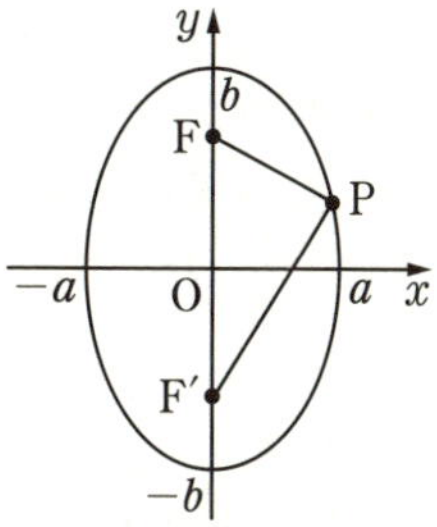
焦点 F, F′	$(\pm\sqrt{a^2-b^2},0)$	$(0,\pm\sqrt{b^2-a^2})$
2焦点との距離	PF+PF′=2a	PF+PF′=2b
媒介変数表示	$x=a\cos\theta,\ y=b\sin\theta\ (0\leqq\theta<2\pi)$	

1-3 楕円の媒介変数表示と面積

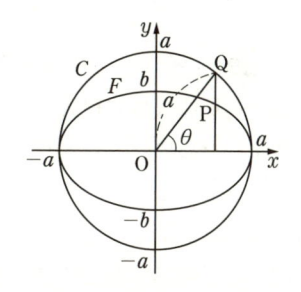

円 $x^2+y^2=a^2\,(a>0)$ は三角関数の定義から $x=a\cos\theta,\ y=a\sin\theta$ と表されます．また，楕円 $\dfrac{x^2}{a^2}+\dfrac{y^2}{b^2}=1\,(a>0,\ b>0)$ は

$$x=a\cos\theta,\ y=b\sin\theta$$

と表されます．右図より x 軸方向はそのままで，y 軸方向に $\dfrac{b}{a}$ 倍したものであることがわかります．これを利用すると，右の円の面積は πa^2 より，楕円の面積が $\pi a^2 \times \dfrac{b}{a} = \pi ab$ となることがわかります．

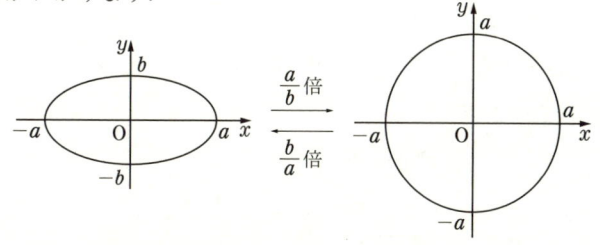

1-4 双曲線

　右の図では，定点 F を中心とする同心円，定点 F′ を中心とする同心円が描かれていいます．円の半径は小さいものから 1, 2, 3, … と 1 つずつ大きくなっています．このとき図のように，$P_1, P_2, P_3, \cdots$ をとっていくと

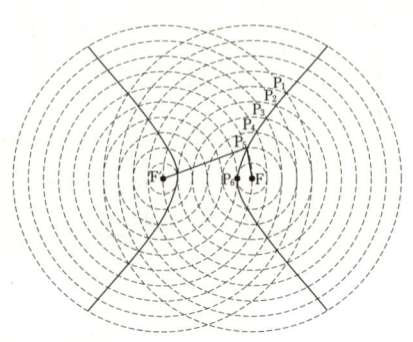

P_1 は F から 6 個目の円周上，F′ から 10 個目の円周上より $P_1F = 6, \ P_1F' = 10$
P_2 は F から 5 個目の円周上，F′ から 9 個目の円周上より $P_2F = 5, \ P_2F' = 9$
P_3 は F から 4 個目の円周上，F′ から 8 個目の円周上より $P_3F = 4, \ P_3F' = 8$
$\vdots$

となり，常に $|P_nF - P_nF'| = 4$ が成立することが分かります．このように

<u>**2 つの定点からの距離の差が一定である点の集合**</u>

を**双曲線**といいます．このとき，2 つの定点 F, F′ を双曲線の**焦点**といいます．

　以下，双曲線の方程式を導出します．話を単純にするために $c > 0$ として $F(c, 0)$, $F'(-c, 0)$ とし，F, F′ からの距離の差の絶対値を $2a$ とします．

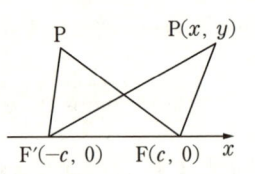

　右図で三角形の 2 辺の和は他の 1 辺より長いので

$$PF < PF' + FF' \quad \therefore \quad PF - PF' < FF'$$
$$PF' < PF + FF' \quad \therefore \quad PF' - PF < FF'$$

となるから，これらをまとめて

$$|PF - PF'| < FF' \ \text{より} \ 2a < 2c \quad \therefore \quad a < c$$

であることに注意すると，

$$|PF - PF'| = 2a$$
$$\left|\sqrt{(x-c)^2 + y^2} - \sqrt{(x+c)^2 + y^2}\right| = 2a$$
$$\sqrt{(x-c)^2 + y^2} - \sqrt{(x+c)^2 + y^2} = \pm 2a$$

$$\sqrt{(x-c)^2+y^2} = \sqrt{(x+c)^2+y^2} \pm 2a$$

両辺を2乗して，
$$(x-c)^2+y^2 = \{\sqrt{(x+c)^2+y^2} \pm 2a\}^2$$
$$(x-c)^2+y^2 = (x+c)^2+y^2 \pm 4a\sqrt{(x+c)^2+y^2} + 4a^2$$
$$\pm a\sqrt{(x+c)^2+y^2} = -a^2 - cx$$

さらに両辺を2乗して，
$$a^2\{(x+c)^2+y^2\} = (a^2+cx)^2$$
$$(c^2-a^2)x^2 - a^2y^2 = a^2(c^2-a^2)$$
$$\frac{x^2}{a^2} - \frac{y^2}{c^2-a^2} = 1 \ (c>a>0) \quad \cdots\cdots ①$$

$c>a>0$ より $\sqrt{c^2-a^2} = b \ (b>0)$ とおくと，①は
$$\frac{x^2}{a^2} - \frac{y^2}{b^2} = 1 \ (a>0,\ b>0) \quad \cdots\cdots ②$$

と表すことができます．$b = \sqrt{c^2-a^2} \iff c = \sqrt{a^2+b^2}$ ですから，②の焦点は a, b を用いて $F(\sqrt{a^2+b^2},\ 0)$, $F'(-\sqrt{a^2+b^2},\ 0)$ となります．②よりこの双曲線は x 軸に関して対称，y 軸に関して対称，さらに原点 O に関して対称な形になることがわかります．

A, A′ を双曲線の **頂点**，O を双曲線の **中心** といいます．

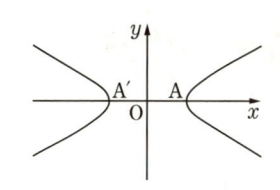

一般に，曲線 $C : f(x, y) = 0$ 上の点 P が原点 O から限りなく遠ざかるとき，P が一定の直線 l に限りなく近づくならば，この直線 l を曲線 C の **漸近線** といいます．連続な曲線 C の漸近線の定義は関数の極限によって定めます．現段階では双曲線 $\dfrac{x^2}{a^2} - \dfrac{y^2}{b^2} = 1$ の漸近線が $y = \pm\dfrac{b}{a}x$ となることを正しく使えるようにしておいてください．

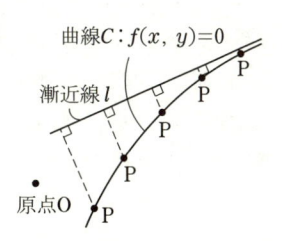

1-5 まとめ

方程式	$\dfrac{x^2}{a^2}-\dfrac{y^2}{b^2}=1\ (a>0,\ b>0)$	$\dfrac{x^2}{a^2}-\dfrac{y^2}{b^2}=-1\ (a>0,\ b>0)$
概形		
焦点 F, F′	$(\pm\sqrt{a^2+b^2},\ 0)$	$(0,\ \pm\sqrt{a^2+b^2})$
2焦点との距離の関係	$\|\mathrm{PF}-\mathrm{PF'}\|=2a$	$\|\mathrm{PF}-\mathrm{PF'}\|=2b$
漸近線	$y=\pm\dfrac{b}{a}x$	

1-6 放物線

右の図では，定点 F を中心とする同心円が描かれています．小さいものから半径 1, 2, 3, … と 1 つずつ大きくなっています．縦線は幅が 1 の平行線で，各円に接しています．ここで，特別な直線として直線 l をとって，線分 FO の中点から出発し，円周と縦線の交点を通る曲線を描いてみます．

この曲線上に P_1, P_2, P_3, … をとっていくと

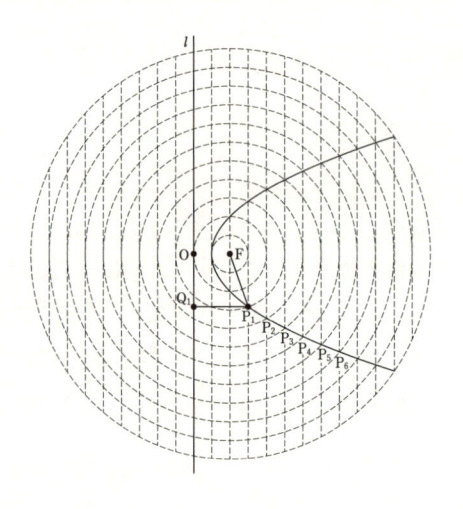

$$P_1F = P_1Q_1,\ P_2F = P_2Q_2,\ P_3F = P_3Q_3,\ \cdots$$

が成立していることが分かるでしょう．このように

> ある定点 F までの距離とある定直線 l までとの距離が等しい点の集合

を放物線といいます．このとき，F を放物線の **焦点**，l を放物線の **準線** といいます．

以下，放物線の方程式を導出します．話を単純にするために $p \neq 0$ として F$(p, 0)$，定直線 $l : x = -p$，点 P(x, y) とします．P から l に下ろした垂線の足を H とすると，定義より PF = PH ……(∗) であるから，

$$\sqrt{(x-p)^2 + y^2} = |x - (-p)|$$

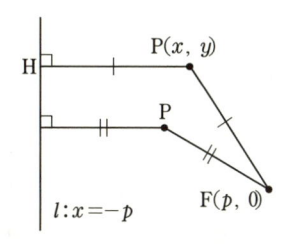

両辺 2 乗して，

$$(x-p)^2 + y^2 = (x+p)^2 \quad \therefore \quad y^2 = 4px \ (p \neq 0) \ \cdots\cdots ①$$

これを放物線の標準形といい，①が表す放物線の概形は，次のようになります．

O を放物線の **頂点**，焦点 F を通り準線 l に垂直な直線を放物線の **軸** といいます．

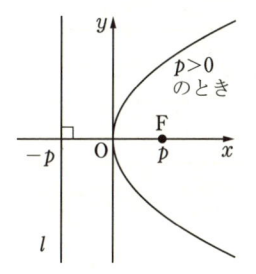

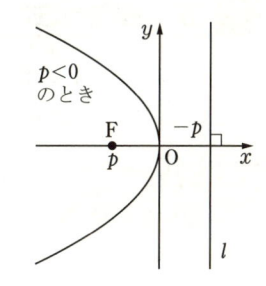

1-7 まとめ

方程式	$y^2 = 4px \ (p \neq 0)$	$x^2 = 4py \ (p \neq 0)$
概形		
焦点 F	$(p, 0)$	$(0, p)$
準線 l	$x = -p$	$y = -p$
焦点と準線までの距離	\multicolumn{2}{c}{PF = PH}

1-8 接線公式

以下の4つは特に断りがない限り公式として用いてよいことになっています．ただし，③，④は微分して求めることが大半なので利用する場面は少ないです．

▶▶ 公式

$a > 0, b > 0, p \neq 0$ とする．

① 楕円 $\dfrac{x^2}{a^2} + \dfrac{y^2}{b^2} = 1$ 上の点 (x_1, y_1) における接線の方程式

$$\dfrac{x_1 x}{a^2} + \dfrac{y_1 y}{b^2} = 1$$

② 双曲線 $\dfrac{x^2}{a^2} - \dfrac{y^2}{b^2} = \pm 1$ 上の点 (x_1, y_1) における接線の方程式

$$\dfrac{x_1 x}{a^2} - \dfrac{y_1 y}{b^2} = \pm 1 \ (複号同順)$$

③ 放物線 $y^2 = 4px$ 上の点 (x_1, y_1) における接線の方程式

$$y_1 y = 2p(x + x_1)$$

④ 放物線 $x^2 = 4py$ 上の点 (x_1, y_1) における接線の方程式

$$x_1 x = 2p(y + y_1)$$

上の公式を全部まとめて証明します．ただし，陰関数の微分法が必要になるので，未習者は陰関数の微分法を学習後に読み直してください．

$Ax^2 + By^2 + Cx = D$ で表される 2 次式において，定数 A, B, C, D をうまく選べば，これは上で与えられた放物線，楕円，双曲線の全てを表します．

$Ax^2 + By^2 + Cx = D$ の両辺を x で微分すると
$$2Ax + 2Byy' + C = 0 \quad \therefore \quad y' = \frac{-2Ax - C}{2By}$$

よって点 (x_1, y_1) における接線の方程式は
$$y = \frac{-2Ax_1 - C}{2By_1}(x - x_1) + y_1$$
$$2Ax_1 x + 2By_1 y - 2(Ax_1{}^2 + By_1{}^2) + C(x - x_1) = 0$$

ここで $Ax_1{}^2 + By_1{}^2 + Cx_1 = D$ を利用すると
$$2Ax_1 x + 2By_1 y - 2(D - Cx_1) + C(x - x_1) = 0$$
$$Ax_1 x + By_1 y + C \cdot \frac{x + x_1}{2} = D$$

が成立します．上式で $A = 0, B = 1, C = -4p, D = 0$ とすると，$y^2 = 4px$ で接線の方程式は $y_1 y = 2p(x + x_1)$ となり，$A = \frac{1}{a^2}, B = \frac{1}{b^2}, C = 0, D = 1$ とすると，$\frac{x^2}{a^2} + \frac{y^2}{b^2} = 1$ で接線の方程式は $\frac{x_1 x}{a^2} + \frac{y_1 y}{b^2} = 1$ となります．また $A = \frac{1}{a^2}, B = -\frac{1}{b^2}, C = 0, D = 1$ とすると，$\frac{x^2}{a^2} - \frac{y^2}{b^2} = 1$ で接線の方程式は $\frac{x_1 x}{a^2} - \frac{y_1 y}{b^2} = 1$ となります．

問題 23　難易度 ★☆☆

次の楕円の焦点の座標と長軸・短軸の長さを求め，その概形をかけ．

(1) $\dfrac{x^2}{25} + \dfrac{y^2}{16} = 1$

(2) $\dfrac{x^2}{4} + \dfrac{y^2}{16} = 1$

(3) $9x^2 + 16y^2 = 144$

POINT 基礎の確認です．不安がある人は最初から読み返してください．

問題 24　難易度 ★☆☆

(1) 楕円 $\dfrac{(x-3)^2}{25} + \dfrac{(y+2)^2}{9} = 1$ の焦点のうち，原点に近い焦点の座標を求めよ．

(2) xy 平面において，原点を中心とし，長軸の長さが $2\sqrt{3}$，1つの焦点の座標が $(1, 0)$ であるような楕円の方程式を求めよ．

(3) 焦点の座標が $(0, 3)$，$(0, -3)$ で，長軸の長さが 10 である楕円の方程式を求め，その概形をかけ．

(4) 楕円 $C: \dfrac{x^2}{15} + \dfrac{y^2}{3} = 1$ と焦点が同じで，点 $(0, 2)$ を通る楕円の方程式を求め，その概形をかけ．

(5) 楕円 $C: 4x^2 + y^2 = 16$ と同じ短軸をもち，点 $(1, 3)$ を通る楕円の方程式を求め，その概形をかけ．

POINT (1) 与えられた楕円は，$\dfrac{x^2}{25} + \dfrac{y^2}{9} = 1$ を x 軸方向に 3，y 軸方向に -2 平行移動したものです．(2) 原点が中心，焦点が x 軸上にあるので，$\dfrac{x^2}{a^2} + \dfrac{y^2}{b^2} = 1$ $(a > b > 0)$ とおけます．(3)〜(5) 楕円 $\dfrac{x^2}{a^2} + \dfrac{y^2}{b^2} = 1$ $(a > b > 0)$ の焦点の座標は $(\pm\sqrt{a^2 - b^2}, 0)$，長軸の長さは $2a$，短軸の長さは $2b$ となります．

問題 25　難易度 ★☆☆　解答 P21

(1) 楕円 $\dfrac{x^2}{18} + \dfrac{y^2}{8} = 1$ と点 $(3, 2)$ で接する接線の方程式を求めよ.

(2) 楕円 $x^2 + 4y^2 = 4$ の, 点 $(3, 0)$ を通る接線の方程式を求めよ.

POINT 楕円の接線公式の確認です.

問題 26　難易度 ★★☆　解答 P22

座標平面上に 2 点 $A(6, 0)$, $B(0, 6)$ がある. 点 P が楕円 $\dfrac{x^2}{12} + \dfrac{y^2}{4} = 1$ 上を動くとき, $\triangle ABP$ の面積の最大値, 最小値を求めよ.

POINT AB を底辺と考えると, 底辺は一定より, $\triangle PAB$ の面積が最大・最小となるのは, 高さが最大・最小となるときで, それは P における接線が AB と平行となるときです. また, 三角形の面積公式 $\dfrac{1}{2}|ad - bc|$ も利用しましょう.

問題 27　難易度 ★★☆　解答 P23

曲線 $\dfrac{x^2}{4} + y^2 = 1 \ (x > 0, \ y > 0)$ 上の動点 P における接線と, x 軸, y 軸との交点をそれぞれ Q, R とする. このとき, 線分 QR の長さの最小値と, そのときの点 P の座標を求めよ.

POINT 楕円の有名問題です. $\dfrac{x^2}{4} + y^2 = 1 \ (x > 0, \ y > 0)$ 上の動点 P は $(2\cos\theta, \ \sin\theta) \ \left(0 < \theta < \dfrac{\pi}{2}\right)$ とおけます. さて, $\sin^2\theta + \cos^2\theta = 1$ の両辺を $\cos^2\theta$ で割ると $1 + \tan^2\theta = \dfrac{1}{\cos^2\theta}$ は数 I・A で学習しまし

た．$\sin^2\theta + \cos^2\theta = 1$ の両辺を $\sin^2\theta$ で割ると，
$$1 + \left(\frac{\cos\theta}{\sin\theta}\right)^2 = \frac{1}{\sin^2\theta} \quad \therefore \quad 1 + \frac{1}{\tan^2\theta} = \frac{1}{\sin^2\theta}$$
も使えるようになりましょう．

問題 28　難易度 ★★☆　▶▶▶解答 P23

xy 平面上の長方形 ABCD と楕円 $x^2 + \dfrac{y^2}{3} = 1$ が図のように 4 点で接している．辺 AB の傾きを $-m\ (m > 0)$ とするとき，次の問に答えよ．

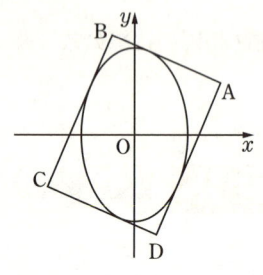

(1) 楕円と辺 AB の接点を (x_1, y_1) とおく．x_1, y_1 を m で表せ．
(2) 原点 O と直線 AB との距離を m を用いて表せ．
(3) 長方形 ABCD の面積の最大値とそのときの m の値を求めよ．

POINT　(1) $x^2 + \dfrac{y^2}{3} = 1$ 上の点 (x_1, y_1) における接線の方程式は，
$$x_1 x + \frac{y_1}{3} y = 1 \quad \left(\text{ただし}, x_1^2 + \frac{y_1^2}{3} = 1\right)$$
となります．

(3) BC の傾きは $\dfrac{1}{m}$ ですから，O と BC との距離は (2) の結果に対し，$-m$ を $\dfrac{1}{m}$ で置き換えたものになります．

問題 29　難易度 ★★★　▶▶▶解答 P25

楕円 $\dfrac{x^2}{4} + y^2 = 1$ が直線 $y = m(x-4)$ と異なる 2 点 A，B で交わるとき，線分 AB の中点 M の軌跡を求めよ．

POINT　まず，楕円と直線が異なる 2 点で交わるので，連立方程式が異なる 2 つの実数解を持ちます．よって判別式 $D > 0$ が必要となります．中点の座標を求めるには，解と係数の関係を利用しましょう．その後，m を消去

していくことになります．ただし，$D>0$ から得られた m の条件を x の範囲に変換することを忘れないようにしましょう．

問題 30 　難易度 ★★★ 　▶▶▶解答 P26

楕円 $\dfrac{x^2}{16}+\dfrac{y^2}{9}=1$ の外部の点 $\mathrm{P}(a,\ b)$ から引いた 2 本の接線が直交するような点 P の軌跡を求めよ．

POINT 接線の方程式を $y=m(x-a)+b$ ……(∗) とおいて，これが楕円と接するように m の条件を定めます．m の値は 2 つ求まるはずですから，これらを $m_1,\ m_2$ とすれば 2 接線が直交する条件は $m_1 m_2=-1$ です．ただし，(∗) では y 軸に平行な直線は表せないので，先に場合分けをすることになります．途中の計算で m の 4 次になりそうですが，うまく消えます．一度経験しておかないと初見では厳しい計算です．

問題 31 　難易度 ★★★ 　▶▶▶解答 P27

1 辺の長さが 4 の正三角形 ABC において，辺 BC の中点を D，線分 BD の中点を E とする．また，点 F は $\mathrm{BF}+\mathrm{DF}=3$ を満たしながら動く．

(1) 線分 EF の長さの最大値と最小値を求めよ．
(2) △BFC の面積の最大値を求めよ．
(3) 点 F と直線 AC の距離が最小となるとき，線分 EF の長さを求めよ．

POINT まず，点 F は $\mathrm{BF}+\mathrm{DF}=3$ を満たしながら動くので，2 点 B, D を焦点とし，長軸の長さが 3 である楕円を描くことを読み取れたかがポイントです．(3) では点 F と直線 AC の距離が最小となるのはどのようなときかを図形的に考察しましょう．

問題 32 難易度 ★★☆ ▶▶▶ 解答 P28

2つの楕円 $\dfrac{x^2}{3} + y^2 = 1$, $x^2 + \dfrac{y^2}{3} = 1$ の共通部分の面積を求めよ．

POINT 2つの楕円は，それぞれ x 軸対称かつ y 軸対称，さらに $y = x$ に関して対称であることを利用します．楕円を円に変換して面積を求めましょう．

問題 33 難易度 ★☆☆ ▶▶▶ 解答 P28

次の双曲線の焦点の座標と漸近線の方程式を求め，その概形をかけ．

(1) $\dfrac{x^2}{16} - \dfrac{y^2}{9} = 1$

(2) $\dfrac{x^2}{12} - \dfrac{y^2}{4} = -1$

(3) $4x^2 - y^2 = 16$

(4) $x^2 - y^2 = -4$

POINT 双曲線 $\dfrac{x^2}{a^2} - \dfrac{y^2}{b^2} = \pm 1$ の漸近線の方程式は $y = \pm \dfrac{b}{a} x$ となります．

(3), (4) では標準形 $\dfrac{x^2}{a^2} - \dfrac{y^2}{b^2} = \pm 1$ の形に直して考えましょう．

問題 34　難易度 ★☆☆　▶▶▶ 解答 P29

2直線 $y = \dfrac{3}{4}x$, $y = -\dfrac{3}{4}x$ を漸近線にもち, 2点 $F(5, 0)$, $F'(-5, 0)$ を焦点とする双曲線の方程式を求めよ.

POINT $\dfrac{x^2}{a^2} - \dfrac{y^2}{b^2} = 1$ の漸近線の方程式は $y = \pm\dfrac{b}{a}x$, 焦点の座標は $(\pm\sqrt{a^2 + b^2},\ 0)$ となります.

問題 35　難易度 ★★☆　▶▶▶ 解答 P30

$y = 2x$, $y = -2x$ を漸近線とし, 点 $(3, 0)$ を通る双曲線について

(1) この双曲線の方程式および焦点の座標を求めよ.
(2) P をこの双曲線上の点とし, 焦点を A, B とする. 直線 AP, BP が直交するような点 P の座標をすべて求めよ.

POINT 双曲線の定義と公式を確認しましょう. (2) では直線 AP, BP が直交するので, P が線分 AB を直径とする円周上に存在することを利用します.

問題 36 難易度 ★★☆

右図のように，双曲線 $\dfrac{x^2}{4} - y^2 = 1$ の右と左の焦点を F と F' とする．点 F を通り，傾き k が正の直線 l を，双曲線と 2 点 A, B で交わるように引く．ただし，A, B の x 座標はいずれも正とする．

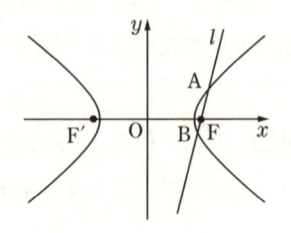

(1) 焦点 F の x 座標を求めよ．
(2) k のとりうる値の範囲を求めよ．
(3) $F'A + F'B = 12$ のとき AB の長さと k の値を求めよ．

POINT AB の長さを計算で求めようとすると大変です．双曲線の定義より，$|AF - AF'| = 4$, $|BF - BF'| = 4$ が成立することを利用しましょう．

問題 37 難易度 ★★★

$a > 0$, $b > 0$ とする．双曲線 $\dfrac{x^2}{a^2} - \dfrac{y^2}{b^2} = 1$ 上の点 $P(p, q)$ における接線がこの双曲線の 2 本の漸近線と交わる点をそれぞれ Q, R とする．

(1) 点 P は線分 QR の中点であることを証明せよ．
(2) O を原点とするとき，△OQR の面積を求めよ．

POINT 接線公式と漸近線の方程式を利用して計算するだけです．ただし，文字が多いので計算を丁寧に行いましょう．また，△OQR の面積を求める際には，面積公式 $S = \dfrac{1}{2}|ad - bc|$ を利用しましょう．

問題 38 難易度 ★☆☆

次の放物線の焦点の座標と準線の方程式を求め，その概形をかけ．

(1) $y^2 = 8x$
(2) $y^2 = -2x$
(3) $x^2 = 6y$
(4) $x^2 = -4y$

POINT 放物線 $y^2 = 4px$ $(p \neq 0)$ の焦点の座標は $(p, 0)$，準線の方程式は $x = -p$ となります．
放物線 $x^2 = 4py$ $(p \neq 0)$ の焦点の座標は $(0, p)$，準線の方程式は $y = -p$ となります．

問題 39 難易度 ★☆☆

次の放物線の方程式を求め，その概形をかけ．

(1) 焦点 $(0, 2)$，準線 $y = -2$
(2) 焦点 $\left(0, -\dfrac{1}{2}\right)$，準線 $y = \dfrac{1}{2}$

POINT 放物線 $x^2 = 4py$ $(p \neq 0)$ の焦点の座標は $(0, p)$，準線の方程式は $y = -p$ となります．

問題 40 難易度 ★★☆

x 軸を軸とし，点 $(1, 0)$ を焦点とする放物線が，直線 $y = x + k$ $(k \neq -1)$ に接するとき，この放物線の準線の方程式を求めよ．

POINT 標準形でない場合は，定義に戻って立式します．

問題 41　難易度 ★★☆

座標平面上の 2 つの放物線 C_1, C_2 が次の条件を満たす．

(A) C_1 は直線 $y = -1$ を準線，原点 O を頂点とする．
(B) C_2 は y 軸に平行な直線を準線，原点 O を頂点とする．
(C) C_1, C_2 が交わる 2 点はどちらも直線 $y = -2x$ 上にある．

このとき，次の問いに答えよ．

(1) C_1 の方程式を求めよ．
(2) C_2 の焦点の座標が $(p, 0)$ であるとき，C_2 の方程式を求めよ．
(3) C_2 の準線の方程式を求めよ．

POINT 放物線の定義および方程式を確認しましょう．原点が頂点で，直線 $y = -p$ が準線である放物線の方程式は $x^2 = 4py$, 焦点の座標は $(0, p)$ です．

問題 42　難易度 ★★☆

(1) 点 A(2, 0) を中心とする半径 1 の円と直線 $x = -1$ の両方に接し，点 A を内部に含まない円の中心の軌跡は放物線を描く．この放物線の方程式，焦点の座標，準線の方程式を求めよ．
(2) $a > 0$ に対して，Q($-a$, 0) とする．(1) の放物線上の点 P が，AP = AQ を満たすとき，直線 PQ の方程式を求めよ．

POINT 放物線の定義を利用すれば，点 P の座標がすぐに求まります．

問題 43　難易度 ★★★

放物線 $y^2 = 4px\ (p > 0)$ 上の任意の点を P とする．点 P から放物線の準線に下ろした垂線の足を H，放物線の焦点を F とするとき，点 P における放物線の接線が ∠FPH を二等分することを示せ．

POINT　放物線の定義より PF = PH です．接線と x 軸の交点を A とすると，平行線の錯角より ∠HPA = ∠FAP が成立します．よって PF = AF を示せばよいことになります．

第2章 式と曲線
2 曲線の媒介変数表示，極座標と極方程式
■それぞれの定義をしっかりとおさえましょう

2-1 媒介変数表示

平面上の曲線 C が1つの変数（ここでは t）を用いて，$x = x(t)$, $y = y(t)$ の形で表されるとき，これを曲線 C の **媒介変数表示** または **パラメータ表示** といい，このときの t を **媒介変数** または **パラメータ** といいます．曲線の媒介変数表示は自由で，たとえば，放物線 $y = x^2$ では $x = t$, $y = t^2$ や $x = 2t$, $y = 4t^2$ など，表現の仕方は様々あります．ただし，媒介変数表示された曲線（方程式で表せる場合）は，ただ一通りの曲線の方程式を表します．たとえば，$x = t+1$, $y = t^2 - t$ で表される曲線は，$t = x - 1$ より，

$$y = (x-1)^2 - (x-1) = x^2 - 3x + 2$$

となり，放物線 $y = x^2 - 3x + 2$ を描きます．

2-2 極座標と極方程式

平面上の点の位置を表すために，平面上に2本の直交する座標軸を設け，図のように2つの数の組 $A(a, b)$ で表す方法を **直交座標表示** といい，(a, b) を A の座標あるいは直交座標といいました．これに対し，平面上に基準となる点 O と半直線の軸を設け，図のような「長さ」と「角」の組で $A(r, \theta)$ のように表す方法を点 A の **極座標表示** といい，(r, θ) を A の極座標といいます．また，このときの θ を点 A の **偏角**，点 O を **極**，半直線を **始線** といいます．

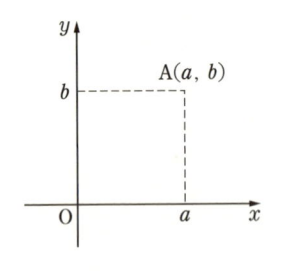

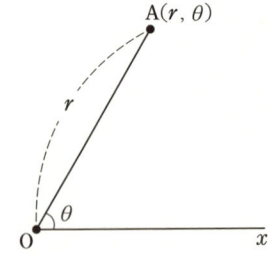

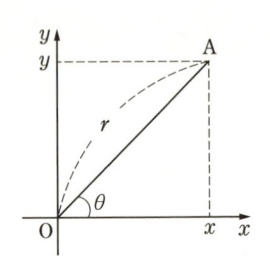

xy 平面の原点 O を極，x 軸を始線となるように極座標を設定すると xy 平面上で A(x, y) と表される点 A の極座標が A(r, θ) であったとします．このとき x, y と r, θ には $x = r\cos\theta, y = r\sin\theta$ という関係があります．また，この辺々を 2 乗して加えると

$$x^2 + y^2 = r^2(\cos^2\theta + \sin^2\theta) = r^2$$

となりますが，ここから，r を x, y で表す式 $r = \sqrt{x^2 + y^2}$ が得られます．また θ については，$\cos\theta = \dfrac{x}{\sqrt{x^2+y^2}}$，$\sin\theta = \dfrac{y}{\sqrt{x^2+y^2}}$ を満たす角として決定します．

問題 44　難易度 ★☆☆　　▶▶▶解答 P38

媒介変数表示 $x = 2\cos t, y = -\sin^2 t$ で表される曲線の方程式を求めよ．

POINT　媒介変数 t を消去します．その際，x の値の範囲を求めることを忘れないようにしましょう．

問題 45　難易度 ★★☆　　▶▶▶解答 P38

媒介変数 t で表された曲線 $\begin{cases} x = 3\left(t + \dfrac{1}{t}\right) + 1 \\ y = t - \dfrac{1}{t} \end{cases}$ は双曲線である．この双曲線の方程式，中心の座標，頂点の座標，および漸近線の方程式を求めよ．

POINT　媒介変数 t をどのように消去するかがポイントです．また得られた双曲線の方程式を，標準形を平行移動した双曲線と見ましょう．そうすれば，標準形の中心の座標，頂点の座標，および漸近線の方程式が簡単にわかるので，それを平行移動すればよいのです．

問題 46　難易度 ★☆☆　▶▶▶解答 P38

直交座標で表された次の点の極座標を求めよ．ただし，極は原点，始線は x 軸の 0 以上の部分とし，点の偏角を θ とするとき，$0 \leqq \theta < 2\pi$ であるとする．

(1) A(3, 0)　　　(2) B(2, 2)　　　(3) C($-\sqrt{3}$, 1)

POINT　図示をして，絶対値と偏角を読み取ります．

問題 47　難易度 ★☆☆　▶▶▶解答 P39

極座標で表された次の点の直交座標を求めよ．ただし，直交座標の原点は極座標の極と一致し，x 軸の 0 以上の部分が始線に重なるものとする．

(1) A$\left(3, \dfrac{\pi}{3}\right)$　　　(2) B$\left(4, \dfrac{13}{4}\pi\right)$　　　(3) C$\left(2, -\dfrac{5}{6}\pi\right)$

POINT　$x = r\cos\theta$, $y = r\sin\theta$ を利用します．

問題 48　難易度 ★★☆　▶▶▶解答 P40

正の定数 a について，極座標で表された円 $r = 4\cos\theta$ と直線 $r = \dfrac{a}{\cos\theta}$ とが共有点をもたないような a の値の範囲を求めよ．

POINT　連立方程式 $r = 4\cos\theta$, $r = \dfrac{a}{\cos\theta}$ が解をもたないような a の値の範囲を求めます．

問題 49　難易度 ★★☆　▶▶▶ 解答 P40

xy 平面で，2 点 A$(1, 0)$，B$(-1, 0)$ からの距離の積が 1 である点 P の軌跡を C とする．

(1) 原点を極，x 軸の正の部分を始線にとって，曲線 C の極方程式を $r = f(\theta)$ と表すとき，$f(\theta)$ を求めよ．

(2) (1) で $\theta = 0, \dfrac{\pi}{12}, \dfrac{\pi}{8}, \dfrac{\pi}{6}, \dfrac{\pi}{4}$ のときの r の値を求め，曲線 C の概形を描け．ただし，$\sqrt{2} \fallingdotseq 1.4$，$\sqrt[4]{3} \fallingdotseq 1.3$，$\sqrt[4]{2} \fallingdotseq 1.2$ として計算せよ．

POINT　軌跡の極方程式を求める問題では，

　　直交座標で計算した後，$x = r\cos\theta$，$y = r\sin\theta$ を代入する．
　　直接 r と θ の関係式を立てる．

のいずれかを考えます．なお

　　$f(-\theta) = f(\theta)$ のとき，始線に関して対称
　　$f(\theta + \pi) = f(\theta)$ のとき，極に関して対称

となることなどを利用すると，計算量を少なくすることができます．

問題 50　難易度 ★★★　▶▶▶ 解答 P41

原点 O を極，x 軸正方向を始線とする極座標について考えるとき，次の各問いに答えよ．

(1) 極座標が $(1, 0)$ の点を中心とし，半径 1 の円 C の極方程式を求めよ．

(2) (1) の円 C 上の点 P の極座標が (r, θ) であるとき，極座標が $(r^2, 2\theta)$ で表される点 Q をとる．点 P が C 上を動くとき，点 Q の軌跡の極方程式を求めよ．

(3) 極座標が $(4, 0)$ の点 A と (2) の点 Q の距離 AQ の最大値を求めよ．

POINT　(1) 円 C 上の点 P を極座標を用いて (r, θ) と表し，r と θ の関係式を

求めてもよいし，円 C の方程式を直交座標を用いて表し，それを極方程式に直してもよいでしょう．

(2) 点 Q の極座標を (r', θ') とおいて，r' と θ' の関係式を求めることになります．

(3) まずは距離 AQ を立式することになります．(1) と同様に，極座標のまま考えてもよいし，直交座標に直してから考えてもよいでしょう．AQ が立式できたら，r か θ のどちらかを消去して，増減のわかる形に変形していきます．

問題 51　難易度 ★★★　▶▶▶解答 P43

(1) 直交座標において，点 $A(\sqrt{3}, 0)$ と準線 $x = \dfrac{4}{\sqrt{3}}$ からの距離の比が $\sqrt{3} : 2$ である点 $P(x, y)$ の軌跡を求めよ．

(2) (1) における A を極，x 軸の $\sqrt{3}$ 以上の部分と半直線 AP とのなす角 θ を偏角とする極座標を定める．このとき，P の軌跡を $r = f(\theta)$ の形の極方程式で求めよ．ただし，$0 \leqq \theta < 2\pi,\ r > 0$ とする．

(3) A を通る任意の直線と (1) で求めた曲線との交点を R, Q とする．このとき，$\dfrac{1}{\text{RA}} + \dfrac{1}{\text{QA}}$ は一定であることを示せ．

POINT (2) $x = \sqrt{3} + r\cos\theta,\ y = r\sin\theta$ を (1) の結果に代入します．

(3) R を $r = f(\theta)$，Q を $r = f(\theta + \pi)$ とおきます．

問題 52　難易度 ★★★

$a > 0$ を定数として，極方程式
$$r = a(1 + \cos\theta)$$
により表される曲線 C_a を考える．次の問に答えよ．

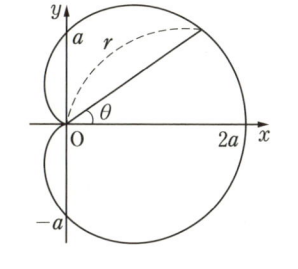

(1) 極座標が $\left(\dfrac{a}{2}, 0\right)$ の点を中心とし半径が $\dfrac{a}{2}$ である円 S を，極方程式で表せ．

(2) 点 O と曲線 C_a 上の点 P $\neq$ O とを結ぶ直線が円 S と交わる点を Q とするとき，線分 PQ の長さは一定であることを示せ．

(3) 点 P が曲線 C_a 上を動くとき，極座標が $(2a, 0)$ の点と P との距離の最大値を求めよ．

POINT (3) A$(2a, 0)$ とするとき，$\mathrm{PA}^2 = \mathrm{OP}^2 + \mathrm{OA}^2 - 2\mathrm{OP} \cdot \mathrm{OA}\cos\angle\mathrm{POA}$ となります．

問題 53　難易度 ★★★

放物線 $y^2 = 4px \ (p > 0)$ 上に 4 点があり，それらを y 座標の大きい順に A，B，C，D とする．線分 AC と BD は放物線の焦点 F で垂直に交わっている．ベクトル $\overrightarrow{\mathrm{FA}}$ が x 軸の正の方向となす角を θ とする．

(1) 線分 AF の長さを p と θ を用いて表せ．

(2) $\dfrac{1}{\mathrm{AF} \cdot \mathrm{CF}} + \dfrac{1}{\mathrm{BF} \cdot \mathrm{DF}}$ は θ によらず一定であることを示し，その値を p を用いて表せ．

POINT (1) A から準線 $x = -p$ に下ろした垂線の足を H とすると，放物線の定義から AF = AH となります．

(2) (1) と同様にすれば，BF，CF，DF を p と θ を用いて表すことができます．

1 関数

第3章　関数

■新しい関数の構造を学習します

出題傾向と対策

微分および積分は数学 II と数学 III の双方で学びますが，数学 III では微分や積分で扱う関数の幅がぐっと増えます．本章で登場する様々な関数は，これら関数単体の入試問題で考えれば非常に少ないですが，微分・積分を考える上では多岐にわたって登場します．穴のないようにしましょう．

1-1 分数関数

k を 0 でない定数とするとき，$y = \dfrac{k}{x}$ のように分数式で表される関数を**分数関数**といいます．

関数 $y = \dfrac{k}{x}$ のグラフは原点 O に点対称で，$k > 0$ ならば図 1 のように第 1 象限と第 3 象限，$k < 0$ ならば図 2 のように第 2 象限と第 4 象限に存在します．いずれの曲線のグラフも x 軸，y 軸が漸近線となる直角双曲線となります．

関数 $y = \dfrac{a}{x}$ のグラフを x 軸方向へ p，y 軸方向へ q だけ平行移動すると，$y = \dfrac{a}{x-p} + q$ で表される直角双曲線となります．このグラフの漸近線も平行移動し，$x = p$，$y = q$ となります．グラフの概形は図 3 のようになります．

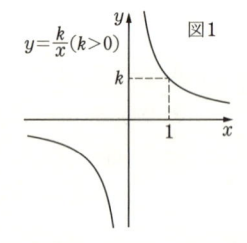

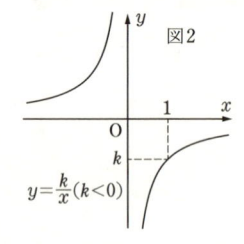

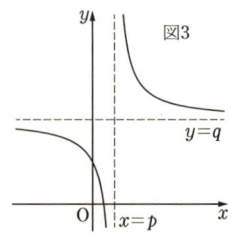

1-2 無理関数

a が 0 でない定数であるとき，$y = \sqrt{ax}$ のように根号の中に文字を含む式を無理式といい，x について無理式で表される関数を無理関数といいます．

一般に，$a > 0$ ならば定義域は $x \geqq 0$，値域は $y \geqq 0$ であり，単調に増加します．$a < 0$ ならば定義域は $x \leqq 0$，値域は $y \geqq 0$ であり，単調に減少します．

関数 $y = \sqrt{ax}$ のグラフを x 軸方向へ p，y 軸方向へ q だけ平行移動すると，$y = \sqrt{a(x-p)} + q$ で表される無理関数のグラフとなります．

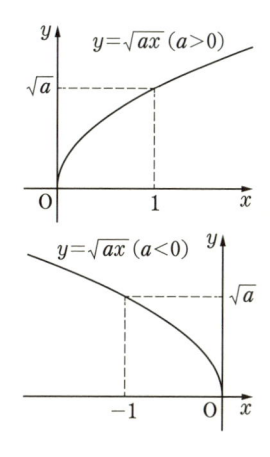

1-3 逆関数

関数 $y = f(x)$ があるとき，変数 x の値に対して，ただ 1 つの値 y が定まります．逆に，y の値に対して x の値が 1 対 1 対応で定まるならば，x は y の関数になるので，これを $x = g(y)$ と表します．

関数を表すとき，一般的に変数に x，変数に対応する値に y を用いるので，x と y を入れ替えて，$y = g(x)$ と書き直します．この関数を関数 $f(x)$ の逆関数といい，$y = f^{-1}(x)$ と表します．たとえば，$y = \dfrac{x}{x+2}$ の逆関数なら，この式を

$$(x+2)y = x$$
$$xy + 2y = x$$
$$(y-1)x = -2y \quad \therefore \quad x = \dfrac{-2y}{y-1}$$

と x について解き，x と y を入れかえて，$y = \dfrac{-2x}{x-1}$ となります．

もとの関数とその逆関数では，定義域と値域も入れかわることに注意する必要があります．たとえば，$y = x^2 - 2 \ (x \geqq 0, \ y \geqq -2)$ の逆関数なら，この式を，$x^2 = y + 2 \ (x \geqq 0, \ y \geqq -2)$ とし，$x \geqq 0$ ですから，$x = \sqrt{y+2}$ と解き，定義域と値域まで含めて x と y を入れ替えて，

$$y = \sqrt{x+2} \quad (x \geq -2,\ y \geq 0)$$

となるわけです．

関数 $y = f(x)$ の逆関数 $y = f^{-1}(x)$ の定義域は，$y = f(x)$ の値域と一致します．また，$y = f(x)$ とその逆関数 $y = f^{-1}(x)$ のグラフは互いに直線 $y = x$ に関して対称になります．

1-4 合成関数

2つの関数 $y = f(x)$, $z = g(y)$ があり，$f(x)$ の値域が $g(y)$ の定義域に含まれているとき，$y = f(x)$ を $g(y)$ に代入することで，新しい関数 $z = g(f(x))$ が得られます．この関数を $f(x)$ と $g(y)$ の合成関数といいます．この合成関数のことを，

$$g(f(x)) = (g \circ f)(x)$$

と書くこともあります．たとえば，$f(x) = 2x^2$, $g(x) = 3x - 1$ であるとき，合成関数 $(g \circ f)(x)$, $(f \circ g)(x)$ は

$$(g \circ f)(x) = g(f(x)) = 3(2x^2) - 1 = 6x^2 - 1$$
$$(f \circ g)(x) = f(g(x)) = 2(3x-1)^2 = 18x^2 - 12x + 2$$

となります．

問題 54　難易度 ★☆☆　解答 P46

次の関数の漸近線を求め，その概形をかけ．

(1) $y = \dfrac{3x-1}{x-1}$

(2) $y = \dfrac{-2x-5}{2x+3}$

POINT 与えられた式を $y = \dfrac{k}{x-p} + q$ の形に変形します．

問題 55　難易度 ★★☆

関数 $y = \dfrac{ax+b}{2x+1}$ のグラフは $(1, 0)$ を通り，直線 $y=1$ を漸近線にもつ．

(1) 定数 a, b の値を求めよ．
(2) 不等式 $\dfrac{ax+b}{2x+1} > x-2$ を解け．

POINT　(2) グラフをかき，$y = \dfrac{ax+b}{2x+1}$ が $y = x-2$ の上側にある範囲を求めます．

問題 56　難易度 ★★☆

a, b, c は実数の定数で，$a \neq 1, a \neq 2$ とする．関数 $f(x) = \dfrac{bx+c}{x-a}$ に対して，$y = f(x)$ のグラフが 2 点 A$(1, 1)$, B$(2, 4)$ を通るとき，次の問に答えよ．

(1) b, c を a を用いて表せ．
(2) $a = 3$ のとき，$y = f(x)$ のグラフをかけ．
(3) a が $a < 0$ の範囲を動くとき，$f(3)$ の取り得る値の範囲を求めよ．

POINT　(1) $y = f(x)$ のグラフが 2 点 A, B を通るので，$f(1) = 1, f(2) = 4$ が成立します．これから b, c を a で表します．
(2) $f(x)$ を $y = \dfrac{k}{x-p} + q$ の形に直しましょう．
(3) (1) より $f(3)$ は a の分数式となります．それを a の関数と見て，$g(a)$ とすると，$a < 0$ のとき $g(a)$ の取り得る値の範囲を求めることになります．グラフを利用するのがよいでしょう．

問題 57　難易度 ★☆☆　▶▶▶解答 P48

次の関数の定義域を求め，そのグラフの概形をかけ．

(1) $y = \sqrt{x-2}$
(2) $y = 2\sqrt{x} + 1$
(3) $y = -\sqrt{3x-6} - 1$
(4) $y = \sqrt{4-x} + 3$
(5) $y = -3\sqrt{-x} - 2$

POINT $y = \sqrt{ax+b}\ (a \neq 0)$ のグラフは $y = \sqrt{ax}$ のグラフを x 軸方向に $-\dfrac{b}{a}$ だけ平行移動したものです．

問題 58　難易度 ★★☆　▶▶▶解答 P48

2つの関数 $y = 2\sqrt{x-1}$ および $y = \dfrac{1}{2}x + 1$ について，次の問いに答えよ．

(1) これらの2つの関数のグラフをかき，不等式 $2\sqrt{x-1} \geqq \dfrac{1}{2}x + 1$ を解け．
(2) 方程式 $2\sqrt{x-1} = \dfrac{1}{2}x + k$ が 2 つの異なる実数解をもつように，k のとりうる範囲を定めよ．

POINT (1) 無理関数を含む不等式では，そのまま処理することもできますが正負の場合分けなど細かく調べなくてはいけません．そこでグラフを利用すれば，効率よく解くことができます．$y = 2\sqrt{x-1}$ が $y = \dfrac{1}{2}x + 1$ の上側にある範囲を求めます．その際，$2\sqrt{x-1}$ が定義されるのは $x \geqq 1$ のときであるから，この範囲で求めることに注意しましょう．

(2) 本問の場合は，k の値を変化させると，$y = \dfrac{1}{2}x$ に平行に動きます．これを $y = 2\sqrt{x-1}$ のグラフに重ねてかき，図を見て k の範囲を求めましょう．ただし，接するときの k の値は計算が必要になります．

問題 59　難易度 ★☆☆

次の関数の逆関数を求めよ．また，それぞれの逆関数の定義域，値域を求めよ．

(1) $y = 3x - 1$
(2) $y = 2^x$
(3) $y = \dfrac{2}{x+1}$
(4) $y = -x^2 \ (x \geq 0)$

POINT　元の関数の式を変形して，x について解いた後，x と y を入れ換えます．定義域，値域も入れ換えることを忘れないようにしましょう．

問題 60　難易度 ★☆☆

a, b, c を定数とする．分数関数 $f(x) = \dfrac{ax+b}{x+c}$ は $f(-1) = 1$, $f(0) = 4$, $f(1) = 5$ を満たしている．次の問いに答えよ．

(1) a, b, c の値を求めよ．
(2) $f^{-1}(x)$ を求めよ．
(3) $(f \circ f)(x)$ を求めよ．

POINT　$(f \circ f)(x)$ は $f(f(x))$ のことを表します．

第4章 極限

1 数列の極限

■大きさの感覚を習得しましょう

出題傾向と対策

> 数学Bで学んだ「数列」と数学IIIで学ぶ「数列」の大きな違いは無限を扱うことにあります．例えば，$a_n = \dfrac{1}{n}$ という数列の一般項について，n が 10, 100, 1000, ⋯ と大きくなるとき，それに伴い，a_n は $\dfrac{1}{10}$，$\dfrac{1}{100}$，$\dfrac{1}{1000}$，⋯ とだんだん小さくなり，0に限りなく近い値にまで小さくなります．
>
> この章では，まず数列の極限における「大きさの感覚」を身につけましょう．また後半では直接極限が計算できないとき，式変形や不等式を用いることで目的の数列の極限を求める手法として「はさみうちの原理」を学びます．

1-1 数列の極限

たとえば，$a_n = \dfrac{1}{n}$ や $b_n = 2 - \dfrac{1}{n}$ は，n が限りなく大きくなると

$$a_1 = 1,\ a_2 = \dfrac{1}{2},\ \cdots,\ a_{1000} = \dfrac{1}{1000},\ \cdots$$

$$b_1 = 2,\ b_2 = 2 - \dfrac{1}{2},\ \cdots,\ b_{1000} = 2 - \dfrac{1}{1000},\ \cdots$$

となり，それぞれ一定値 0, 2 に近づいていくことがわかります．一般に $n \to \infty$ とすると a_n の値が一定の数 α に限りなく近づくとき，数列 $\{a_n\}$ は **収束する** といって，これを

$$\lim_{n \to \infty} a_n = \alpha$$

または

$$n \to \infty \text{ のとき } a_n \to \alpha$$

と表します．このとき，α を数列 $\{a_n\}$ の **極限値** といいます．

　もちろん，どんな数列も収束するとは限りません．たとえば，$a_n = n^3$ や $b_n = -n^3$ は n が限りなく大きくなると，

$$a_1 = 1,\ a_2 = 8,\ \cdots,\ a_{10} = 1000,\ \cdots,\ a_{1000} = 1000^3,\ \cdots$$
$$b_1 = -1,\ b_2 = -8,\ \cdots,\ b_{10} = -1000,\ \cdots,\ b_{1000} = -1000^3,\ \cdots$$

となり，a_n は限りなく大きく，b_n は限りなく小さくなります．a_n のように $n \to \infty$ とすると a_n の値が限りなく大きくなるとき，数列 $\{a_n\}$ は **正の無限大に発散する** といって，これを

$$\lim_{n \to \infty} a_n = \infty$$

または

$$n \to \infty \text{ のとき } a_n \to \infty$$

と表します．また，$n \to \infty$ とすると b_n の値が限りなく小さくなるとき，数列 $\{b_n\}$ は **負の無限大に発散する** といって，これを

$$\lim_{n \to \infty} b_n = -\infty$$

または

$$n \to \infty \text{ のとき } b_n \to -\infty$$

と表します．

　以上，ここまでは定数に近づいたり，正の無限大へ発散したり，負の無限大へ発散したりと，一応はどこかへ向かっていくもの，つまり，極限自体は存在するものばかりを紹介しました．一方で「どこへも向かわない数列」も存在します．たとえば，$a_n = (-1)^n$ は

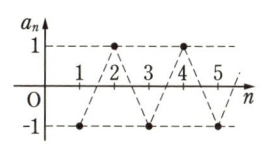

$$a_1 = -1,\ a_2 = 1,\ a_3 = -1,\ \cdots,\ a_{10} = (-1)^{10} = 1,\ \cdots$$

と一定の値に収束せず，また正の無限大にも負の無限大にも発散しません．このような数列は **振動する** といいます．

　もちろん，この場合はどこにも向かわないので，極限は存在しません．以上をまとめると次のようになります．

> 収束する　……　定数に近づく
>
> 発散する（= 収束しない）……　$\begin{cases} 正の無限大に発散 \\ 負の無限大に発散 \\ 振動する \end{cases}$

極限値が存在するのか，存在しないのか，仮に存在するとしてもどんな値になるか決まらない形を **不定形** といいます．たとえば，$a_n = n^3 + 10$, $b_n = 10n^2$ のとき，$\lim_{n \to \infty}(a_n - b_n)$ は，$\infty - \infty$ の形になりますが，実際には

$$a_1 - b_1 = 1, \ a_2 - b_2 = -22, \ \cdots, \ a_{10} - b_{10} = 10, \ \cdots$$

となり，どんな極限になるかすぐにはわかりません．このような場合は，極限を計算できる形へ変形する必要があります．不定形には $\dfrac{0}{0}$, $\infty - \infty$, $\dfrac{\infty}{\infty}$, $0 \times \infty$, 0^∞, ∞^0 などがあります．

1-2 極限の四則演算

$\lim_{n \to \infty} a_n = \alpha$, $\lim_{n \to \infty} b_n = \beta$（ともに収束）のとき，以下の4つが成立します．

> ☆ 極限の四則演算
> ① $\lim_{n \to \infty}(ka_n + lb_n) = k\alpha + l\beta$ （k, l は定数）
> ② $\lim_{n \to \infty}(ka_n - lb_n) = k\alpha - l\beta$ （k, l は定数）
> ③ $\lim_{n \to \infty}(a_n b_n) = \alpha\beta$
> ④ $\lim_{n \to \infty} \dfrac{a_n}{b_n} = \dfrac{\alpha}{\beta}$ （$\beta \neq 0$）

これは，どれも直感で理解できるものばかりでしょう．

問題 61　難易度 ★☆☆　　▶▶▶ 解答 P50

次の極限を求めよ．

(1) $\lim_{n\to\infty}(n^3-2n)$

(2) $\lim_{n\to\infty}\dfrac{n^2-n}{n^5+9}$

(3) $\lim_{n\to\infty}\dfrac{3n^2}{5n^2-2n+1}$

(4) $\lim_{n\to\infty}\dfrac{n^2+2n+3}{3n^2-2n+1}$

(5) $\lim_{n\to\infty}\dfrac{n^3+5n^2}{n^2+4}$

(6) $\lim_{n\to\infty}(n\sqrt{n}-n^2)$

(7) $\lim_{n\to\infty}\dfrac{1}{n-\sqrt{n^2-n}}$

(8) $\lim_{n\to\infty}\dfrac{n}{n+\sqrt{n^2+2n}}$

POINT　(1) は $\infty-\infty$ の形になっています．n^3 と $2n$ では，n^3 の方が $2n$ に比べ，より強い無限大であるとイメージできます．答案を作成するにあたっては，$\infty-\infty$ は最高次の項でくくりだすと覚えておくとよいでしょう．

(2) は $\dfrac{\infty}{\infty}$ の形になっています．ところが，分母は n の 5 次式，分子は n の 2 次式であるから，分母の方がより強い無限大であるとイメージできます．答案を作成するにあたっては，$\dfrac{\infty}{\infty}$ は分母の最高次の項で分母・分子を割ると覚えておくとよいでしょう．

(3) は (2) と同じく $\dfrac{\infty}{\infty}$ の形になっています．そこで，$\dfrac{\infty}{\infty}$ は分母の最高次の項で分母・分子を割ります．

問題 62　難易度 ★☆☆　　▶▶▶ 解答 P51

次の極限値を求めよ．

(1) $\lim_{n\to\infty}\dfrac{1+2+3+\cdots+n}{n^2}$

(2) $\lim_{n\to\infty}\dfrac{(1+n)^2+(2+n)^2+\cdots+(2n)^2}{n^3}$

POINT　学習の初期の段階では，

$$\lim_{n\to\infty}\underbrace{\left(\dfrac{1}{n^2}+\dfrac{1}{n^2}+\cdots+\dfrac{n}{n^2}\right)}_{n\,コ}=\underbrace{0+0+\cdots+0}_{n\,コ}=0$$

としてしまうことが多いのですが，これは大きな間違いです．というのは，$\lim_{n\to\infty}\frac{1}{n^2}=0$ といっても，あくまで極めて小さい値に収束するということであって $\frac{1}{n^2}$ 自体が 0 になるということではありません．つまり，「チリも積もればヤマとなる」という状態（正確に言うと $0\times\infty$ の不定形）なので，何らかの値に収束する可能性もあるわけです．

このように分母や分子に n 個，$2n$ 個などの和があるときは $n\to\infty$ とすると，個数自体も増えていってしまい，扱いにくくなるため，数学 B で学習したシグマの公式を用いることによって，1 つの式にまとめることがポイントとなります．

問題 63　難易度 ★★☆　▶▶▶ 解答 P52

$a_1=5,\ a_2=12,\ a_3=21,\ \cdots$ なる数列 $\{a_n\}$ がある．この数列の階差数列 $\{b_n\}$ が等差数列のとき，次の問いに答えよ．

(1) 数列 $\{b_n\}$ の一般項を求めよ．
(2) 数列 $\{a_n\}$ の一般項を求めよ．
(3) $\lim_{n\to\infty}(\sqrt{a_n}-n)$ および $\lim_{n\to\infty}\left(\sqrt{\dfrac{a_n}{n}}-\sqrt{n}\right)$ を求めよ．

POINT　(1)，(2) では階差数列の一般項を求め，それを利用して $\{a_n\}$ の一般項を求めます．(3) は $\infty-\infty$ タイプの不定形なので，式変形をします．

1-3　r^n の極限と収束条件

ここでは数列 $\{a_n\}$ が $a_n=r^n$（r は定数）になった場合の極限について説明していきます．
たとえば，$a_n=2^n$ は n が限りなく大きくなると
$$a_1=2,\ a_2=4,\ a_3=8,\ \cdots,\ a_{10}=1024,\ \cdots\cdots$$
となり，極限は正の無限大に発散します．また，$a_n=(-3)^n$ は n が限りなく大きくなると
$$a_1=-3,\ a_2=9,\ a_3=-27,\ \cdots\cdots,\ a_{10}=59049,\ \cdots\cdots$$

となり，a_n の絶対値は大きくなりますが，負と正が交互に現れるため，負の無限大に発散するとも正の無限大に発散するとも言えません．つまり，振動します．これに対し，$a_n = \left(\dfrac{1}{2}\right)^n$ や $a_n = \left(-\dfrac{1}{3}\right)^n$ は n が限りなく大きくなると

$$a_1 = \frac{1}{2},\ a_2 = \frac{1}{4},\ a_3 = \frac{1}{8},\ \cdots\cdots,\ a_{10} = \frac{1}{1024},\ \cdots\cdots$$

$$a_1 = -\frac{1}{3},\ a_2 = \frac{1}{9},\ a_3 = -\frac{1}{27},\ \cdots\cdots,\ a_{10} = \frac{1}{59049},\ \cdots\cdots$$

となり，いずれも 0 に収束します．$a_n = 1^n$ のときは

$$a_1 = 1,\ a_2 = 1,\ a_3 = 1,\ \cdots\cdots$$

となり 1 に収束，$a_n = (-1)^n$ のときは

$$a_1 = -1,\ a_2 = 1,\ a_3 = -1,\ \cdots\cdots$$

となり振動します．まとめると，$a_n = r^n$（r は定数）の極限は次のようになります．

$$\lim_{n\to\infty} r^n = \begin{cases} 0 & (-1 < r < 1 \text{ のとき}) \\ 1 & (r = 1 \text{ のとき}) \\ \infty & (r > 1 \text{ のとき}) \\ \pm 1 \text{ で振動} & (r = -1 \text{ のとき}) \\ \pm\infty \text{ で振動} & (r < -1 \text{ のとき}) \end{cases}$$

入試問題では上の 5 つのパターンを場合分けさせるものがよく出題されます．ですから

$\displaystyle\lim_{n\to\infty} r^n$ が収束するのは $-1 < r \leqq 1$ または $r = 1$ のとき

ということが極めて重要です．

問題 64　難易度 ★☆☆　▶▶▶解答 P53

次の極限を求めよ．

(1) $\displaystyle\lim_{n\to\infty}(5^n - 3^n)$　　(2) $\displaystyle\lim_{n\to\infty}\dfrac{3^n + 2^n}{9^n - 5^n}$

POINT 極限を求める際には，定数に収束する項を作ることがポイントです．そ

こで，(1) では，公比が最大の項は 5^n であるから，5^n でくくり出します．(2) では，分母のうち公比が最大の項である 9^n で分母，分子を割ります．

問題 65　難易度 ★★☆　▶▶▶解答 P53

次の問いに答えよ．

(1) $f_n(x) = \dfrac{x^{2n+1}+1}{x^{2n}+1}$ とするとき，極限 $\lim\limits_{n\to\infty} f_n(x)$ を求めよ．

(2) $f(x) = \lim\limits_{n\to\infty} f_n(x)$ とするとき，$y=f(x)$ の概形をかけ．

POINT　$\lim\limits_{n\to\infty} r^n$ が収束するのは $-1 < r < 1$ または $r = 1$ のときですから，

(i) $-1 < x < 1$
(ii) $x = 1$
(iii) $x = -1$
(iv) $x < -1,\ 1 < x$

の 4 つの場合に分けて考えます．ただし，$x=-1$ のとき，$(-1)^{2n}=1$，$(-1)^{2n+1}=-1$ となることに注意しましょう．

問題 66　難易度 ★★☆　▶▶▶解答 P54

次の各数列 $\{a_n\}$ について，極限 $\lim\limits_{n\to\infty} \dfrac{a_2+a_4+\cdots+a_{2n}}{a_1+a_2+\cdots+a_n}$ を調べよ．

(1) $a_n = cr^n\ (c>0,\ r>0)$
(2) $a_n = \dfrac{1}{n^2+2n}$

POINT　(1) は，等差数列および等比数列の和を計算し，極限を求めます．特に等比数列は公比が 1 かどうかで和の公式が異なりますので，場合分けすることを忘れないよう注意しましょう．(2) は差分解により和を計算し，極限を求めます．

問題 67 難易度 ★★☆

a_1 を正の実数とし，$a_{n+1} = 2\sqrt{a_n}$ $(n = 1, 2, 3, \cdots)$ によって数列 $\{a_n\}$ を定める．このとき，$\displaystyle\lim_{n \to \infty} a_n$ を求めよ．

POINT 指数が扱いにくいときは対数をとるのが原則です．その際に，真数が正であることを確認しましょう．

問題 68 難易度 ★★★

第 1 象限に，次の条件 (A), (B), (C) を満たす円の列 $C_1, C_2, \cdots$ がある．

(A) 各 C_n は円 $C: x^2 + (y-1)^2 = 1$ に外接し，x 軸に接している．
(B) 各 n について C_{n+1} は C_n に外接し，C_n の中心の x 座標は単調減少している．
(C) C_1 の中心の x 座標は $\dfrac{3}{2}$ である．

円 C_n の中心の座標を (a_n, b_n) とおくとき，次の問いに答えよ．

(1) 数列 $\{a_n\}$ の漸化式を求め，a_n, b_n を求めよ．
(2) 極限値 $\displaystyle\lim_{n \to \infty} \dfrac{b_n}{a_n a_{n+1}}$ を求めよ．

POINT 2 つの円が接する場合，(中心間距離) = (半径の和) なので，図形に着目して漸化式をつくります．

1-4 はさみうちの原理

　数列の極限は，いつも式を変形して求めるとは限りません．たとえば，数列 $\{a_n\}$ の一般項は全く分からないが，$3 - \dfrac{2}{n} \leqq a_n \leqq 3 + \dfrac{5}{n}$ が全ての n に対して成立しているとしましょう．このとき，一般項は分からないのだから $\displaystyle\lim_{n\to\infty} a_n$ を直接求めることはできませんが，両端の極限は

$$\lim_{n\to\infty}\left(3 - \frac{2}{n}\right) = \lim_{n\to\infty}\left(3 + \frac{5}{n}\right) = 3$$

と求めることができます．ならば，不等式の間に挟まれた a_n の極限 $\displaystyle\lim_{n\to\infty} a_n$ も同じ値になるはずで，$\displaystyle\lim_{n\to\infty} a_n = 3$ と求めることができます．

　一般に 3 つの数列 $\{a_n\}$，$\{b_n\}$，$\{x_n\}$ の間に，不等式 $a_n \leqq x_n \leqq b_n$ が成り立ち，かつ $\displaystyle\lim_{n\to\infty} a_n = \lim_{n\to\infty} b_n = \alpha$（$\alpha$ は定数）ならば $\displaystyle\lim_{n\to\infty} x_n = \alpha$ となります．これをはさみうちの原理といいます．なお，不等式 $a_n \leqq x_n \leqq b_n$ において，等号は成立しなくても構いません．

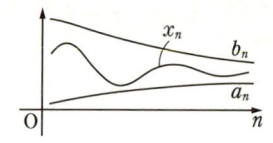

　また，発散する数列についてある一定の自然数 n から常に $a_n \leqq b_n$ であるとき，

(i) $\displaystyle\lim_{n\to\infty} a_n = \infty$ ならば $\displaystyle\lim_{n\to\infty} b_n = \infty$

(ii) $\displaystyle\lim_{n\to\infty} b_n = -\infty$ ならば $\displaystyle\lim_{n\to\infty} a_n = -\infty$

が成り立ちます．

　最後に 1 点補足しておきます．受験生の中には，はさみうちの原理を誤って用いている人がいます．たとえば，$a_n \leqq b_n \leqq c_n$ が成立するとき，$\displaystyle\lim_{n\to\infty} a_n \leqq \lim_{n\to\infty} b_n \leqq \lim_{n\to\infty} c_n$ …… ① とするのは誤りです．そもそも $\{a_n\}$，$\{b_n\}$，$\{c_n\}$ が収束するかどうか分からないとき，$\displaystyle\lim_{n\to\infty} a_n$，$\displaystyle\lim_{n\to\infty} b_n$，$\displaystyle\lim_{n\to\infty} c_n$ が有限確定値に収束するかどうか分からず，数値の大小を比べることは意味をなしません．

　また，$\displaystyle\lim_{n\to\infty} a_n = \alpha$，$\displaystyle\lim_{n\to\infty} c_n = \beta$（$\alpha$，$\beta$ は定数で，$\alpha < \beta$）が成立するならば，$\displaystyle\lim_{n\to\infty} b_n$ は α と β の間のある値に収束するとするのも誤りです．たとえば，

$a_n = -\dfrac{1}{n}$, $b_n = 1 + \dfrac{(-1)^n}{2}$, $c_n = 2 + \dfrac{1}{n}$ とすると $\lim\limits_{n\to\infty} a_n = 0$, $\lim\limits_{n\to\infty} c_n = 2$ ですが，$\{b_n\}$ は $\dfrac{1}{2}$ と $\dfrac{3}{2}$ を振動し，0 と 2 の間のある値に収束することはありません．

はさみうちの原理を正しく使っているかどうかに注意しましょう．

問題 69　難易度 ★☆☆　解答 P57

次の極限を求めよ．

(1) $\lim\limits_{n\to\infty} \dfrac{(-1)^n}{n}$ 　　(2) $\lim\limits_{n\to\infty} \dfrac{\cos 2n\theta}{3^n}$

POINT 極限値が直接求めにくい場合は，はさみうちの原理を利用することが効果的です．(1) では $-1 \leqq (-1)^n \leqq 1$，(2) では $-1 \leqq \cos 2n\theta \leqq 1$ であることを利用します．

問題 70　難易度 ★★☆　解答 P57

(1) n を 2 以上の整数，h を正数とするとき，
$$(1+h)^n \geqq 1 + nh + \dfrac{n(n-1)}{2}h^2$$
が成立することを示せ．

(2) $0 < |r| < 1$ のとき，$\lim\limits_{n\to\infty} nr^n = 0$ となることを証明せよ．

POINT (1) 数学的帰納法を利用することもできますが，二項定理を利用する解法を使えるようにしましょう．

(2) $\dfrac{1}{|r|} > 1$ ですから $\dfrac{1}{|r|} = 1 + h$ $(h > 0)$ とおくと，(1) の結果から $\left(\dfrac{1}{|r|}\right)^n \geqq \dfrac{n(n-1)}{2}h^2$ となるので，
$$0 \leqq n|r^n| = \dfrac{n}{\left(\dfrac{1}{|r|}\right)^n} \leqq \dfrac{n}{\dfrac{n(n-1)}{2}h^2} = \dfrac{2}{(n-1)h^2}$$
を得ます．

問題 71 難易度 ★★★

$a_1 > 4$ として，漸化式 $a_{n+1} = \sqrt{a_n + 12}$ で定められる数列 $\{a_n\}$ を考える．

(1) $n = 2, 3, 4, \cdots$ に対して，不等式 $a_n > 4$ が成り立つことを示せ．

(2) $n = 1, 2, 3, \cdots$ に対して，不等式 $a_{n+1} - 4 < \dfrac{1}{8}(a_n - 4)$ が成り立つことを示せ．

(3) $\displaystyle\lim_{n \to \infty} a_n$ を求めよ．

POINT (1) 自然数 n の命題ですから，数学的帰納法の利用を考えましょう．

(2) 要求されている不等式の＜を＝と読み替えると，等比数列の形になっていることがわかります．

(3) 不等式＋極限 の形では，はさみうちの原理を用いることが大半です．

2 無限級数

第4章 極限

■数列の復習をしてから始めましょう

> **出題傾向と対策**
>
> 　無限数列 $\{a_n\}$ において，$\sum_{n=1}^{\infty} a_n$ を無限級数といいます．無限級数は，形式的な無限個の和 $a_1 + a_2 + \cdots + a_n + \cdots$ を表しますが，実際に無限個を足すことなどできません．そこで無限級数は，ある有限な項までの和（部分和）を求め，その部分和の極限として無限級数を求めます．部分和を求めるところまでは数学Bの内容ですから，数学Bの内容が不安な方は本書の数学Ⅱ・Bを参照してください．

2-1 無限級数とは

無限数列 $\{a_n\}$ について，

$$a_1 + a_2 + \cdots + a_n + \cdots \qquad \cdots\cdots ①$$

を**無限級数**といいますが，実際には無限個の和を加えることは不可能なので，第 n 項までの部分和 $S_n = a_1 + a_2 + a_3 + \cdots + a_n$ を考えます．部分和のつくる数列 $\{S_n\}$ が収束するとき，無限級数①は収束するといい，このときの極限値 S，つまり

$$S = \lim_{n \to \infty} S_n = \lim_{n \to \infty} \sum_{k=1}^{n} a_k$$

を無限級数①の和といいます．

　また，数列 $\{S_n\}$ が発散するとき無限級数①は発散するといいます．

2-2 無限級数の収束と $\{a_n\}$ の極限

無限級数に関しては，

$$\sum_{n=1}^{\infty} a_n \text{ が収束するならば } \lim_{n \to \infty} a_n = 0$$

が成立します。これは，$S_n = \sum_{k=1}^{n} a_k$，$\lim_{n \to \infty} S_n = S$ とおくと，$n \geqq 2$ のとき $a_n = S_n - S_{n-1}$ であるから，

$$\lim_{n \to \infty} a_n = \lim_{n \to \infty} (S_n - S_{n-1})$$
$$= \lim_{n \to \infty} S_n - \lim_{n \to \infty} S_{n-1} = S - S = 0$$

ということから成立します．また，この対偶は

$$\lim_{n \to \infty} a_n \neq 0 \text{ ならば } \sum_{n=1}^{\infty} a_n \text{ は発散する}$$

であり，無限級数が収束しない場合の判断ができます．
上記の事実の逆は成立しない（反例は $a_n = \sqrt{n+1} - \sqrt{n}$）ので注意してください．

2-3 無限等比級数

無限級数のうち各項が等比数列になっているもの，つまり初項を a_1，公比を r としたとき，

$$S = a_1 + a_1 r + a_1 r^2 + \cdots + a_1 r^{n-1} + \cdots$$

を **無限等比級数** といいます．S を求める場合も，まず部分和を求めてから $n \to \infty$ とします．部分和 S_n は

$$S_n = \begin{cases} \dfrac{a_1(1-r^n)}{1-r} & (r \neq 1) \\ na_1 & (r = 1) \end{cases}$$

ですから，あとは，$\lim_{n \to \infty} S_n$ を計算します．

まず，$a_1 \neq 0$ のときを考えます．$r \neq 1$ のとき，$S_n = \dfrac{a_1(1-r^n)}{1-r}$ ですから，これが $n \to \infty$ のときに収束するのは分子の r^n が収束するときで，それは $-1 < r < 1$ の場合に限られます．このとき $\lim_{n \to \infty} r^n = 0$ より $S = \lim_{n \to \infty} S_n = \dfrac{a_1}{1-r}$ となります．

$r = 1$ のとき，$S_n = na_1$ ですから，$\lim_{n \to \infty} S_n$ は発散します．

次に，$a_1 = 0$ のとき $S_n = 0$ より $\lim_{n \to \infty} S_n = 0$ となります．

以上をまとめると，次のようになります．

▶▶▶ **公式**

無限等比級数の収束条件と和

$$S = a_1 + a_1 r + a_1 r^2 + \cdots + a_1 r^{n-1} + \cdots = \sum_{n=1}^{\infty} a_1 r^{n-1}$$

(i) $a_1 = 0$ のとき　　$S = 0$

(ii) $a_1 \neq 0$ のとき　　$-1 < r < 1$ のとき　$S = \dfrac{a_1}{1-r}$

2-4 正しくない和の求め方

　昔の人々は無限級数には値があると先験的に信じていたため数々の矛盾に出会いました．たとえば，$a_n = (-1)^{n+1}$ $(n = 1, 2, 3, \cdots)$ を考えてみます．このとき

$$\sum_{n=1}^{\infty} a_n = 1 + (-1) + 1 + (-1) + 1 + (-1) + \cdots$$

の和は存在しないのですが，昔の人は次のようにして無理やり求めました．

［方法1］
$$\{1 + (-1)\} + \{1 + (-1)\} + \cdots = 0 + 0 + \cdots = 0$$

［方法2］
$$1 + \{(-1) + 1\} + \{(-1) + 1\} + \cdots = 1 + 0 + 0 + \cdots = 1$$

［方法3］和を x とおくと，
$$x = 1 + (-1) + 1 + (-1) + \cdots$$
$$= 1 - \{1 + (-1) + 1 + (-1) + \cdots\} = 1 - x$$
$$\therefore \ x = \frac{1}{2}$$

　以上のように3つの方法で異なった値が出たのは，有限和の場合に許される操作（和の順番を変える，かっこでくくるなど）を無限和の場合にも用いてしまったからです．無限級数の和を求めるときは，項を加える順番を変えたり，途中にかっこを入れたりすることは許されないことに十分注意してください．

問題 72　難易度 ★☆☆　▶▶▶ 解答 P58

次の無限級数の収束・発散を調べ，収束するときは，その和を求めよ．

(1) $\displaystyle\sum_{n=1}^{\infty} \frac{1}{n(n+1)}$

(2) $\displaystyle\sum_{n=1}^{\infty} \frac{1}{n(n+2)}$

(3) $\displaystyle\sum_{n=1}^{\infty} \frac{1}{n(n+1)(n+2)}$

(4) $\displaystyle\sum_{n=1}^{\infty} \frac{1}{\sqrt{n}+\sqrt{n+1}}$

(5) $\displaystyle\sum_{n=1}^{\infty} \frac{n}{n+1}$

POINT　無限級数は部分和の極限という定義に従って，まずは部分和を求めることから始めます．(1) では第 k 項が $\dfrac{1}{k(k+1)}$，(2) では第 k 項が $\dfrac{1}{k(k+2)}$，(3) では第 k 項が $\dfrac{1}{k(k+1)(k+2)}$ となるから，第 n 項までの部分和は順に $\displaystyle\sum_{k=1}^{n} \frac{1}{k(k+1)}$，$\displaystyle\sum_{k=1}^{n} \frac{1}{k(k+2)}$，$\displaystyle\sum_{k=1}^{n} \frac{1}{k(k+1)(k+2)}$ となります．この計算をした後，$\displaystyle\lim_{n\to\infty} S_n$ を計算します．

(4) では第 k 項が $\dfrac{1}{\sqrt{k}+\sqrt{k+1}}$ ですから，第 n 項までの部分和を S_n とすると，$S_n = \displaystyle\sum_{k=1}^{n} \frac{1}{\sqrt{k}+\sqrt{k+1}}$ となります．$\sqrt{k+1}-\sqrt{k}$ を分母・分子に掛けて S_n を求めたあとは $\displaystyle\lim_{n\to\infty} S_n$ を計算します．

(5) では部分和を計算することができません．

$$\lim_{n\to\infty} a_n \neq 0 \text{ ならば} \sum_{n=1}^{\infty} a_n \text{ は発散する}$$

ことを利用しましょう．

問題 73　難易度 ★★☆　▶▶▶ 解答 P60

次の無限級数の和を求めよ．ただし，$\displaystyle\lim_{n\to\infty} \frac{n}{3^n} = 0$ は用いてよい．

$$\frac{1}{3} + \frac{2}{3^2} + \frac{3}{3^3} + \cdots\cdots + \frac{n}{3^n} + \cdots$$

POINT　無限級数は部分和の極限という定義に従って，まずは部分和を出すこと

から始めます．本問の場合，等差・等比複合型になっていることから，公比をかけて，ずらして，ひくという処理をします．このあたりが不安な人は数学II+Bの数列の部分を復習しておきましょう．

問題 74　難易度 ★★☆　▶▶▶ 解答 P60

次の無限級数の和を求めよ．

(1) $\left(1 - \dfrac{1}{2}\right) + \left(\dfrac{1}{3} - \dfrac{1}{2^2}\right) + \left(\dfrac{1}{3^2} - \dfrac{1}{2^3}\right) + \cdots$

(2) $1 - \dfrac{1}{3} + \dfrac{1}{2} - \dfrac{1}{3^2} + \dfrac{1}{2^2} - \dfrac{1}{3^3} + \cdots$

POINT　まず部分和 S_n を求めます．(1)のように各項が（　）でくくられているものは部分和を求める際に項の順序を変えて和を求めることができますが，(2)では勝手に（　）でくくったり，項の順序を変えることはできません．第 n 項までの部分和 S_n は n の式では1通りに表されないから，場合分けをすることになります．

問題 75　難易度 ★★☆　▶▶▶ 解答 P62

AB = 4, BC = 6, $\angle$ABC = 90° の直角三角形 ABC の内部に，図のような正方形 $S_1, S_2, \cdots, S_n, \cdots$ がある．

(1) S_1 の1辺の長さを求めよ．
(2) S_n の面積を a_n $(n = 1, 2, 3, \cdots)$ とする．a_n を n の式で表せ．
(3) $\displaystyle\lim_{n\to\infty} \sum_{k=1}^{n} a_k$ の値を求めよ．

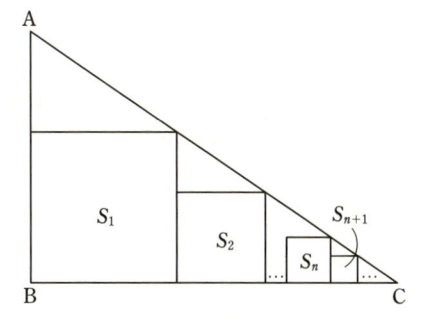

POINT　大学入試の数学の問題では，図形の極限に関する問題が頻出です．とい

うのは図形の極限に関する問題は，図形，漸化式，極限の3つの融合であるため，1問で受験生の3つの分野の実力を問うことができるからです．

直角三角形の中に正方形を作っていくという作業を繰り返すので，規則性の存在がわかるはずです．そこで，(2) ではそれを漸化式で表しましょう．

問題 76　難易度 ★★★　▶▶▶ 解答 P63

x 軸と y 軸に接し，中心の座標が (a_n, a_n) である円 C_n ($n = 1, 2, 3, \ldots$) が図のように順に接しながら並んでいる．ただし，$a_1 = 1$ とする．

(1) a_2 を求めよ．
(2) a_{n+1} を a_n を求めよ．
(3) a_n を n で表せ．
(4) 円 C_n の面積を S_n とする．$\sum_{n=1}^{\infty} S_n$ を求めよ．

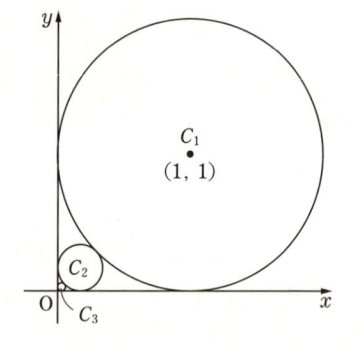

POINT　円 $C_1, C_2, C_3, \cdots$ と縮小の割合が一定であることは直感的にも明らかでしょう．この種の問題では，$n-1$ 回目と n 回目，n 回目と $n+1$ 回目というように，1回の操作における関係を正確に把握して立式していくことが重要です．

3 関数の極限

第4章 極限

■様々な関数の極限公式を定着させましょう

出題傾向と対策

関数の極限では，基本的な計算は数列の極限とほとんど同様にできますが，数列は自然数 n を扱うのに対し，関数は実数 x を扱うので正の無限大と負の無限大を扱うことになります．まずは数列の極限と同様，極限の感覚をつかみましょう．また，三角関数の極限や指数関数・対数関数の極限は，定義を理解し正しく計算できることが重要です．

3-1 右方極限と左方極限

たとえば，x を限りなく 2 に近づけるとき，

　　　5, 4, 3, $\cdots$ のように 2 より大きい方から近づける

　　　-1, 0, 1, $\cdots$ のように 2 より小さい方から近づける

場合があります．数学 III ではこれを区別しなければならないことがあります．

$\lim_{x \to 2}[x]$ ($[x]$ は x を越えない最大の整数を表す) を考えてみましょう．右は $y=[x]$ のグラフ (の一部分) です．グラフから x が 2 より小さい方から 2 に近づいていくときは，$[x]$ の値は常に 1 であることがわかります．一方，x が 2 より大きい方から 2 に近づいていくときは，$[x]$ の値は常に 2 であることもわかります．

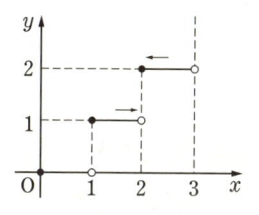

この例からも，$x \to 2$ といっても，どちらから近づいていくかによって極限値が異なる場合があることが理解できるでしょう．

そこで，関数 $f(x)$ において，x が a より大きい値をとりながら a に限りなく近づくとき，$f(x)$ が一定の値 α に限りなく近づくことを

$$\lim_{x \to a+0} f(x) = \alpha$$

と表し，これを $f(x)$ の **右方極限** といいます．また，x が a より小さい値をと

りながら a に限りなく近づくとき，$f(x)$ が一定の値 α に限りなく近づくことを

$$\lim_{x \to a-0} f(x) = \alpha$$

と表し，これを $f(x)$ の **左方極限** といいます．上述の例では，$\lim_{x \to 2-0}[x] = 1$，$\lim_{x \to 2+0}[x] = 2$ となります．特に $a = 0$ のとき，$x \to 0+0$，$x \to 0-0$ をそれぞれ簡単に $x \to +0$，$x \to -0$ と省略して表すこともあわせて覚えておいてください．

3-2 関数の極限の性質

α, β, c, k, l を定数とします．$\lim_{x \to c} f(x) = \alpha$，$\lim_{x \to c} g(x) = \beta$ のとき，以下の3つが成立します．

> ☆ 関数の極限の性質
> ① $\lim_{x \to c}\{kf(x) \pm lg(x)\} = k\alpha \pm l\beta$ （複号同順）
> ② $\lim_{x \to c} f(x) \cdot g(x) = \alpha\beta$
> ③ $\lim_{x \to c} \dfrac{f(x)}{g(x)} = \dfrac{\alpha}{\beta}$ $(\beta \neq 0)$

問題 77 難易度 ★☆☆ ▶▶▶解答 P64

次の極限値を求めよ．

(1) $\displaystyle\lim_{x \to -2} \dfrac{x^2 + 8x + 12}{x^2 + 5x + 6}$

(2) $\displaystyle\lim_{x \to \infty} \sqrt{x}(\sqrt{x+1} - \sqrt{x-1})$

(3) $\displaystyle\lim_{x \to \infty} \dfrac{2x^3 - 8x^2 + 7x + 1}{x^3 + 5x}$

POINT 不定形を解消するための方法は，関数の極限でも数列の極限でも同じです．$\dfrac{\infty}{\infty}$ は分母の最高次で分母・分子を割る，無理式は有理化する，などです．

問題 78　難易度 ★☆☆　▶▶▶ 解答 P64

次の極限値を求めよ．

(1) $\lim_{x \to -\infty} (3x^3 + x^2)$

(2) $\lim_{x \to -\infty} \dfrac{x+2}{\sqrt{x^2+4}}$

(3) $\lim_{x \to -\infty} (2x + \sqrt{4x^2 - 9x + 5})$

POINT　本問では $x \to -\infty$ となっているので，x が負の範囲で考えれば十分です．そして，このような場合は $x = -t$ と置き換えるのが定石です．というのは $x = -t$ とすると $x \to -\infty$ は $t \to \infty$ に対応するので，つまらないミスをしなくなるからです．

問題 79　難易度 ★★☆　▶▶▶ 解答 P66

次の極限を求めよ．ただし，$[x]$ は x を超えない最大の整数を表す．

(1) $\lim_{x \to 1+0} \dfrac{|x^2-1|}{x-1}$

(2) $\lim_{x \to 1-0} \dfrac{|x^2-1|}{x-1}$

(3) $\lim_{x \to 1+0} [x]$

(4) $\lim_{x \to 1-0} [x]$

POINT (1), (2) グラフを考えると，
$x > 1$ のとき，$|x^2-1| = x^2-1 = (x+1)(x-1)$，
$0 < x < 1$ のとき $|x^2-1| = -(x^2-1) = -(x+1)(x-1)$
となります．

(3), (4) 例えば，$1 \leqq x < 2$ のとき $[x] = 1$，$0 \leqq x < 1$ のとき $[x] = 0$
となります．

3-3 未定係数決定問題

> **例題**
> $\lim_{x \to 2} \dfrac{x^2 + k}{x - 2} = 5$ を満たす定数 k は存在するか調べよ．

$\lim_{x \to 2} \dfrac{x^2 + k}{x - 2} = 5$ の分母 $x - 2$ は $x \to 2$ のとき 0 に近づきます．このとき，5 という極限値が存在するためには，$x \to 2$ のとき $x^2 + k \to 0$ となることが必要になります．それはなぜでしょうか？

$\dfrac{x^2 + k}{x - 2}$ を $(x^2 + k) \div (x - 2)$ と見ると，$x \to 2$ のとき，極めて 0 に近い数で割っていることになります．しかし，

極めて 0 に近い数で割ることは極めて大きな数をかけることと同じ

ですから，$x^2 + k \to 0$ でないと発散してしまい（たとえば $3 \times \infty \to \infty$，$-3 \times \infty \to -\infty$，$\infty \times \infty \to \infty$ です…），5 という定数に収束することはできないからです．

よって，
$$\lim_{x \to 2}(x^2 + k) = 0 \quad \therefore \ k = -4$$
が必要となります．しかし，これはあくまでも必要条件にすぎないので，与式に $k = -4$ を代入して，本当に与式が成立するかを確認しなくてはいけません．

$k = -4$ のとき，
$$\text{与式} = \lim_{x \to 2} \dfrac{x^2 - 4}{x - 2} = \lim_{x \to 2} \dfrac{(x+2)(x-2)}{x-2}$$
$$= \lim_{x \to 2}(x + 2) = 4$$

となり極限値が 5 にならない．よって，k は存在しない

問題 80　難易度 ★★☆　▶▶▶ 解答 P66

(1) 極限値 $\displaystyle\lim_{x \to 2} \dfrac{\sqrt{x+a}-3}{x^2-5x+6}$ が有限の値となるような a の値と，そのときの極限値を求めよ．

(2) $\displaystyle\lim_{x \to \infty}\{\sqrt{x^2+1}-(ax+b)\}=2$ が成り立つように，定数 a, b の値を定めよ．

POINT　(1) 分数式の極限において，(分母) $\to 0$ であるとき，有限の値をとるためには，(分子) $\to 0$ が必要です．a の値が求まったら，分子・分母を因数分解し不定形を崩して極限を求め，十分性の確認も忘れないようにしましょう．

(2) 無理式は有理化するのが原則です．本問ではその前に，$a<0$ の場合が不適であることを論述しておくとよいでしょう．

3-4　三角関数の極限

$0 < x < \dfrac{\pi}{2}$ のとき，半径 1，中心角 x の扇形 OAB の面積について，右図より

△OAB の面積 $<$ 扇形 OAB $<$ △OAC の面積

が成立します．つまり，

$\dfrac{1}{2} \cdot 1 \cdot 1 \cdot \sin x < \dfrac{1}{2} \cdot 1^2 \cdot x < \dfrac{1}{2} \cdot 1 \cdot \tan x$

$\sin x < x < \tan x \qquad \sin x < x < \dfrac{\sin x}{\cos x}$

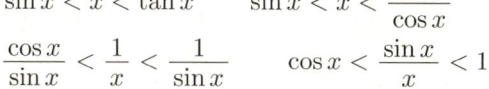

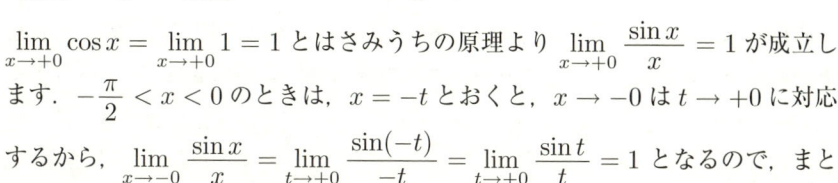

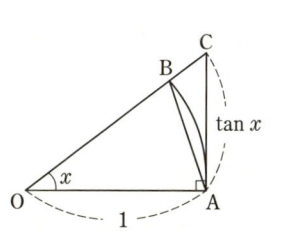

$\dfrac{\cos x}{\sin x} < \dfrac{1}{x} < \dfrac{1}{\sin x} \qquad \cos x < \dfrac{\sin x}{x} < 1$

$\displaystyle\lim_{x \to +0}\cos x = \lim_{x \to +0} 1 = 1$ とはさみうちの原理より $\displaystyle\lim_{x \to +0}\dfrac{\sin x}{x}=1$ が成立します．$-\dfrac{\pi}{2}<x<0$ のときは，$x=-t$ とおくと，$x \to -0$ は $t \to +0$ に対応するから，$\displaystyle\lim_{x \to -0}\dfrac{\sin x}{x} = \lim_{t \to +0}\dfrac{\sin(-t)}{-t} = \lim_{t \to +0}\dfrac{\sin t}{t} = 1$ となるので，まと

めると $\lim_{x \to 0} \dfrac{\sin x}{x} = 1$ となります.

$\lim_{x \to 0} \dfrac{\sin x}{x} = 1$ について 2 点補足しておきます．まず，これは $x \to 0$ のとき x と $\sin x$ がほぼ同じ値になると解釈することができるので，分母と分子をひっくり返した，

$$\lim_{x \to 0} \dfrac{x}{\sin x} = 1$$

が成立します．また，

$$\lim_{x \to 0} \dfrac{\tan x}{x} = 1$$

が成立します．というのは，

$$\lim_{x \to 0} \dfrac{\tan x}{x} = \lim_{x \to 0} \dfrac{\sin x}{x} \cdot \dfrac{1}{\cos x} = 1 \cdot \dfrac{1}{1} = 1$$

となるからです．

▶▶▶ 公式

三角関数の極限 ① : $\lim_{x \to 0} \dfrac{\sin x}{x} = 1$

三角関数の極限 ② : $\lim_{x \to 0} \dfrac{\tan x}{x} = 1$

参考

$\lim_{x \to 0} \dfrac{\sin x}{x} = 1$ の証明は高校数学の範囲では上記の方法で示すしかありませんが，厳密には循環論法になっています．扇形の面積 $S = \dfrac{1}{2} r^2 \theta = \dfrac{1}{2} r l$ を導く際に円の面積 $S' = \pi r^2$ を用いています．小学校で学んだ算数以来，これを「円の面積公式」としていますが，実際に示すためには半径 r の円に内接する正 n 角形の面積 S_n を $S_n = \dfrac{1}{2} r^2 \sin \dfrac{2\pi}{n} \times n$ とするとき，この後登場する「区分求積法」の考え方によれば，$S' = \lim_{n \to \infty} S_n$ であるから，$S' = \lim_{n \to \infty} \pi r^2 \cdot \dfrac{n}{2\pi} \sin \dfrac{2\pi}{n}$ となります．

ここで $\theta = \dfrac{2\pi}{n}$ と置換すると $n \to \infty$ は $\theta \to 0$ に対応し，$S' = \pi r^2$ を得ます．このときに $\displaystyle\lim_{x \to 0} \dfrac{\sin x}{x} = 1$ を用いているわけです．

これを厳密に証明するには大学の教養レベルまで知識を広げなければならないので，ここでは上のような証明でとどめます．

3-5 指数関数・対数関数の極限

指数関数，対数関数の極限はグラフを使って考えるとよいでしょう．右図より，
$a > 1$ のとき

$$\lim_{x \to \infty} a^x = \infty,$$
$$\lim_{x \to -\infty} a^x = 0,$$
$$\lim_{x \to \infty} \log_a x = \infty,$$
$$\lim_{x \to +0} \log_a x = -\infty$$

$0 < a < 1$ のとき

$$\lim_{x \to \infty} a^x = 0,$$
$$\lim_{x \to -\infty} a^x = \infty,$$
$$\lim_{x \to \infty} \log_a x = -\infty,$$
$$\lim_{x \to +0} \log_a x = \infty$$

となります．

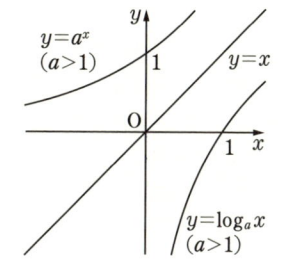

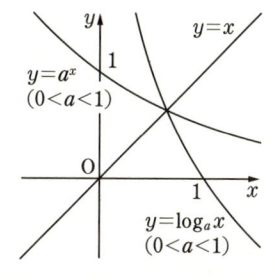

問題 81　難易度 ★★☆

次の極限値を求めよ．

(1) $\displaystyle\lim_{x\to 0}\frac{\sin 3x}{x}$

(2) $\displaystyle\lim_{x\to 0}\frac{\sin 5x}{\sin 3x}$

(3) $\displaystyle\lim_{x\to 0}\frac{x\sin x}{1-\cos x}$

(4) $\displaystyle\lim_{x\to \frac{\pi}{2}}\frac{2x-\pi}{\cos x}$

(5) $\displaystyle\lim_{x\to 1}\frac{\sin \pi x}{x-1}$

(6) $\displaystyle\lim_{x\to \frac{\pi}{4}}\frac{\sin x-\cos x}{x-\frac{\pi}{4}}$

POINT　三角関数の極限では $\displaystyle\lim_{x\to 0}\frac{\sin x}{x}=1$ を作ることが目標です．問題では常に x とは限らないので，

$$\lim_{\triangle\to 0}\frac{\sin \triangle}{\triangle}=1$$

とイメージしておきましょう．(1) では $3x$ をうまく作って

$$\lim_{x\to 0}\frac{\sin 3x}{x}=\underbrace{\lim_{3x\to 0}\frac{\sin 3x}{3x}}_{=1}\times 3=3$$

とします．$x\to 0$ と $3x\to 0$ は同じ意味を表すから，通常は

$$\lim_{x\to 0}\frac{\sin 3x}{x}=\underbrace{\lim_{x\to 0}\frac{\sin 3x}{3x}}_{=1}\times 3=3$$

と書きます．(2) では $\sin 5x$ と $\sin 3x$ をとりあえず別々に考えて

$$\lim_{x\to 0}\frac{\sin 5x}{\sin 3x}=\lim_{x\to 0}\underbrace{\frac{\sin 5x}{5x}}_{\to 1}\cdot\underbrace{\frac{3x}{\sin 3x}}_{\to 1}\cdot\frac{5}{3}=\frac{5}{3}$$

とします．(3) では分子・分母に $1+\cos x$ をかけて，$\sin^2 x+\cos^2 x=1$ を利用します．

(4)～(6) では置換を行います．たとえば，

$$\lim_{x\to \pi}\frac{\sin x}{x-\pi}$$

では，$x-\pi=t$ とおくと，$x=t+\pi$ だから

$$\sin x=\sin(t+\pi)=-\sin t$$

となります．また，$x\to \pi$ は $t\to 0$ に対応するから，

$$\lim_{x\to \pi}\frac{\sin x}{x-\pi}=\lim_{t\to 0}\frac{-\sin t}{t}=\lim_{t\to 0}\left(-\frac{\sin t}{t}\right)=-1$$

と計算します．

問題 82　難易度 ★★☆　解答 P69

次の極限を求めよ．

(1) $\displaystyle\lim_{x \to 0} \frac{(1-\cos x)\tan x}{x^3}$

(2) $\displaystyle\lim_{x \to 0} \frac{\sin(1-\cos x)}{x^2}$

(3) $\displaystyle\lim_{x \to \pi} \frac{x-\pi}{\sin x}$

(4) $\displaystyle\lim_{x \to \frac{1}{4}} \frac{\tan \pi x - 1}{4x - 1}$

POINT 前問と同一テーマです．重要なのでもう1問演習しておきましょう．

問題 83　難易度 ★★★　解答 P70

半径1の円に内接する正 n 角形の面積を S_n，外接する正 n 角形の面積を T_n とするとき，$\displaystyle\lim_{n \to \infty} n^2(T_n - S_n)$ を求めよ．

POINT 正 n 角形の面積を考える場合，中心角で n 等分割すれば面積は，

$$\left(\text{頂角}\ \frac{2\pi}{n}\ \text{の二等辺三角形の面積}\right) \times n$$

として求めることができます．

問題 84 　難易度 ★☆☆

次の極限値を求めよ．

(1) $\lim_{x \to \infty} 2^x$

(2) $\lim_{x \to -\infty} 2^x$

(3) $\lim_{x \to \infty} 3^{-x^2}$

(4) $\lim_{x \to \infty} \log_2 \dfrac{1}{x}$

(5) $\lim_{x \to 1+0} \{\log_2(x^2-4) - \log_2(x-2)\}$

(6) $\lim_{x \to \infty} \dfrac{4^x - 3^x}{4^x + 3^x}$

POINT 指数関数，対数関数の極限はグラフを使って考えるとよいでしょう．(6) は $\dfrac{\infty}{\infty}$ の形の不定形です．定数に収束する項を作り出すために 4^x で分母・分子を割ります．

3-6 　e の定義

高校数学では数列 $\left\{\left(1+\dfrac{1}{n}\right)^n\right\}$ は収束し，その極限値を e とします．つまり，

$$\lim_{n \to \infty} \left(1+\dfrac{1}{n}\right)^n = e$$

と定義します．e は無理数で $e = 2.71828\cdots$ という値ですが，円周率 $3.1415\cdots$ を $\pi \fallingdotseq 3.14$ としたのと同様に $e \fallingdotseq 2.71$ と知っておくとよいでしょう．

さて，数列 $\left\{\left(1+\dfrac{1}{n}\right)^n\right\}$ を関数の極限に拡張した

$$\lim_{x \to \infty} \left(1+\dfrac{1}{x}\right)^x = e$$

さらに

$$\lim_{x \to 0} (1+x)^{\frac{1}{x}} = e$$

もまた定義として扱います．そして，これらより以下の3つを導くことができます．特に示す必要がない場合は公式として扱って構いません．

▶▶▶ 公式

① : $\displaystyle\lim_{x\to-\infty}\left(1+\frac{1}{x}\right)^x = e$

② : $\displaystyle\lim_{h\to 0}\frac{\log(1+h)}{h} = 1$

③ : $\displaystyle\lim_{h\to 0}\frac{e^h-1}{h} = 1$

以下，証明をしていきます．まず① : $\displaystyle\lim_{x\to-\infty}\left(1+\frac{1}{x}\right)^x$ において $x=-t$ とすると，$x\to-\infty$ は $t\to\infty$ に対応するから，

$$\lim_{x\to-\infty}\left(1+\frac{1}{x}\right)^x = \lim_{t\to\infty}\left(1-\frac{1}{t}\right)^{-t}$$
$$= \lim_{t\to\infty}\left(\frac{t}{t-1}\right)^t$$
$$= \lim_{t\to\infty}\left(1+\frac{1}{t-1}\right)^{t-1}\cdot\left(1+\frac{1}{t-1}\right) = e$$

となります．次に②を証明します．

$$\lim_{h\to 0}\frac{\log(1+h)}{h} = \lim_{h\to 0}\frac{1}{h}\log(1+h)$$
$$= \lim_{h\to 0}\log(1+h)^{\frac{1}{h}} = \log e = 1$$

となります．最後に③の証明をします．
$e^h-1=u$ とすると $e^h=u+1 \iff h=\log(u+1)$ となる．また，$h\to 0$ は $u\to 0$ に対応するから，

$$\lim_{h\to 0}\frac{e^h-1}{h} = \lim_{u\to 0}\frac{u}{\log(u+1)}$$
$$= \lim_{u\to 0}\frac{1}{\dfrac{\log(u+1)}{u}} = 1 \quad (\because \text{②})$$

となります．

なお，数学 II では 10 を底とする対数 $\log_{10}x$ を**常用対数**と呼んだのに対して，e を底とする対数 $\log_e x$ を**自然対数**といいます．数学 III では，対数といえば自然対数を表し，$\log_e x$ を単に $\log x$ と表します．本書でも以下 $\log$ は自然対数とします．

問題 85　難易度 ★★☆

次の極限値を求めよ．

(1) $\displaystyle\lim_{x \to 0}(1+2x)^{\frac{1}{x}}$

(2) $\displaystyle\lim_{x \to 0}\left(1-\frac{x}{3}\right)^{\frac{1}{x}}$

(3) $\displaystyle\lim_{x \to \infty}\left(1+\frac{4}{x}\right)^{x}$

(4) $\displaystyle\lim_{x \to \infty}\left(\frac{x}{x+2}\right)^{x}$

(5) $\displaystyle\lim_{x \to 0}\frac{e^{2x}-1}{x}$

(6) $\displaystyle\lim_{x \to 0}\frac{e^{x}-e^{-x}}{x}$

(7) $\displaystyle\lim_{x \to 0}\frac{\log(1+x)}{\log(1-x)}$

(8) $\displaystyle\lim_{x \to \infty}x\{\log(x+3)-\log x\}$

POINT　極限が 1^{∞} の形になる場合は e の定義を無理やり作り出すことがポイントです．その際，

$$\lim_{\triangle \to 0}(1+\triangle)^{\frac{1}{\triangle}}=e,\quad \lim_{\triangle \to \infty}\left(1+\frac{1}{\triangle}\right)^{\triangle}=e$$

とイメージするとわかりやすいでしょう．この △ が何であっても，それらが一致していればこの極限は e になるということです．逆に言えば △ が一致していない限り，公式として認められないということです．この処理は三角関数の極限と同じです．

(1) では $2x$ をうまく作って

$$\lim_{2x \to 0}\{(1+2x)^{\frac{1}{2x}}\}^{2}$$

とします．$x \to 0$ と $2x \to 0$ は同じ意味を表すから，通常は

$$\lim_{x \to 0}\{(1+2x)^{\frac{1}{2x}}\}^{2}$$

と表します．(5)(6) は

$$\lim_{\triangle \to 0}\frac{e^{\triangle}-1}{\triangle}=1$$

を利用しましょう．

第5章 微分法

1 微分係数と導関数

■導関数の意味をきちんと理解しましょう

出題傾向と対策

数学IIで学んだ微分法が数学IIIでも再び登場します．根本的な原理は数学IIと同じですが，数学IIIでは扱う関数の種類が大幅に増加し，計算もとても高度化します．習得するにはかなりの練習量を積まなければなりませんが，この分野は積分法と並んで理系入試の最重要分野でもあるので，時間をかけてしっかり取り組みましょう．

1-1 平均変化率と微分係数

異なる2点A, Bの座標がA($a, f(a)$), B($b, f(b)$)であるとき，直線ABの傾きは

$$\frac{f(b)-f(a)}{b-a}$$

となり，これを **平均変化率** と呼びます．

次に，この平均変化率において b を限りなく a に近づけてみます．すると点Bは限りなく点Aに近づき，直線ABは点Aにおける接線に限りなく近づきます．

このとき，この接線の傾きを $x=a$ における **微分係数** といい，記号 $f'(a)$ で表します．つまり，

$$f'(a) = \lim_{b \to a} \frac{f(b)-f(a)}{b-a}$$

となります．なお，上式で，$b-a=h$ とおきかえて

$$f'(a) = \lim_{h \to 0} \frac{f(a+h)-f(a)}{h}$$

と表すこともあります．

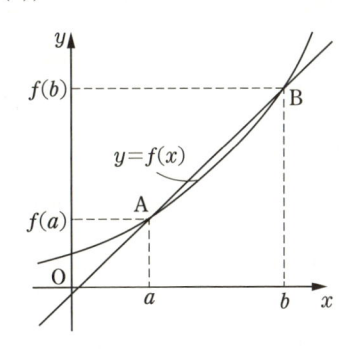

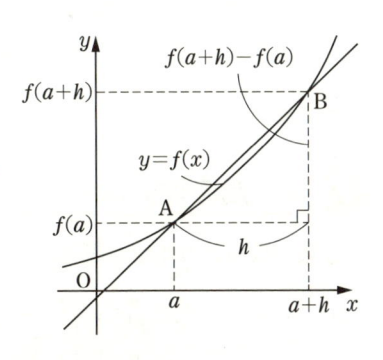

1-2 導関数の定義

微分係数 $f'(a)$ は点 $(a, f(a))$ における接線の傾きを表します．この a に，$a = 1$ を代入すると点 $(1, f(1))$ における接線の傾きになり，$a = -3$ を代入すると点 $(-3, f(-3))$ における接線の傾きになります．これを一般化して，定数 a を変数 x と置き換えた関数

$$f'(x) = \lim_{h \to 0} \frac{f(x+h) - f(x)}{h}$$

を $y = f(x)$ の **導関数** といいます．この $f'(x)$ の x に具体的な数値を代入することによって，$y = f(x)$ 上の任意の点における接線の傾きを求めることが可能になります．また，$f'(x)$ を求めることを $f(x)$ を **微分する** といいます．

1-3 積の微分法

$y = (x^2 - 1)(x + 2)$ の微分について考えてみましょう．数学 II までの知識ですと，まずは展開して降べきの順に整理し，それから微分することになるわけですが，数学 III では，公式

$$\{f(x)g(x)\}' = f'(x)g(x) + f(x)g'(x)$$

を用いると，展開することなく微分が可能になります．これを **積の微分法** といいます．$\{f(x)g(x)\}' = f'(x)g'(x)$ とは **できない** ので注意しましょう．上の例題にこの公式を用いると，

$$\begin{aligned} y' &= (x^2 - 1)'(x + 2) + (x^2 - 1)(x + 2)' \\ &= 2x(x + 2) + (x^2 - 1) \cdot 1 \\ &= 3x^2 + 4x - 1 \end{aligned}$$

となります．

1-4 商の微分法

分数関数などの関数の商を微分するときには，

$$\left\{\frac{f(x)}{g(x)}\right\}' = \frac{f'(x)g(x) - f(x)g'(x)}{\{g(x)\}^2}$$

を利用します．これを **商の微分法** といいます．これを利用すると，たとえば，$y = \dfrac{x}{x^2+1}$ の微分は

$$y' = \frac{x'(x^2+1) - x(x^2+1)'}{(x^2+1)^2}$$
$$= \frac{x^2+1-2x^2}{(x^2+1)^2} = \frac{1-x^2}{(x^2+1)^2}$$

となります．

問題 86　難易度 ★☆☆　▶▶▶解答 P72

定義に従って，関数 $y = \sqrt{x^2+1}$ の導関数を求めよ．

POINT　定義に従って計算すると

$$f'(x) = \lim_{h \to 0} \frac{f(x+h) - f(x)}{h} = \lim_{h \to 0} \frac{\sqrt{(x+h)^2+1} - \sqrt{x^2+1}}{h}$$

となり不定形が現れますが，分子・分母のそれぞれに $\sqrt{(x+h)^2+1} + \sqrt{x^2+1}$ をかければ不定形が解消されて極限値が求まります．

問題 87　難易度 ★☆☆　▶▶▶解答 P72

微分可能な関数 $f(x)$, $g(x)$ について，微分の定義に従い
$$\{f(x)g(x)\}' = f'(x)g(x) + f(x)g'(x)$$

となることを示せ．

POINT　積の微分法の証明です．定義より，

$$\{f(x)g(x)\}' = \lim_{h \to 0} \frac{f(x+h)g(x+h) - f(x)g(x)}{h}$$

となります．分子に $-f(x)g(x+h) + f(x)g(x+h)$ を加えることで
$$f'(x) = \lim_{h \to 0} \frac{f(x+h) - f(x)}{h}, \ g'(x) = \lim_{h \to 0} \frac{g(x+h) - g(x)}{h}$$
という導関数の形を作り出していきます．

問題 88 難易度 ★☆☆　　解答 P72

次の関数を微分せよ．

(1) $y = (2x - 3)(x - 2)$

(2) $y = (x^2 + 2x - 3)(2x^2 - 5)$

(3) $y = \dfrac{3x - 2}{x^2 + 1}$

(4) $y = \dfrac{1 - x^3}{1 + x^6}$

POINT (1)，(2) では積の微分法を用います．(3)，(4) では商の微分法を用います．

2 いろいろな関数の導関数

第5章 微分法

■暗記事項が多いですが頑張りましょう

2-1 合成関数の微分法

一般に，$y = f(t)$，$t = g(x)$ のとき，この 2 式から t を消去した $y = f(g(x))$ を **合成関数** といいます．たとえば，$f(x) = x^4$，$g(x) = x^2 + 1$ の合成関数は $f(g(x)) = (x^2 + 1)^4$ となります．展開してから微分することもできますが，このような関数を微分する際には，次の合成関数の微分法の公式を用いるとよいでしょう．

$$\frac{dy}{dx} = \frac{dy}{dt} \cdot \frac{dt}{dx}$$

高校数学においては 分数と同じように扱えて，右辺の dt が約分されて消えると考えれば分かりやすいでしょう．

ではこの公式を用いて $y = (x^2 + 1)^4$ を微分してみます．$t = x^2 + 1$ とすると，$y = t^4$ ですから $\dfrac{dy}{dt} = 4t^3$，$\dfrac{dt}{dx} = 2x$ より，

$$\frac{dy}{dx} = \frac{dy}{dt} \cdot \frac{dt}{dx} = 4t^3 \cdot 2x = 8x(x^2 + 1)^3$$

となります．

しかし，毎回このようにおき換えをしてから計算するのは実戦的ではありません．そこで上の計算を次のように捉えてみましょう．
Ⓐ $x^2 + 1$ をひとかたまりと考えて $(x^2 + 1)^4$ を微分して，$4(x^2 + 1)^3$ とする．
Ⓑ ひとかたまりと考えた $x^2 + 1$ を微分してⒶの結果とかけ合わせる．
すると

$$\{(x^2 + 1)^4\}' = 4(x^2 + 1)^3 \cdot 2x = 8x(x^2 + 1)^3$$

となり即座に計算出来ます．この方法を一般化したものが次の公式です．

$$\{f(g(x))\}' = f'(g(x))g'(x)$$

「f の中身をひとかたまりと考えて微分したあと，中身の微分をかける」と覚えておけばよいでしょう．

また，合成関数の微分法から次の公式が得られます．

▶▶▶ 公式

①逆関数の微分法：$\dfrac{dy}{dx} = \dfrac{1}{\dfrac{dx}{dy}}$

②媒介変数で表された関数の微分法：$\dfrac{dy}{dx} = \dfrac{\dfrac{dy}{dt}}{\dfrac{dx}{dt}}$

　上記の公式は $\dfrac{dy}{dx}$ をあたかも分数のように扱える，と考えれば納得できるはずです．

　②について補足しておきます．変数 t を用いて，$\begin{cases} x = f(t) \\ y = g(t) \end{cases}$ の形で表されているとき，t の値を1つ決めると点 (x, y) が1つに定まります．t に様々な値を代入すれば，ある曲線または直線ができます．このとき $\begin{cases} x = f(t) \\ y = g(t) \end{cases}$ を t を**媒介変数(パラメータ)** とする**媒介変数表示**といいます．このような形で表されているとき，t を消去して $y = f(x)$ の形に変形できれば，いままでのように微分できますが，そうでない場合は $\dfrac{dy}{dx} = \dfrac{\dfrac{dy}{dt}}{\dfrac{dx}{dt}}$ を利用します．

　最後にパラメータを用いて式を表すメリットについて説明しておきます．
　たとえば $2x^2 - 2xy + y^2 = 1$ という式を考えてみましょう．

$$2x^2 - 2xy + y^2 = 1 \iff y = x \pm \sqrt{1 - x^2}$$

ですが，左の等式より右の等式の方が扱いやすい気がしませんか．これは $\begin{cases} x = t \\ y = t \pm \sqrt{1 - t^2} \end{cases}$ とパラメータ表示したようなものです．

　ただし，$\pm$ や $\sqrt{1 - t^2}$ の処理などがあるため「扱いやすい」と断定することは難しそうです．そこで，$\sqrt{}$ 内の $1 - t^2 \geqq 0$（つまり $-1 \leqq t \leqq 1$）から $t = \cos\theta$ とおくと，$\begin{cases} x = \cos\theta \\ y = \cos\theta + \sin\theta \end{cases}$ $(0 \leqq \theta < 2\pi)$ と表すこともでき，これなら $\pm$ の処理や $\sqrt{}$ の処理をする必要がなくなります．

このように表現の仕方で，随分と違いが生じることが分かってもらえると思います．これがパラメータを用いるメリットなのです．

2-2 陰関数の微分法

$y = x^2 + x$ のように，y が x の関数として解かれた形で表されているものを**陽関数表示**といいます．一方，$x^2 + y^2 - 4 = 0$ のように，$F(x, y) = 0$ の形で関係式が与えられているものを**陰関数表示**といいます．

陰関数で表示されているときは，$y = f(x)$ の形に直すのではなく，

$$\text{両辺を } x \text{ で微分して } \frac{dy}{dx} \text{ を含む式を作る}$$

ことで導関数を求められるようになりたいものです．
たとえば，$x^2 + y^2 = 4 \quad (y \neq 0)$ の両辺を x で微分すると，

$$2x + 2y \cdot \frac{dy}{dx} = 0 \quad \therefore \quad \frac{dy}{dx} = -\frac{x}{y}$$

となります．ここで，

$$\frac{d}{dx} y^2 = \frac{dy}{dx} \cdot \frac{d}{dy} y^2 = y' \cdot 2y = 2yy'$$

という形で合成関数の微分法を利用しています．

また，$\sqrt{x} + \sqrt{y} = 1 \quad (x \neq 0, y \neq 0)$ の両辺を x で微分すると，

$$\frac{1}{2\sqrt{x}} + \frac{1}{2\sqrt{y}} \frac{dy}{dx} = 0 \quad \therefore \quad \frac{dy}{dx} = \frac{-\dfrac{1}{2\sqrt{x}}}{\dfrac{1}{2\sqrt{y}}} = -\sqrt{\frac{y}{x}}$$

となります．ここで，

$$\frac{d}{dx}\sqrt{y} = \frac{dy}{dx} \cdot \frac{d}{dy}(y^{\frac{1}{2}}) = y' \cdot \frac{1}{2\sqrt{y}} = \frac{y'}{2\sqrt{y}}$$

という形で合成関数の微分法を利用しています．

2-3 基本関数の導関数と微分公式

ここでは様々な基本関数の導関数について学びます．まずは $y = \sin x$ を例にとり，定義に従って導関数を求めてみましょう．

$$(\sin x)' = \lim_{h \to 0} \frac{\sin(x+h) - \sin x}{h}$$
$$= \lim_{h \to 0} \frac{\sin x \cos h + \cos x \sin h - \sin x}{h}$$
$$= \lim_{h \to 0} \frac{\cos x \sin h - \sin x(1 - \cos h)}{h}$$
$$= \lim_{h \to 0} \left(\cos x \frac{\sin h}{h} - \sin x \frac{1 - \cos h}{h} \right)$$

ここで，$\lim_{h \to 0} \frac{\sin h}{h} = 1$ であることと，

$$\lim_{h \to 0} \frac{1 - \cos h}{h} = \lim_{h \to 0} \frac{\sin^2 h}{h(1 + \cos h)}$$
$$= \lim_{h \to 0} \frac{\sin h}{h} \cdot \frac{\sin h}{1 + \cos h} = 1 \cdot \frac{0}{2} = 0$$

であることより，
$$(\sin x)' = (\cos x) \cdot 1 - (\sin x) \cdot 0 = \cos x$$

となります．しかし，毎回このようにいちいち定義から導関数を求めるのは大変ですから，以下の結果は公式として覚えておきましょう．

▶▶▶ 公式

① : $(x^\alpha)' = \alpha x^{\alpha - 1}$ (αは実数)

② : $(\sin x)' = \cos x$

③ : $(\cos x)' = -\sin x$

④ : $(\tan x)' = \dfrac{1}{\cos^2 x}$

⑤ : $(e^x)' = e^x$

⑥ : $(a^x)' = a^x \log a$ ($a > 0, a \neq 1$)

⑦ : $(\log |x|)' = \dfrac{1}{x}$

⑥ について補足しておきます．$y = a^x$ ($a > 0, a \neq 1$) の両辺に自然対数をとると，
$$\log y = \log a^x = x \cdot \log a$$

両辺を x で微分すると

$$\frac{1}{y} \cdot y' = \log a$$
$$y' = y(\log a) = a^x \cdot \log a \ (\because \quad y = a^x) \qquad \cdots\cdots(*)$$

このような微分の計算方法を **対数微分法** といいます。$(*)$ で特に $a = e$ のとき $y' = e^x \cdot \log e = e^x$ となります。

次に ⑦ について補足しておきます。$x > 0$ ならば，$\log |x| = \log x$ より
$$(\log |x|)' = (\log x)' = \frac{1}{x}$$
$x < 0$ ならば，$\log |x| = \log(-x)$ より合成関数の微分法を用いて，
$$(\log |x|)' = \{\log(-x)\}' = \frac{1}{-x} \cdot (-1) = \frac{1}{x}$$
となり，いずれの場合も同じ結果になりますから，結局 $(\log |x|)' = \frac{1}{x}$ となります。

2-4 高次導関数

関数 $y = f(x)$ の導関数 $f'(x)$ を再度微分したものを $y = f(x)$ の **第 2 次導関数** といい，次のような記号で表します。
$$y'',\ f''(x),\ \frac{d^2y}{dx^2},\ \frac{d^2}{dx^2}f(x)$$

このとき，$f(x)$ は 2 回微分可能と言います。$\frac{d^2y}{dx^2}$ の表記に戸惑うかもしれませんが，これは
$$\frac{d^2y}{dx^2} = \frac{d}{dx}\left(\frac{dy}{dx}\right) = \frac{d^2y}{(dx)^2}$$
という意味で，分母の括弧を省略して表したにすぎませんから難しく考える必要はありません。

さらに $f''(x)$ の導関数を $y = f(x)$ の第 3 次導関数といい，次のような記号で表します。
$$y''',\ f'''(x),\ \frac{d^3y}{dx^3},\ \frac{d^3}{dx^3}f(x)$$

このとき，$f(x)$ は 3 回微分可能と言います。

一般に，$f(x)$ が n 回微分可能であるとき，得られた関数を $f(x)$ の n 次導関数といい，次のような記号で表します。
$$y^{(n)},\ f^{(n)}(x),\ \frac{d^ny}{dx^n},\ \frac{d^n}{dx^n}f(x)$$

問題 89 難易度 ★☆☆

次の関数を微分せよ．

(1) $y = (x^2 + 2x + 3)^2$

(2) $y = \left(\dfrac{x}{x-1}\right)^3$

POINT 合成関数の微分法を用います．

問題 90 難易度 ★★☆

次の方程式で定められる x の関数 y について，$\dfrac{dy}{dx}$ をそれぞれ x と y を用いて表せ．

(1) $y^2 = x$

(2) $(x+1)^2 + y^2 = 4$

(3) $x^3 - xy + y^3 = 0$

POINT 陰関数の微分法を用います．

問題 91 難易度 ★★☆

x の関数 y が，t を媒介変数として，次の式で表されるとき，導関数 $\dfrac{dy}{dx}$ を t の関数として表せ．

(1) $\begin{cases} x = t^3 + 4 \\ y = t^2 - 1 \end{cases}$

(2) $\begin{cases} x = 3 - (3+t)e^{-t} \\ y = \dfrac{2-t}{2+t} e^{2t} \end{cases} \quad (t \neq -2)$

POINT 媒介変数で表された関数の微分法を用います．

問題 92 　難易度 ★★☆

$x = 1 - \cos\theta$, $y = \theta - \sin\theta$ のとき, $\dfrac{dy}{dx}$, $\dfrac{d^2y}{dx^2}$ をそれぞれ θ で表せ.

POINT 媒介変数で表された関数の微分法をもう1問演習します. $\dfrac{d^2y}{dx^2}$ というのは,

$$\frac{d^2y}{dx^2} = \frac{d}{dx}\left(\frac{dy}{dx}\right)$$

のことでした. 本問の場合は合成関数の考え方を用いて

$$\frac{d}{dx}\left(\frac{dy}{dx}\right) = \frac{d}{d\theta}\left(\frac{1-\cos\theta}{\sin\theta}\right) \cdot \frac{d\theta}{dx}$$

と処理します.

問題 93 　難易度 ★★☆

(1) $y = x^3$ の逆関数の導関数を求めよ.
(2) $y = x^3 + 2x$ の逆関数を $g(x)$ とするとき, 微分係数 $g'(0)$ を求めよ.

POINT 逆関数の微分法を用います.

問題 94 　難易度 ★☆☆

次の関数を微分せよ.

(1) $y = \sin x \cos x$ 　　(2) $y = \dfrac{\tan x}{x}$
(3) $y = x^2 \sin 3x^2$ 　　(4) $y = \tan(\sin x)$

POINT 三角関数の微分公式を用います.

問題 95　難易度 ★☆☆　　解答 P76

次の関数を微分せよ．

(1) $y = \log(x^2 + 2)$

(2) $y = \log|\tan x|$

(3) $y = \log_2 \sqrt{x+1}$

(4) $y = \log \dfrac{1 + \sin x}{\cos x}$

POINT 対数関数の微分公式を用います．

問題 96　難易度 ★☆☆　　解答 P77

次の関数を微分せよ．

(1) $y = e^{5x}$

(2) $y = 2^{-x^2}$

(3) $y = xe^{\frac{x}{2}}$

(4) $y = \dfrac{e^{2x}}{1 + \log x}$

POINT 指数関数の微分公式を用います．

問題 97　難易度 ★★☆　　解答 P77

$x > 0$ で定義された次の関数の導関数を求めよ．

(1) $f(x) = x^{\sin x}$

(2) $f(x) = x^{\log x}$

POINT $y = x^n$（n は x に無関係な実数）のとき，$y' = nx^{n-1}$ を使って $y' = x \cdot x^{n-1}$ とすることはできません．$y = x^{\text{ⓧ}}$ で ⓧ が x に無関係な実数ではないからです．また $y = a^x$（$a > 0$, $a \neq 1$）のとき，$y' = a^x \log a$ を使って $y' = x^x \log x$ とすることはできません．$y = \text{ⓧ}^x$ で ⓧ が 1 以外の正の実数ではないからです．このような場合，対数微分法を利用します．

問題 98　難易度 ★★☆

$f(x)$ が微分可能なとき次の極限値を a, $f(a)$, $f'(a)$ を用いて表せ.

(1) $\displaystyle\lim_{h \to 0} \frac{f(a+3h) - f(a-2h)}{h}$

(2) $\displaystyle\lim_{x \to a} \frac{x^2 f(x) - a^2 f(a)}{x^2 - a^2}$

POINT　微分係数の定義式，導関数の定義式を無理やり作り出すことがポイントです．その際，

$$f'(a) = \lim_{\Delta \to 0} \frac{f(a+\Delta) - f(a)}{\Delta}$$

の Δ が何であっても，それらが一致していれば $f'(a)$ になるので，(1) だったら，$f(a)$ を足し引きして

$$\lim_{h \to 0} \frac{\{f(a+3h) - f(a)\} - \{f(a-2h) - f(a)\}}{h}$$

とすればよいのです．

3 関数の連続性と微分可能性

■暗記事項が多いですが頑張りましょう

3-1 関数の連続性

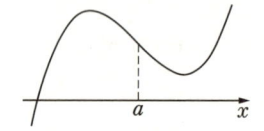

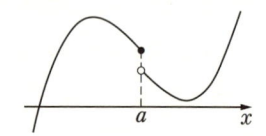

x の関数 $f(x)$ が $x=a$ で連続であることの意味は文字通り，左図のように「$y=f(x)$ のグラフが $x=a$ でつながっている」ことです．

右図のように $x=a$ においてグラフがつながっていないときは，$x=a$ で不連続となります．つまり，$y=f(x)$ 上の x を限りなく a に近づけたときに y が $f(a)$ に近づけば，$f(x)$ は $x=a$ おいて連続となりますから，連続の定義は次のようになります．

関数 $f(x)$ の定義域に属する点 $x=a$ に対して
$$\lim_{x \to a+0} f(x) = \lim_{x \to a-0} f(x) = f(a)$$
が成立するとき，$f(x)$ は **$x=a$ で連続である** という．

一点補足しておきます．分母が 0 になることがある関数は，そこで連続ではないと考える人が多いようです．たとえば，$y=\dfrac{1}{x}$ は $x=0$ のところでつながっていませんね．しかし，連続なのか不連続なのかという事はあくまでも定義域内で考えるものなのです．$x=0$ は定義域に入っていませんから，この点で連続なのか不連続なのかということは考えないのです．

3-2 微分可能性

微分係数 $f'(a)$ が曲線 $y=f(x)$ の $x=a$ における接線の傾きを表すことはすでに学びましたが，$f'(a)$ が存在するとき，関数 $y=f(x)$ は $x=a$ において微分可能であるといいます．次の図1のように $x=a$ において $y=f(x)$ の

グラフがなめらかであれば，その点における接線の傾き，すなわち $f'(a)$ は 1 つに定まり $x=a$ で微分可能となりますが，図 2 のようにグラフがなめらかでないと $f'(a)$ は 1 つに定まらず $x=a$ で微分不可能となります．

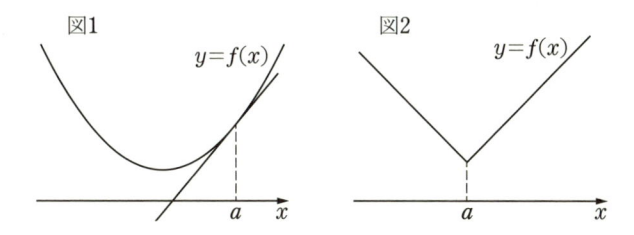

図1　　　　　　　図2

よって，$f(x)$ が $x=a$ で微分可能であるということの定義は次のようになります．

連続な関数 $f(x)$ の定義域に属する点 $x=a$ に対して

$$f'(a) = \lim_{h \to 0} \frac{f(a+h)-f(a)}{h} \text{ が存在する}$$
$$\iff \lim_{h \to +0} \frac{f(a+h)-f(a)}{h}, \ \lim_{h \to -0} \frac{f(a+h)-f(a)}{h} \text{ が}$$
有限確定値として存在し，この 2 つの値が一致する．

を満たすとき，$f(x)$ は $\boldsymbol{x=a}$ で微分可能である という．

たとえば，関数 $f(x)=|x|$ では，
$$\lim_{h \to +0} \frac{f(0+h)-f(0)}{h} = \lim_{h \to +0} \frac{h-0}{h} = 1$$
$$\lim_{h \to -0} \frac{f(0+h)-f(0)}{h} = \lim_{h \to -0} \frac{-h-0}{h} = -1$$
となるので，$f(x)=|x|$ は $x=0$ で微分可能ではありません．

3-3 連続性と微分可能性

最後に連続性と微分可能性についての関係を考察します．連続性と微分可能性の間には次の定理が成立します．

> $f(x)$ が $x = a$ において微分可能ならば，$f(x)$ は $x = a$ において連続である．しかし，逆は成立しない．

以下，証明をします．関数 $f(x)$ が $x = a$ において微分可能であるとき

$$\lim_{x \to a}(f(x) - f(a)) = \lim_{x \to a}\left\{\frac{f(x) - f(a)}{x - a} \cdot (x - a)\right\} = f'(a) \cdot 0 = 0$$

$$\therefore \lim_{x \to a} f(x) = f(a)$$

が成立するので，関数 $f(x)$ は $x = a$ において連続となります．

なお，逆が成立しない例は上述の $f(x) = |x|$ で，これは $x = 0$ で連続ですが微分可能ではありません．

問題 99 難易度 ★★☆　▶▶▶ 解答 P78

a, b, c は定数で $a > 0$ とする．関数 $f(x) = \lim_{n \to \infty} \dfrac{ax^{2n-1} - x^2 + bx + c}{x^{2n} + 1}$ が x の連続関数となるための a, b, c の条件を求めよ．

POINT $\lim_{n \to \infty} x^n$ が収束するのは，$-1 < x < 1$ と $x = 1$ のときであることを用いて場合分けを行います．場合分けの境目以外では連続なので，境目において連続となるように a, b, c の条件を定めます．

問題 100 難易度 ★★☆　　▶▶▶ 解答 P79

関数 $f(x) = |x|(x+2)$ は $x=0$ で連続であるか．また，$x=0$ で微分可能であるか．それぞれ定義に従って調べよ．

POINT $x=0$ で連続 $\iff \lim_{x \to 0} f(x) = f(0)$

$x=0$ で微分可能 $\iff f'(0) = \lim_{h \to 0} \dfrac{f(0+h)-f(0)}{h}$ が存在する

が定義です．

問題 101 難易度 ★★★　　▶▶▶ 解答 P80

a を実数とし，関数 $f(x)$ を次のように定義する．
$$f(x) = \begin{cases} a\sin x + \cos x & \left(x \leqq \dfrac{\pi}{2}\right) \\ x - \pi & \left(x > \dfrac{\pi}{2}\right) \end{cases}$$

(1) $f(x)$ が $x = \dfrac{\pi}{2}$ で連続となる a の値を求めよ．

(2) (1) で求めた a の値に対し，$x = \dfrac{\pi}{2}$ で $f(x)$ は微分可能でないことを示せ．

POINT (1) $\lim_{x \to \frac{\pi}{2}+0}$ と $\lim_{x \to \frac{\pi}{2}-0}$ が一致するような a の値を求めます．

(2) $\lim_{h \to +0} \dfrac{f\left(\frac{\pi}{2}+h\right)-f\left(\frac{\pi}{2}\right)}{h}$ と $\lim_{h \to -0} \dfrac{f\left(\frac{\pi}{2}+h\right)-f\left(\frac{\pi}{2}\right)}{h}$ が一致しないことを示します．

問題 102

関数 $f(x)$ はすべての実数 s, t に対して
$$f(s+t) = f(s)e^t + f(t)e^s$$
を満たし，さらに $x=0$ では微分可能で $f'(0)=1$ とする．

(1) $f(0)$ を求めよ．
(2) $\displaystyle\lim_{h \to 0} \frac{f(h)}{h}$ を求めよ．
(3) 関数 $f(x)$ はすべての x で微分可能であることを，微分の定義に従って示せ．さらに $f'(x)$ を $f(x)$ を用いて表せ．
(4) 関数 $g(x)$ を $g(x) = f(x)e^{-x}$ で定める．$g'(x)$ を計算して，関数 $f(x)$ を求めよ．

POINT

(2) $\displaystyle\lim_{h \to 0} \frac{f(h)}{h} = \lim_{h \to 0} \frac{f(0+h) - f(0)}{h} = f'(0)$ に気づけば，条件が利用できます．

(3) (2) を利用して，$\displaystyle\lim_{h \to 0} \frac{f(x+h) - f(x)}{h}$ の存在を示します．

4 接線・法線

第5章 微分法

■微分係数の図形的意味を思い出しましょう

出題傾向と対策

　微分法を応用して接線や関数の増減について調べていくことは数学IIと同じですが，前章と同じく内容は高度化しています．さらに数学IIIでは極限の概念も関わってきますから数学IIと比べて，より細かい議論も必要になってきます．この分野の出来不出来が合否に直結すると言っても過言ではないほどの重要分野ですが，典型問題も多く出題されますので入試本番で努力が報われやすい分野であるとも言えます．

4-1 接線の方程式

　すでに数学IIで学んだように，点 (p, q) を通り傾きが m である直線の方程式は

$$y = m(x - p) + q$$

となります．関数 $f(x)$ の微分係数 $f'(a)$ は曲線 $y = f(x)$ 上の点 $A(a, f(a))$ における接線の傾きを表すから，曲線 $y = f(x)$ 上の点 $A(a, f(a))$ における接線の方程式は

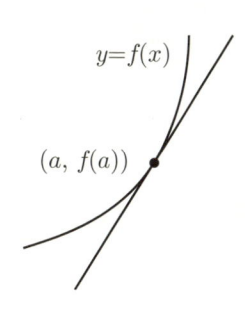

$$y = f'(a)(x - a) + f(a)$$

となります．

　また，点 $(a, f(a))$ を通り，その点における接線に対して垂直な直線を曲線 $y = f(x)$ 上の点 $(a, f(a))$ における**法線**といいます．

　2直線が直交するとき，それぞれの傾き同士の積は -1 であることから $f'(a) \neq 0$ ならば，法線の傾きは $-\dfrac{1}{f'(a)}$ であるから，曲線 $y = f(x)$ 上の点 $(a, f(a))$ における法線の方程式は $f'(a) \neq 0$ のとき

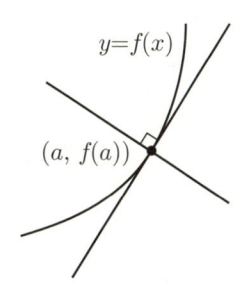

$$y = -\frac{1}{f'(a)}(x - a) + f(a)$$

となります．$f'(a) = 0$ のとき，法線の方程式は $x = a$ となります．

4-2 共有点で同じ接線をもつ2つの曲線

2曲線 $y = f(x)$ と $y = g(x)$ が $x = t$ で共通の接線をもつ (2曲線がこの点で接する) 条件は,

$$f(t) = g(t), \quad f'(t) = g'(t)$$

が同時に成立することです．$x = t$ のときの y 座標が等しいので，$f(t) = g(t)$ が成立します．また同じ接線なら傾きも等しいので，$f'(t) = g'(t)$ が成立します．

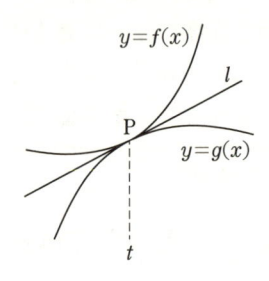

逆にこの2つが共に成り立てば，傾きと通る点の両方が一致するので2つの接線は一致します．

4-3 ロルの定理と平均値の定理

本題に入る前に，表記法の説明をしておきます．a, b を $a < b$ であるような2つの実数とするとき，$a < x < b$，$a \leqq x \leqq b$，$a \leqq x < b$，$a < x \leqq b$ を，それぞれ (a, b)，$[a, b]$，$[a, b)$，$(a, b]$ と表します．特に，(a, b) を **開区間**，$[a, b]$ を **閉区間** といいます．

【ロルの定理】

関数 $f(x)$ が閉区間 $[a, b]$ で連続で，開区間 (a, b) で微分可能とする．このとき，$f(a) = f(b) = 0$ ならば
$$f'(c) = 0$$
を満たす c が区間 (a, b) 内に少なくとも1つ存在する．

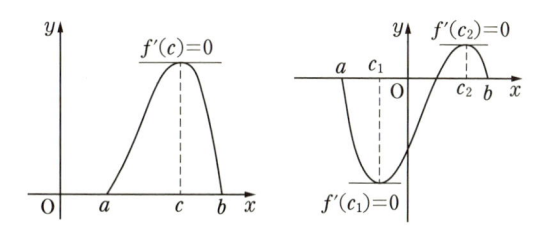

このとき，ある関数 $f(x)$ が区間の両端で 0 になるならばその間のどこかで必ず接線の傾きが 0 になる状態が少なくとも 1 ヶ所はあるということを主張しているのがロルの定理です．

【平均値の定理】

関数 $f(x)$ が閉区間 $[a, b]$ で連続で，開区間 (a, b) で微分可能ならば
$$\frac{f(b) - f(a)}{b - a} = f'(c) \quad (a < c < b)$$
となる c が少なくとも 1 つは存在する．

これは「ロルの定理」の斜めバージョンというイメージが持てるでしょう．首を曲げて直線 AB が水平になるように見ればわかりやすいですね．

平均値の定理とは，曲線上の 2 点を結ぶ線と平行な接線が，その 2 点の間に接点を選んで引けることを保証した定理です．2 地点を移動したとき，平均速度が 30km/h ならば，途中で 30km/h の速度を出した瞬間が少なくとも 1 度はあるというイメージを持てば当たり前ですね．

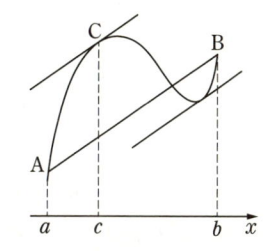

問題 103 難易度 ★★☆　解答 P81

(1) 関数 $f(x) = 2x \sin 2x \left(0 \leqq x \leqq \dfrac{\pi}{2}\right)$ について，曲線 $y = f(x)$ 上の点 $\left(\dfrac{\pi}{4}, f\left(\dfrac{\pi}{4}\right)\right)$ における接線の方程式を求めよ．

(2) 曲線 $y = \cos 2x \left(0 < x < \dfrac{\pi}{2}\right)$ 上の点 $\mathrm{P}(t, \cos 2t)$ における法線について，その y 切片を $f(t)$ とする．このとき，$f(t)$ および $\lim\limits_{t \to +0} f(t)$ を求めよ．

POINT $y = f(x)$ 上の点 $\mathrm{A}(a, f(a))$ における接線の方程式は
$y = f'(a)(x - a) + f(a)$ となります．

問題 104 難易度 ★★☆　解答 P82

xy 平面において，曲線 $y = \log(2x)$ に点 $(0, 1)$ から引いた接線 l の接点を P とする．接線 l の方程式と接点 P の座標を求めよ．ただし，対数は自然対数とする．

POINT 　前問のように曲線上の接点の座標が分かっている場合は $y = f'(a)(x - a) + f(a)$ を用いればよいのですが，本問のように「〜から引いた接線」を求める場合，接点の座標が分からないので同じように処理することが出来ません．
　そこでまずは自分で接点の座標を文字で設定します．接点の座標を $(t, \log 2t)$ とすると接線の方程式は $y = \dfrac{1}{t}(x - t) + \log 2t$ となり，あとは $(0, 1)$ を通る条件から t を決定します．

問題 105　難易度 ★★☆

曲線 $2x^2 - 2xy + y^2 = 5$ 上の点 $(1, 3)$ における接線の方程式を求めよ．

POINT　陰関数の微分法を用います．$2xy$ の部分は積の微分法を用い，$\dfrac{d}{dx}y^2 = 2y \cdot \dfrac{dy}{dx}$ となることから $\dfrac{dy}{dx}$ を求めます．

問題 106　難易度 ★★☆

曲線 C 上の点 $\mathrm{P}(x, y)$ は媒介変数 t を用いて，
$$\begin{cases} x = e^t \cos \pi t \\ y = e^t \sin \pi t \end{cases}$$
と表される．このとき，次の問いに答えよ．

(1) $\dfrac{dy}{dx}$ を求めよ．
(2) $t = 2$ に対応する C 上の点 Q におけるこの曲線の接線の方程式を求めよ．

POINT　媒介変数で表された関数の微分法 $\dfrac{dy}{dx} = \dfrac{dy}{dt} \cdot \dfrac{dt}{dx} = \dfrac{\dfrac{dy}{dt}}{\dfrac{dx}{dt}}$ を用いて，$\dfrac{dy}{dx}$ を求めます．

問題 107　難易度 ★★☆

2 つの曲線 $y = -x^2$，$y = \dfrac{1}{x}$ に同時に接する直線の方程式を求めよ．

POINT　2 曲線 $y = f(x)$ と $y = g(x)$ の共通接線の求め方には次の 2 つの方法があります．

① $y = f(x)$ 上の $x = t$ なる点における接線の方程式と $y = g(x)$ 上の $x = s$ なる点における接線の方程式が一致する条件から求める．

② $y = f(x)$ 上の $x = t$ なる点における接線が $y = g(x)$ に接するための条件から求める．

本問はどちらの解法でも解答可能ですが，②の解法は $y = f(x)$ 上の $x = t$ における接線の方程式と $y = g(x)$ から y を消去した式が重解をもつ，つまり判別式が 0 になることを用いますので $g(x)$ が 2 次関数であるときにしか使えませんから注意が必要です．

問題 108 難易度 ★★☆　　解答 P84

2 曲線 $y = ax^3$ と $y = 3\log x$ が共有点をもち，その点における 2 曲線の接線が一致しているとき，a の値を求めよ．また，その共有点における接線の方程式を求めよ．ただし，対数は自然対数とする．

POINT　$y = f(x)$ と $y = g(x)$ が $x = t$ で接する条件は $f(t) = g(t)$ かつ $f'(t) = g'(t)$ が成立することです．

問題 109 難易度 ★★☆　　解答 P84

すべての正の数 x, y に対して，不等式 $x(\log x - \log y) \geqq x - y$ が成り立つことを証明せよ．また，等号が成り立つのは $x = y$ の場合に限ることを示せ．

POINT　平均値の定理は，$f(b) - f(a)$ から $b - a$ の形をくくり出す目的で使われることが大半です．$f(x) = \log x$ とすれば $f'(x) = \dfrac{1}{x}$ より平均値の定理から

$$\frac{\log x - \log y}{x - y} = \frac{1}{c}$$
$$c(\log x - \log y) = x - y$$

を満たす c が x と y の間に少なくとも 1 つ存在するので，あとは x と c の大小を考えればよいことになります．

問題 110 　難易度 ★★★　▶▶▶解答 P85

次の極限値を求めよ．
$$\lim_{x \to 0} \frac{\sin x - \sin(\sin x)}{\sin x - x}$$

POINT 平均値の定理を利用した極限計算の問題です．

$f(x) = \sin x$ とすると平均値の定理から $\dfrac{\sin(\sin x) - \sin x}{\sin x - x} = \cos c$ を満たす c が $\sin x < c < x$ または $x < c < \sin x$ の範囲に少なくとも一つ存在します．すると，$\lim\limits_{x \to 0} \cos c$ の極限を考えればよいことになります．

第5章 微分法

5 関数の増減

■数学Ⅱよりも細かく調べていきます

5-1 増減と凹凸

　微分可能な関数 $f(x)$ の増加，減少を調べるために $f'(a)$ は点 $(a, f(a))$ における接線の傾きを表すことを利用します．右図から，

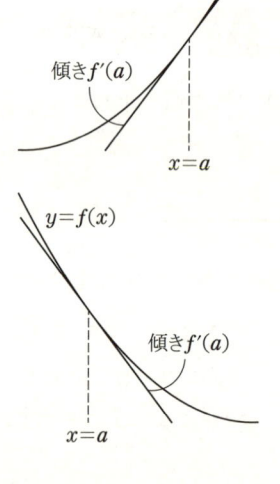

　　$x=a$ において $f(x)$ は増加状態
　　　$\iff y=f(x)$ のグラフは右上がり
　　　$\iff$ 接線の傾きが正
　　　$\iff f'(a)>0$

また，

　　$x=a$ において $f(x)$ は減少状態
　　　$\iff y=f(x)$ のグラフは右下がり
　　　$\iff$ 接線の傾きが負
　　　$\iff f'(a)<0$

となります．
　このことから，一般に，

$$f'(x)>0 \iff f(x) \text{ は増加}, \quad f'(x)<0 \iff f(x) \text{ は減少}$$

が成立することがわかるでしょう．なお，厳密には以下のようになります．$h>0$ とするとき，

$y = f(x)$ が増加

　　$\iff f(x+h) > f(x)$

　　$\iff f(x+h) - f(x) > 0$

　　$\therefore\quad f'(x) = \lim_{h \to 0} \dfrac{f(x+h) - f(x)}{h} > 0$

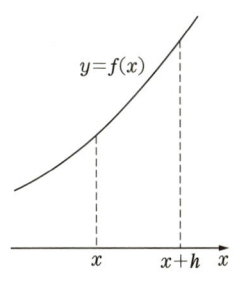

$y = (x)$ が減少

　　$\iff f(x+h) < f(x)$

　　$\iff f(x+h) - f(x) < 0$

　　$\therefore\quad f'(x) = \lim_{h \to 0} \dfrac{f(x+h) - f(x)}{h} < 0$

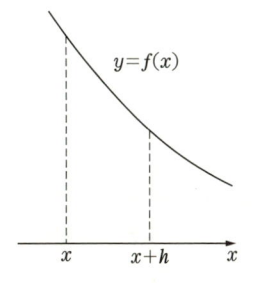

　このように，導関数の符号を調べれば関数の増減がわかるのだということを再度認識しておいてください．ここまでは数学 II の内容でした．

　さて，増加するといっても，急激に増加することもあれば，緩やかに増加することもあり，減少するといっても，急激に減少することもあれば，緩やかに減少することもあります．数学 III ではこの区別をします．

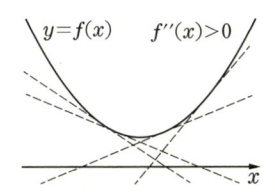

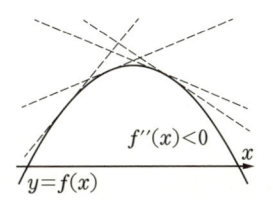

　上図で左側のグラフは下に凸です．このとき，そのグラフの接線の傾き $f'(x)$ は増加していることがわかります．ということは，$\{f'(x)\}' > 0$ となります．右側のグラフは上に凸です．このとき，そのグラフの接線の傾き $f'(x)$ は減少していることがわかります．ということは，$\{f'(x)\}' < 0$ となります．以上をまとめると次のようになります．

$$\boldsymbol{f''(x) > 0} \iff \text{下に凸}, \quad \boldsymbol{f''(x) < 0} \iff \text{上に凸}$$

5-2 極値と変曲点

$f(x)$ が連続関数であるとき、図1のように $x=\alpha$ を境目として、$f(x)$ が増加から減少に変わるとき、$\boldsymbol{x=\alpha}$ で **極大** といい、$f(\alpha)$ を **極大値** といいます。

また $x=\beta$ を境目として、$f(x)$ が減少から増加に変わるとき、$\boldsymbol{x=\beta}$ で **極小** といい、$f(\beta)$ を **極小値** といいます。極大値と極小値を合わせて、**極値** といいます。

$f'(\alpha)=0$ の解が極値となる x である、と間違って思い込んでしまっていませんか？

図2では $f'(\alpha)=0$ となっていますが、その前後で増加から減少、減少から増加の変化は起きていませんね。このような場合は極値は存在しません。$f'(\alpha)=0$ であるからといって必ずしも $x=\alpha$ において極値をとるとは限らないことを理解しておきましょう。

なお、極値をとるということと微分可能かどうかということはそもそも別物です。図3で $y=|x|$ は $x=0$ では微分不可能ですが、減少から増加に変化しているので、$x=0$ で極小となります。

また、凹凸についても注意点があります。図4では $y'=3x^2-1$, $y''=6x$ より $x<0$ の範囲では上に凸で、$x>0$ の範囲では下に凸になり、$x=0$ を境目にして曲線の凹凸が変化しています。このように曲線 $y=f(x)$ 上の点 $P(\alpha, f(\alpha))$ を境に曲線の凹凸が変化するとき、点 P を $y=f(x)$ の **変曲点** といい、このとき $f''(\alpha)=0$ となります。つまり、$f''(\alpha)=0$ かつその前後で $f''(x)$ の符号が変化するとき、点 $(\alpha, f(\alpha))$ は $y=f(x)$ の変曲点となるわけです。図5のように $y''=12x^2$ のような場合は $f''(0)=0$ であってもその前後で符号の変化がありませんから、点 $(0, 0)$ は変曲点に

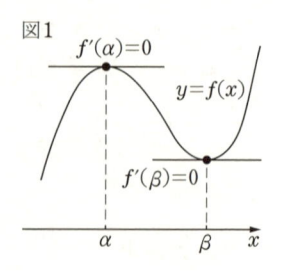

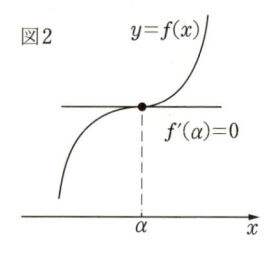

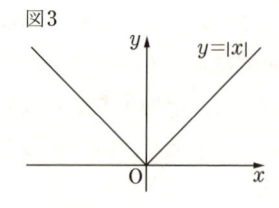

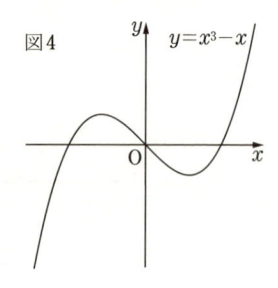

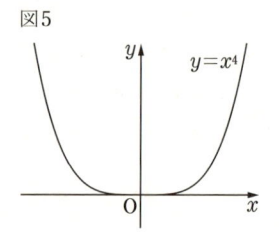

はなりません.

5-3 第2次導関数と極値

関数の極値を求める問題では，$f'(x)$ を求め増減表を作成することが一般的ですが，$f''(x)$ を利用する方法も使えるようになりましょう．一般に

$$f'(a) = 0 \text{ かつ } f''(a) > 0 \text{ ならば } x = a \text{ で極小}$$

$$f'(a) = 0 \text{ かつ } f''(a) < 0 \text{ ならば } x = a \text{ で極大}$$

が成立します.

たとえば，$f(x) = x^3 - 2x^2 + x$ という関数を考えてみます． 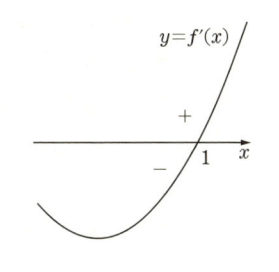
$f'(x) = 3x^2 - 4x + 1 = (x-1)(3x-1)$ より $f'(x) = 0$ の解は $x = \frac{1}{3}, 1$ となるので，$x = \frac{1}{3}, 1$ で極値をとる可能性があります．このとき $f''(x) = 6x - 4$ より，$f''(1) = 6\cdot 1 - 4 > 0$ であるから，$x = 1$ の近くでは $f''(x) > 0$ となっていることが分かります．つまり $x = 1$ の側では，$f'(x)$ は単調増加しています．よって $x = 1$ の近辺における $f'(x)$ のグラフは上のようになります．図から分かるように $x = 1$ において負から正へ符号変化するので，$x = 1$ で極小となることが分かります．

次に $x = \frac{1}{3}$ のときを考えます． 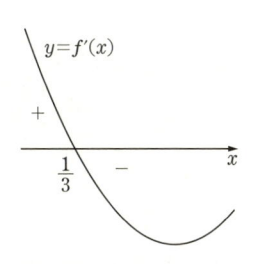
$f''\left(\frac{1}{3}\right) = 6 \cdot \frac{1}{3} - 4 < 0$ であるから，$x = \frac{1}{3}$ の近くでは $f''(x) < 0$ となっていることが分かります．つまり $x = \frac{1}{3}$ の側では，$f'(x)$ は単調減少しています．よって $x = \frac{1}{3}$ の近辺における $f'(x)$ のグラフは右のようになります．

図から分かるように $x = \frac{1}{3}$ において正から負へ符号変化するので，$x = \frac{1}{3}$ で極大となることが分かります．このように $f''(x)$ を利用することで，極大となるか極小となるのかを判断することができます．便利な方法なので，ぜひ使えるようになりましょう．

ただし，$f'(a) = 0$ かつ $f''(a) = 0$ の場合は，$x = a$ で極値をとることもあれば，極値をとらないこともあるので，この方法では判断できないこともあわせて覚えておいてください．

5-4 グラフ描画

これまでに学んだ関数の増減，極値，凹凸，変曲点などを調べることによって関数 $y = f(x)$ のグラフの概形を描くことが出来ます．具体的な手順は次の通りです．

> ☆ グラフ描画の手順
> Ⓐ 定義域を調べる
> Ⓑ 対称性，周期性を調べる
> Ⓒ 増減表（または増減・凹凸表）を作る
> Ⓓ 端点や $x \to \pm\infty$ における様子を調べる
> Ⓔ x 軸，y 軸との交点の座標を求める
> Ⓕ （必要な場合は）漸近線を求める

Ⓐについて，

- 分数関数で分母が 0 となる
- 対数関数で真数が負または 0 となる
- 無理関数でルート内が負となる

ような場合が除外されます．定義域から除外される x があった場合，それを

x	$\cdots$	2	$\cdots$	4	$\cdots$
f'	+	/	+	0	−
f	↗	/	↗		↘

のように増減 (凹凸) 表の中に組み入れることを忘れないでください．

Ⓑについて，定義域を確認したら，次はグラフに対称性があるかどうかを調べましょう．具体的には偶関数または奇関数になっているかを調べます

偶関数とは全ての実数 x に対して $f(x) = f(-x)$ を満たす関数のことで，図形的には y 軸対称になります（図1参照）．奇関数とは全ての実数 x に対して

$f(x) = -f(-x)$ を満たす関数のことで，図形的には原点対称になります（図2参照）．対称性がある場合，それに気づくことによってグラフを描く労力が大幅に軽減できます．

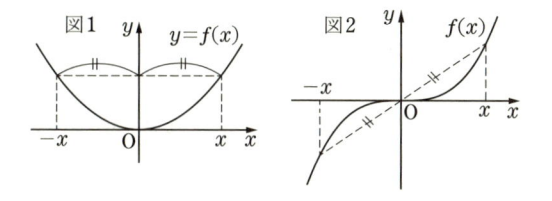

また，周期性について説明しておきます．たとえば $f(x) = \sin x + \sin 2x$ のグラフを描くことを考えてみます．$y = \sin x$ は周期 2π，$y = \sin 2x$ は周期 π の周期関数ですから，両方合わせると周期 2π となることが分かります．念のため数式でも確認すると

$$f(x + 2\pi) = \sin(x + 2\pi) + \sin\{2(x + 2\pi)\}$$
$$= \sin(x + 2\pi) + \sin(2x + 4\pi)$$
$$= \sin x + \sin 2x = f(x)$$

より，確かに $y = f(x)$ は周期 2π の周期関数です．よって，$0 \leqq x < 2\pi$ におけるグラフを描けば，あとはその繰り返しとなります．このように描けば労力を大幅に減らすことができます．

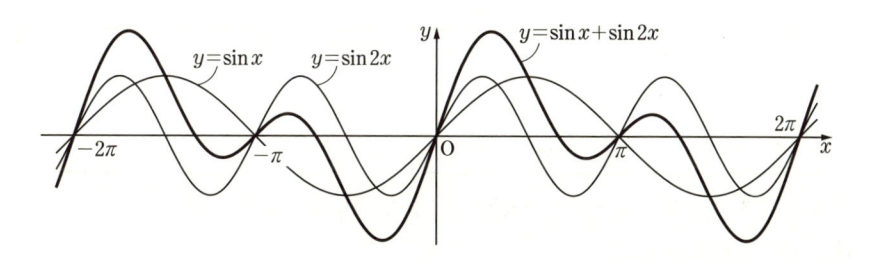

ⓒについて，$f'(x) = 0$ となる x の値とその前後での $f'(x)$ の符号を調べ，それらを増減表にまとめます．また問題文から凹凸や変曲点まで調べるよう要求された場合は $f''(x) = 0$ となる x の値とその前後での

x	㋐	㋑	㋒	㋓
$f'(x)$	+	+	−	−
$f''(x)$	+	−	+	−
$f(x)$	↗	↗	↘	↘

$f''(x)$ の符号も調べます．このとき，増減を表す矢印には表の例のようになり

ます.

4行目において，㋐のところは「増加かつ下に凸」ということになるので「↗」と書き込みます．㋑のところは「増加かつ上に凸」ということになるので「↗」と書き込みます．㋒のところは「減少かつ下に凸」ということになるので「↘」と書き込みます．㋓のところは「減少かつ上に凸」ということになるので「↘」と書き込みます．

Ⓓについて，$x \to \pm\infty$，定義域の両端，不連続点の前後におけるグラフの様子を極限計算を用いて調べます．

Ⓔについて，ここでは座標軸との交点や，他の曲線との交点を求めます．

Ⓕについて，問題文で要求されている場合は漸近線の方程式を求めます．座標軸に対して平行な漸近線は簡単に見つけることが出来ますが，斜めの漸近線を求めるのには少し工夫が必要です．詳しくは問題 119 で扱います．

5 -5 漸近線

双曲線の単元でも学習しましたが，一般に，ある関数のグラフが，原点から離れるにつれてある直線あるいは曲線に限りなく近づいていくとき，その直線あるいは曲線のことを**漸近線**といいます．高校数学の範囲では漸近線は直線しか考えないので，以下では直線に限定して説明をしていきます．

求められるようにしておきたいのは

> ① x 軸に垂直な漸近線
> ② y 軸に垂直な漸近線
> ③ $y = mx + n$ の形をした漸近線

の全部で 3 つです．以下，それぞれについて説明していきます．

■ x 軸に垂直な漸近線

これは，分数関数の範囲で学習しているから馴染みがあるでしょう．x 軸に垂直な漸近線は分数型の関数に現れることが多いです．分数型の関数の場合は，分母が 0 になるような x を求めれば漸近線が求まります．

一般には，次の 4 つのうち少なくとも一つを満たす場合，$x = a$ が漸近線となります．

① $\lim_{x \to a+0} f(x) = \infty$ ② $\lim_{x \to a-0} f(x) = \infty$
③ $\lim_{x \to a+0} f(x) = -\infty$ ④ $\lim_{x \to a-0} f(x) = -\infty$

■ y 軸に垂直な漸近線

たとえば，$\lim_{x \to \infty} f(x) = 3$ が成立するとしましょう．x が十分大きくなると 3 に収束するという事だから $y = 3$ が漸近線になるといえます．一般に

$$\lim_{x \to \infty} f(x) = k \text{ または } \lim_{x \to -\infty} f(x) = k$$

が成立するとき $y = k$ が漸近線となります．

■ $y = mx + n$ の形をした漸近線

$\lim_{x \to \infty} \{f(x) - (mx + n)\} = 0$ または $\lim_{x \to -\infty} \{f(x) - (mx + n)\} = 0$ が成り立つような実数 m, n が存在するとき，直線 $y = mx + n$ は曲線 $y = f(x)$ の漸近線となります．

5-6 最大値・最小値

最大値・最小値を求める際に注意しておいてほしいことが 2 点あります．

まず，グラフを描くとき同様に定義域の確認から始めます．特に図形問題では図形的条件から変数のとり得る値の範囲に制限がかかる（三角形の成立条件など）ことも多いです．確認を怠らないよう注意しましょう．

また，一般に極大値（極小値）と最大値（最小値）が一致するとは限りません．

x	0	$\cdots$	1	$\cdots$	2	$\cdots$	3
$f'(x)$		+	0	−	0	+	
$f(x)$	0	↗	10	↘	−5	↗	18

極値は最大値・最小値の候補に過ぎない

ことに注意してください．

たとえば，上の増減表から $y = f(x)$ の $0 \leqq x \leqq 3$ における最大値・最小値を求める場合，$y = f(x)$ は $x = 1$ において極大値 10 をとりますが，$x = 3$ に

おける値の方がより大きいので 極大値 = 最大値 とはならず，最大値は 18 となります．最小値については $x = 2$ において極小かつ最小となります．

次に以下の例題を考えてみてください．

> **例題** 関数 $y = 4\sin^3 x - 3\cos^2 x$ の $0 \leqq x \leqq 2\pi$ における最大値 M，最小値 m を求めよ．

解答 $y' = 12\sin^2 x \cos x + 6\cos x \sin x$
$= 12\sin x \cos x \left(\sin x + \dfrac{1}{2}\right)$

より，$0 < x < 2\pi$ で $y' = 0$ となるのは

$$\sin x = 0,\ \cos x = 0,\ \sin x = -\dfrac{1}{2}$$

$$\therefore\ x = \pi,\ \dfrac{\pi}{2},\ \dfrac{3}{2}\pi,\ \dfrac{7}{6}\pi,\ \dfrac{11}{6}\pi$$

のとき．よって，増減表は下のとおり．

x	0	$\cdots$	$\dfrac{\pi}{2}$	$\cdots$	π	$\cdots$	$\dfrac{7}{6}\pi$	$\cdots$	$\dfrac{3}{2}\pi$	$\cdots$	$\dfrac{11}{6}\pi$	$\cdots$	2π
y'		+	0	−	0	+	0	−	0	+	0	−	
y	−3	↗	4	↘	−3	↗	$-\dfrac{11}{4}$	↘	−4	↗	$-\dfrac{11}{4}$	↘	−3

よって，$M = 4,\ m = -4$

数学Ⅲを勉強すると何から何まで力技で処理しようとして自滅する人が出てきます．

置き換えをして計算量を減らすことを意識する

ことを常に意識しながら解きましょう．

解答 $\sin x = t$ とおくと，

$$y = 4t^3 - 3(1 - t^2) = 4t^3 + 3t^2 - 3\ \ (-1 \leqq t \leqq 1)$$

これを微分すると，$\dfrac{dy}{dt} = 12t^2 + 6t = 6t(2t + 1)$

増減表は下のとおり.

t	-1	$\cdots$	$-\dfrac{1}{2}$	$\cdots$	0	$\cdots$	1
$\dfrac{dy}{dt}$		$+$	0	$-$	0	$+$	
y	-4	↗	$-\dfrac{11}{4}$	↘	-3	↗	4

よって, $M = 4,\ m = -4$

問題 111 難易度 ★★☆　▶▶▶解答 P85

次の関数の増減を調べ, 極値を求めよ.

(1) $y = 3x^4 - 4x^3 - 12x^2$
(2) $y = e^x \sin x\ (-\pi \leqq x \leqq \pi)$

POINT 増減表を作成し, 極値を求めます. 極値を求めるだけですから, 凹凸まで調べる必要はありません.

問題 112 難易度 ★★☆　▶▶▶解答 P86

関数 $f(x) = \dfrac{3x + a}{x^2 + 1}$ について, 次の問いに答えよ. ただし, a は実数とする.

(1) $f(x)$ を微分せよ.
(2) $f(x)$ が $x = 3$ で極値をとるとき, a の値を求めよ.

POINT 「$f(x)$ が $x = \alpha$ で極値をもつ」 $\Rightarrow f'(\alpha) = 0 \cdots (*)$ ですから, $f'(3) = 0$ から a の値を決定します. しかし, $(*)$ の逆は成立しませんので, 求め

た a の値が本当に題意を満たす極値をもつのかを確認する (十分性の確認) 必要があります．

問題 113　難易度 ★★☆　▶▶▶ 解答 P86

k を正の定数とする．関数
$$f(x) = \frac{1}{x} - \frac{k}{(x+1)^2} \ (x > 0), \ g(x) = \frac{(x+1)^3}{x^2} \ (x > 0)$$
について，次の問いに答えよ．

(1) $g(x)$ の増減を調べよ．
(2) $f(x)$ が極値をもつような定数 k の値の範囲を求めよ．

POINT　$f(x)$ が極値をもつので，$f'(x)$ の符号が変化するような k の値の範囲を求めます．$f'(\alpha) = 0$ となっても，符号の変化を伴わなければ極値とはならないことに注意しましょう．

問題 114　難易度 ★★☆　▶▶▶ 解答 P87

$f(x) = e^{(x+\alpha)} \sin(x+\alpha)$ が $x = \dfrac{\pi}{2}$ で極値をとる．このとき，極値の値を求め，それが極大値か極小値かを第二次導関数を用いて判定せよ．ただし，α は $0 < \alpha < \dfrac{\pi}{2}$ を満たす定数とする．

POINT　$f'\left(\dfrac{\pi}{2}\right) = 0$ かつ $f''\left(\dfrac{\pi}{2}\right) > 0$ ならば，$x = \dfrac{\pi}{2}$ で極小
$f'\left(\dfrac{\pi}{2}\right) = 0$ かつ $f''\left(\dfrac{\pi}{2}\right) < 0$ ならば，$x = \dfrac{\pi}{2}$ で極大
となることを利用しましょう．

問題 115　難易度 ★★☆　　解答 P87

関数 $f(x) = x - 2\sqrt{x}$ の増減，極値を調べ，そのグラフをかけ．

POINT　無理関数では，定義域に注意しましょう．根号内は 0 以上ですから定義域は $x \geqq 0$ となります．

問題 116　難易度 ★★☆　　解答 P88

曲線 $y^2 = x^2(4 - x^2)$ の概形をかけ．

POINT　与式を y について解くと，$y = \pm x\sqrt{4 - x^2}$ となります．$y = x\sqrt{4 - x^2}$ と $y = -x\sqrt{4 - x^2}$ は x 軸に関して対称なので，$y = x\sqrt{4 - x^2}$ のグラフを描けばよいでしょう．ここでも根号内は 0 以上であることから定義域に注意しましょう．

問題 117　難易度 ★★☆　　解答 P88

関数 $y = 4\cos x + \cos 2x$ $(-2\pi \leqq x \leqq 2\pi)$ のグラフの概形をかけ．

POINT　$f(x) = 4\cos x + \cos 2x$ とおくと
$$f(-x) = 4\cos(-x) + \cos(-2x) = 4\cos x + \cos 2x$$
より，$f(-x) = f(x)$ となり $f(x)$ が偶関数であることが分かります．したがって，まず $0 \leqq x \leqq 2\pi$ でグラフを描き，$-2\pi \leqq x \leqq 0$ の範囲には対称性を利用します．

問題 118　難易度 ★★☆　▶▶▶解答 P89

関数 $y = \dfrac{\log x}{x}$ $(x > 0)$ の増減および凹凸を調べ，グラフの概形を描け．ただし，$\displaystyle\lim_{x \to \infty} \dfrac{\log x}{x} = 0$ であることは用いてよい．

POINT　$\displaystyle\lim_{x \to \infty} \dfrac{\log x}{x} = 0$, $\displaystyle\lim_{x \to +0} \dfrac{\log x}{x} = -\infty$ となります．後者の極限は $\displaystyle\lim_{x \to +0} (\log x)\left(\dfrac{1}{x}\right) = (-\infty) \times \infty = -\infty$ と分解して考えます．

問題 119　難易度 ★★☆　▶▶▶解答 P89

$f(x) = \dfrac{x^2 + 5}{x - 2}$ について，次の問いに答えよ．

(1) $f'(x)$, $f''(x)$ を求めよ．
(2) $y = f(x)$ の漸近線を求めよ．
(3) $f(x)$ の増減，凹凸，極値，変曲点を求めて，$y = f(x)$ のグラフを描け．

POINT
(1) 商の微分法を利用します．割り算を行って，分子の次数を下げてから計算すると楽です．

(2) $x \to \pm\infty$ のとき，漸近線が $y = ax + b$ ならば，$\displaystyle\lim_{x \to \pm\infty} \dfrac{f(x)}{x} = a$, $\displaystyle\lim_{x \to \pm\infty} \{f(x) - ax\} = b$ となることを利用します．

(3) 増減凹凸表を作成します．その際，$y = f(x)$ の定義域が $x \neq 2$ であることに注意します．また，$x \to 2+0$, $x \to 2-0$, $x \to \pm\infty$ のときの $f(x)$ の様子を調べることを忘れないようにしましょう．

問題 120　難易度 ★★☆　▶▶▶ 解答 P91

次の関数の指定された区間における最大値と最小値を求めよ．
$$y = 3\cos^3 x + 4\sin^3 x \quad \left(0 \leqq x \leqq \frac{\pi}{2}\right)$$

POINT $0 \leqq x \leqq \dfrac{\pi}{2}$ における増減表を作成します．本問では $y' = 0$ を満たす x が有名角で出てきません．そのような場合，求められない角度を α とおいて処理しましょう．

問題 121　難易度 ★★☆　▶▶▶ 解答 P91

次の図のように幅 4 のテープを端点 C が対辺に重なるように折るとき，三角形 ABC の面積が最小になるような θ とそのときの面積を求めよ．

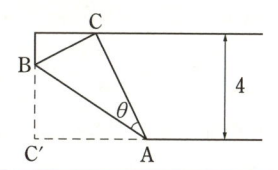

POINT 図形的条件から定義域を調べます．図より $0 < \theta < \dfrac{\pi}{2}$ はすぐに分かるでしょう．また，折返し部分の図形は合同ですから，$\angle \text{BAC} = \angle \text{BAC}' = \theta$ となります．三角形 ABC は $\angle \text{C} = \dfrac{\pi}{2}$ の直角三角形なので，辺 AC，辺 BC の長さを θ で表せば，三角形 ABC の面積を θ で表すことが出来ます．

問題 122　難易度 ★★☆　▶▶▶ 解答 P92

半径 a の球に外接する直円すいについて

(1) 直円すいの底面の半径を x とするとき，その高さを x を用いて表せ．
(2) このような直円すいの体積の最小値を求めよ．

POINT 立体図形では，対称面で切断して，平面で捉えるのが定石です．本問では直円錐の頂点を通り底面に垂直な平面で切断すると，三角形とその内

接円の問題として考えることが出来ます.

問題 123　難易度 ★★☆

xy 平面上に動点 P がある. P は点 A$(2, 1)$ から x 軸上の点 Q までは速さ $\sqrt{2}$ で, 点 Q から点 B$(0, -\sqrt{3})$ までは速さ 1 で動くものとする. このとき, 動点 P が点 A から点 B へ行くのに, 最短時間で到達するように Q の座標を求めよ.

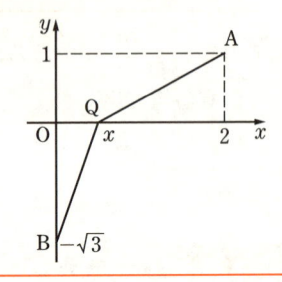

POINT Q$(x, 0)$ として所要時間を x の関数で表すと

$$f(x) = \frac{\mathrm{AQ}}{\sqrt{2}} + \frac{\mathrm{QB}}{1}$$

となります. 最短時間で到達する場合を考えるので $0 \leqq x \leqq 2$ で考えれば十分です (回り道すれば時間はかかる).

第5章 微分法

6 方程式・不等式への応用

■グラフが描ければ応用は難しくありません

6-1 方程式への応用

　2次方程式, 3次方程式ならともかく, 数IIIで出てくる方程式では, その解を求めることはほぼ不可能です. しかし解けないから解について何も分からないのかというと, 決してそうではありません. 解の有無や解の存在範囲, 解の個数などを調べることはできます.

　たとえば, 方程式 $2x^3 - a = 9x^2$ が異なる3個の実数解をもつような定数 a の値の範囲を求めてみましょう.

　素直に解釈すると, 曲線 $y = 2x^3 - a$ と曲線 $y = 9x^2$ が3つの共有点をもつような a の値の範囲を求めよということになりますが, 曲線同士の位置関係を調べるのはなかなか面倒ですから, 方程式を変形して曲線と直線の位置関係に帰着させて考えるのが一般的です. 具体的には

① $2x^3 - 9x^2 - a = 0$ と変形して, 曲線 $y = 2x^3 - 9x^2 - a$ と x 軸が3つの共有点をもつ条件を考える

② $2x^3 - 9x^2 = a$ と変形して, 曲線 $y = 2x^3 - 9x^2$ と直線 $y = a$ が3つの共有点をもつ条件を考える

上記2つの解法のうち, 特に②の $f(x) = a$ の形に変形する方法(定数分離といいます)は高校数学において非常によく用いられる手段なのでしっかりとおさえておきましょう. 右図より求める a の値の範囲は $-27 < a < 0$ となります.

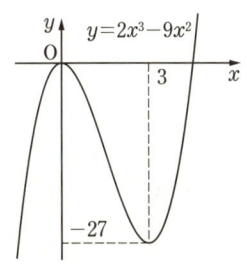

6-2 不等式への応用

　不等式 $f(x) > g(x)$ を証明するときは, $h(x) = f(x) - g(x)$ とおいて,
$$f(x) > g(x) \text{ が成立する}$$
$$\iff f(x) - g(x) > 0 \text{ が成立する}$$
$$\iff h(x) > 0 \text{ が成立する}$$

と言い換えて, $h(x)$ の最小値に注目して考えます.

問題 124　難易度 ★★☆　▶▶▶ 解答 P93

(1) $f(x) = \dfrac{(\log x)^2}{x}$ $(x > 0)$ の極値を求めよ．

(2) 定数 a に対して，方程式 $ax = (\log x)^2$ の実数解の個数を求めよ．ただし，$\displaystyle \lim_{x \to \infty} \dfrac{(\log x)^2}{x} = 0$ であることを用いてよい．

POINT　$ax = (\log x)^2 \iff \dfrac{(\log x)^2}{x} = a$ として，$y = \dfrac{(\log x)^2}{x}$ と $y = a$ のグラフの共有点の個数を考えます．

問題 125　難易度 ★★☆　▶▶▶ 解答 P94

関数 $f(x) = (1-x)e^x$ について，次の問いに答えよ．

(1) 関数 $y = f(x)$ の増減，極値，グラフの凹凸および変曲点を調べ，グラフの概形をかけ．ただし，$\displaystyle \lim_{x \to -\infty} xe^x = 0$ は用いてよい．

(2) 実数 a に対して，点 $(a, 0)$ を通る $y = f(x)$ の接線の本数を求めよ．

POINT　(2) まず，接点の座標を文字でおき，接線を立式します．曲線 $y = f(x)$ 上の点 $(t, f(t))$ における接線の方程式は，$y = -te^t x + (t^2 - t + 1)e^t$ となり，これが点 $(a, 0)$ を通ることから
$$-te^t a + (t^2 - t + 1)e^t = 0$$
$$-ta + t^2 - t + 1 = 0$$
$$\therefore \ a = t - 1 + \dfrac{1}{t}$$

を得ます．これを満たす実数 t の個数が分かれば接線の本数もわかるので $y = t - 1 + \dfrac{1}{t}$ と $y = a$ の共有点の個数を求めましょう．

問題 126　難易度 ★★☆

次の不等式が成立する事を示せ．

(1) $e^x > x \ (x > 0)$
(2) $e^x > \dfrac{1}{2}x^2 + x \ (x > 0)$

POINT　(2) $f(x) = e^x - \left(\dfrac{1}{2}x^2 + x\right)$ とおいて微分をすると，$f'(x) = e^x - (x+1)$ となるが $f'(x) = 0$ の解を求めることができません．このような場合は再び微分します．数学Ⅱでは $f(x)$ の増加，減少を調べるのに $f'(x)$ を求めて（左図 1），その符号を調べることによって $f(x)$ の動きを追跡しました（左図 2）．これは元々の関数 $f(x)$ が 3 次関数だったので，微分したときに扱いやすい形になったためにできたことなのです．

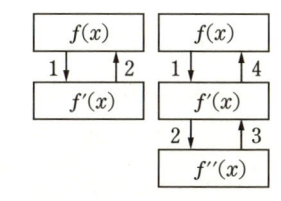

　数学Ⅲの場合は，$f(x)$ が複雑な関数になっていることが多く，微分して $f'(x)$ を求めても（右図 1）扱いにくいことがあります．そこで再度微分をして $f''(x)$ を求め（右図 2），$f'(x)$ の動きを追い（右図 3），そこから得られた結果を $f(x)$ に還元する（右図 4）ことになります．

　$f(x)$ から見たら微分という操作を 2 回行っているから $f''(x)$ と表すだけであって，決して凹凸を調べているわけではないことに注意してください．

　本問の場合，$f''(x) = e^x - e^0 > 0$ より $f'(x)$ は単調増加です．$f'(0) = 0$ とあわせると $x > 0$ のもとで $f'(x) > 0$ となるので，増減表の作成が可能になります．

問題 127　難易度 ★★☆　解答 P96

すべての $x \geqq 0$ について，$x - \dfrac{x^3}{6} \leqq \sin x \leqq x - \dfrac{x^3}{6} + \dfrac{x^5}{120}$ が成り立つことを示せ．

POINT　$x - \dfrac{x^3}{6} \leqq \sin x$ ……① と $\sin x \leqq x - \dfrac{x^3}{6} + \dfrac{x^5}{120}$ ……② に分けて証明します．①の証明において，$f(x) = \sin x - \left(x - \dfrac{x^3}{6}\right)$ とおくと，$f'(x) = \cos x + \dfrac{x^2}{2} - 1$ となり，これでは $f'(x)$ の符号を決定できません．このような場合は再び微分することが定石です．

$$f''(x) = -\sin x + x, \quad f'''(x) = 1 - \cos x \geqq 0$$

より $f''(x)$ は単調増加になります．$f''(0) = 0$ とあわせると，$x \geqq 0$ で $f''(x) \geqq 0$ となります．すると，$f'(x)$ は単調増加となるので，$f'(0)$ とあわせて，$x \geqq 0$ で $f'(x) \geqq 0$ となります．

問題 128　難易度 ★★☆　解答 P96

すべての正の実数 x に対して $\sqrt{x} + 2 \leqq k\sqrt{x+1}$ が成り立つような実数 k の最小値を求めよ．

POINT　不等式は，より示しやすい形に同値変形してから証明するのが原則です．k を分離すると，与不等式は

$$\dfrac{\sqrt{x} + 2}{\sqrt{x+1}} \leqq k$$

となります．これは，曲線 $y = \dfrac{\sqrt{x} + 2}{\sqrt{x+1}}$ のグラフが直線 $y = k$ のグラフよりも下側にあるための条件として捉えることが出来ます．

問題 129　難易度 ★★☆

e^π と π^e の大小を比較せよ．

POINT　自然対数をとって，その差を調べると

$$\log e^\pi - \log \pi^e = \pi \log e - e \log \pi = e\pi \left(\frac{\log e}{e} - \frac{\log \pi}{\pi} \right)$$

となりますから，関数 $f(x) = \dfrac{\log x}{x}$ の増減について調べればよいことが分かります．

1 定積分の計算

第6章 積分法

■計算できることが最も重要です

出題傾向と対策

関数を積分するときは微分の逆を考えればよいことは数学 II と変わりませんが，数学 III では微分計算よりも積分計算のほうがはるかに大変です．積分の計算力に穴があるとこの先の学習がうまく進まなくなってしまうので，ここで挫折せずに粘り強くマスターすることが大切です．また積分計算に加えて，定積分で表された関数や数列，区分求積法の概念といった重要事項が目白押しですがここでも計算力が鍵を握ります．

1-1 基本関数の不定積分

関数 $f(x)$ に対して，微分して $f(x)$ となる関数を $f(x)$ の **不定積分** または **原始関数** といい，記号 $\int f(x)dx$ で表します．これを数式で表せば

$$F'(x) = f(x) \text{ のとき } \int f(x)dx = F(x) + C \quad (C \text{ は積分定数})$$

となります．よって積分とは右図のように，微分して $f(x)$ になる関数 $F(x)$ を見つける作業，つまり積分定数 C (以下，本書では C を積分定数とします) を無視すれば「微分の逆計算」であると考えることが出来るので，微分法の章で学習した導関数の公式の逆を考えて次の公式を得ることが出来ます．

▶▶▶ 公式

①：$\displaystyle\int x^\alpha dx = \frac{1}{\alpha+1}x^{\alpha+1} + C \quad (\alpha \neq -1)$

②：$\displaystyle\int \frac{1}{x}dx = \log|x| + C$

③：$\displaystyle\int \sin x\, dx = -\cos x + C$

④：$\displaystyle\int \cos x\, dx = \sin x + C$

⑤：$\displaystyle\int \frac{1}{\cos^2 x}dx = \tan x + C$

⑥：$\displaystyle\int e^x dx = e^x + C$

⑦：$\displaystyle\int a^x dx = \frac{a^x}{\log a} + C \quad (a > 0,\ a \neq 1)$

1-2 定積分

$f(x)$ の原始関数 $F(x)$ と 2 つの実数 a, b に対して，$F(b) - F(a)$ を $f(x)$ の a から b までの **定積分** といい，$\displaystyle\int_a^b f(x)dx$ と表します．つまり，

$$\int_a^b f(x)dx = \Big[F(x) + C\Big]_a^b = F(b) - F(a)$$

と表します．このとき，x を **積分定数**，a を定積分の **下端**，b を定積分の **上端**，$a \leqq x \leqq b$ を **積分区間** といいます．定積分の計算には，どれか 1 つの原始関数を用ればよいのですが，通常は計算が簡単なように $C = 0$ となるものを用います．というのは，

$$\Big[F(x) + C\Big]_a^b = (F(b) + C) - (F(a) + C) = F(b) - F(a)$$

となり，どんな C の値を用いても差で消えるので，C を省略して用いるのです．

問題 130 難易度 ★☆☆　　解答 P98

次の定積分を求めよ．

(1) $\displaystyle\int_4^9 \sqrt{x}\,dx$　　(2) $\displaystyle\int_2^3 \frac{dx}{x^3}$　　(3) $\displaystyle\int_1^{e^2} \frac{dx}{x}$

(4) $\displaystyle\int_0^\pi \sin\theta\,d\theta$　　(5) $\displaystyle\int_{-\pi}^\pi \cos\theta\,d\theta$　　(6) $\displaystyle\int_0^{\frac{\pi}{3}} \frac{dx}{\cos^2 x}$

(7) $\displaystyle\int_0^2 e^x\,dx$　　(8) $\displaystyle\int_0^1 2^x\,dx$

POINT　積分の基本公式を用います．(1), (2) ではそれぞれ $\sqrt{x}=x^{\frac{1}{2}}$，$\dfrac{1}{x^3}=x^{-3}$ とすると公式 $\displaystyle\int x^\alpha dx = \dfrac{1}{\alpha+1}x^{\alpha+1}+C\ (\alpha\neq -1)$ が利用できます．

1-3　$f(ax+b)$ の積分

　基本関数と 1 次関数の合成関数 (たとえば $\sin 2x$, e^{3x+1} など) の積分を考えます．$\displaystyle\int \cos(2x+1)dx$ を例にとります．このとき $\displaystyle\int \cos x\,dx = \sin x + C$ の x を $2x+1$ におき換えて，$\displaystyle\int \cos(2x+1)dx = \sin(2x+1)+C$ とするのは間違いです．というのは，$\{\sin(2x+1)\}' = 2\cos(2x+1)$ となり，微分したときに $\cos(2x+1)$ とならないからです．

　ではどうすればよいのでしょうか．合成関数の微分法を思い出せば，自ずと分かってくるでしょう．

$$\{\sin(2x+1)\}' = \cos(2x+1)\cdot 2 = 2\cos(2x+1)$$

ですから両辺を 2 で割ると，$\left\{\dfrac{1}{2}\sin(2x+1)\right\}' = \cos(2x+1)$ より，

$$\int \cos(2x+1)dx = \frac{1}{2}\sin(2x+1)+C$$

となります．これを一般化すると次のようになります．$f(x)$ の原始関数を $F(x)$ とすると

$$\int f(ax+b)dx = \frac{1}{a}F(ax+b) + C \ (a \neq 0)$$

なお，上式の右辺を微分すると $\left\{\frac{1}{a}F(ax+b)\right\}' = \frac{1}{a}f(ax+b)\cdot a = f(ax+b)$ となり左辺の積分の中身と一致しますから，上式が正しいことが納得出来るはずです．1次関数との合成関数は1次関数の部分をひとかたまりとみて積分したあと，その係数で割る，と覚えておくとよいでしょう．

問題 131 難易度 ★☆☆　　▶▶▶ 解答 P98

次の定積分を求めよ．

(1) $\displaystyle\int_{-1}^{0}(3x+2)^5 dx$

(2) $\displaystyle\int_{0}^{\pi}\cos 2x\,dx$

(3) $\displaystyle\int_{\frac{3}{4}}^{1}e^{4x-3}dx$

(4) $\displaystyle\int_{2}^{4}\frac{1}{9-2x}dx$

POINT $\displaystyle\int f(ax+b)dx = \frac{1}{a}F(ax+b) + C \ (a \neq 0)$ を用います．

1 -4　$f(g(x))g'(x)$ の積分

次に，1次関数以外の関数との合成関数について考えてみます．先ほどと同じように，微分から考えると $\{F(g(x))\}' = f(g(x))g'(x)$ ですから $f(x)$ の原始関数を $F(x)$ とすると

$$\int f(g(x))g'(x)dx = F(g(x)) + C$$

上式から $f(g(x))$ 単体では積分不可能ですがそれに $g'(x)$ をかけたものは積分可能であることが分かります．f, g, g' の積分は f を積分してそこに g を代入，と覚えておくとよいでしょう．

たとえば，$\displaystyle\int \sin^2 x \cos x dx$ を求めてみます．与式を $\displaystyle\int (\sin x)^2 \cos x dx$ と見れば 上に示した公式において，

$$f(x) = x^2,\ g(x) = \sin x,\ g'(x) = \cos x$$

としたものであることが分かります．よって，$f(x)$ を積分した $F(x) = \dfrac{1}{3}x^3$ に $g(x)$ を代入して，$F(g(x)) = \dfrac{1}{3}(\sin x)^3 = \dfrac{1}{3}\sin^3 x$ より

$$\int \sin^2 x \cos x dx = \frac{1}{3}\sin^3 x + C$$

となります．次に $\displaystyle\int_0^1 \sqrt{3x+1}dx$ を求めてみます．

与式を $\displaystyle\int_0^1 (3x+1)^{\frac{1}{2}} \cdot (3x+1)' \cdot \dfrac{1}{3}dx$ と見れば 上に示した公式において，

$$f(x) = x^{\frac{1}{2}},\ g(x) = 3x+1,\ g'(x) = 3$$

としたものであることが分かります．よって，$f(x)$ を積分した $F(x) = \dfrac{2}{3}x^{\frac{3}{2}}$ に $g(x)$ を代入して，$F(g(x)) = \dfrac{2}{3}(3x+1)^{\frac{3}{2}}$ より

$$\begin{aligned}
\int_0^1 \sqrt{3x+1}dx &= \int_0^1 (3x+1)^{\frac{1}{2}} \cdot (3x+1)' \cdot \frac{1}{3}dx \\
&= \frac{1}{3}\int_0^1 (3x+1)^{\frac{1}{2}} \cdot (3x+1)'dx \\
&= \frac{1}{3}\left[\frac{2}{3}(3x+1)^{\frac{3}{2}}\right]_0^1 = \frac{14}{9}
\end{aligned}$$

となります．

1-5 $\frac{f'(x)}{f(x)}$ の積分

合成関数の微分法から $(\log|f(x)|)' = \dfrac{f'(x)}{f(x)}$ となるので，

$$\int \frac{f'(x)}{f(x)} dx = \log|f(x)| + C$$

が成立します．分数形の積分が出てきたら，

分子が分母の導関数になっていないかを調べる

習慣をつけましょう．

問題 132　難易度 ★☆☆　解答 P99

次の定積分を求めよ．

(1) $\displaystyle\int_0^\pi \sin^2 x \cos x\, dx$

(2) $\displaystyle\int_1^{e\sqrt{e}} \frac{\log x}{x}\, dx$

(3) $\displaystyle\int_0^1 xe^{x^2}\, dx$

(4) $\displaystyle\int_0^1 \frac{x}{\sqrt{2-x^2}}\, dx$

POINT $\displaystyle\int f(g(x))g'(x)dx = F(g(x)) + C$ を用います．

(3) は $\displaystyle\int_0^1 xe^{x^2}\, dx = \frac{1}{2}\int_0^1 e^{x^2} \cdot 2x\, dx$ と変形します．

(4) も同様に工夫してみましょう．

問題 133 難易度 ★☆☆   解答 P99

次の定積分を求めよ．

(1) $\displaystyle\int_1^2 \frac{x^2-4x}{x^3-6x^2+1}\,dx$ (2) $\displaystyle\int_0^{\frac{\pi}{4}} \tan x\,dx$ (3) $\displaystyle\int_0^1 \frac{1}{1+e^{-x}}\,dx$

POINT $\displaystyle\int \frac{f'(x)}{f(x)}\,dx = \log|f(x)| + C$ を用います．(3) では分母分子に e^x をかけて，$\displaystyle\int_0^1 \frac{1}{1+e^{-x}}\,dx = \int_0^1 \frac{e^x}{e^x+1}\,dx$ として公式が使える形に変形します．

問題 134 難易度 ★☆☆   解答 P100

次の定積分を求めよ．

(1) $\displaystyle\int_2^3 \frac{dx}{x(x+2)}$ (2) $\displaystyle\int_0^{\pi} \sin^2 x\,dx$ (3) $\displaystyle\int_0^{\pi} \cos^3 x\,dx$

POINT (1) $\displaystyle\frac{dx}{x(x+2)} = \frac{1}{2}\left(\frac{1}{x} - \frac{1}{x+2}\right)$ と部分分数分解を行います．

(2) $\sin x, \cos x$ の偶数乗の積分では，半角の公式
$$\sin^2 x = \frac{1-\cos 2x}{2},\ \cos^2 x = \frac{1+\cos 2x}{2}$$
を用いて次数を下げます．

(3) $\sin x, \cos x$ の奇数乗の積分では，1乗を分離します．本問では
$$\int_0^{\pi} \cos^2 x \cos x\,dx = \int_0^{\pi} (1-\sin^2 x)\cos x\,dx$$
$$= \int_0^{\pi} \cos x\,dx - \int_0^{\pi} (\sin x)^2 \cos x\,dx$$
と変形出来て，2項目の積分に $\displaystyle\int f(g(x))g'(x)\,dx = F(g(x)) + C$ を用います．

問題 135　難易度 ★★☆　　　▶▶▶解答 P100

$I = \displaystyle\int_0^{\frac{\pi}{4}} \frac{\cos x}{\sin x + \cos x} dx,\ J = \int_0^{\frac{\pi}{4}} \frac{\sin x}{\sin x + \cos x} dx$ とする．このとき，以下の問いに答えよ．

(1) $I - J$ の値を求めよ．

(2) I, J の値をそれぞれ求めよ．

POINT (1) 被積分関数をまとめると，$\dfrac{f'(x)}{f(x)}$ の形が出現します．

(2) I, J を直接求めることもできますが，少し大変です．(1) で $I - J$ を求めたのだから，$I + J$ を求めてみましょう．

1-6　部分積分

2つの関数の積の導関数については，積の微分法を用いれば計算することができました．では，その不定積分はどうなるのかを考えていきます．

積の微分法より，
$$\{f(x)g(x)\}' = f'(x)g(x) + f(x)g'(x)$$
$$\iff f'(x)g(x) = \{f(x)g(x)\}' - f(x)g'(x)$$
この両辺を x で積分すると
$$\int f'(x)g(x)dx = \int \{f(x)g(x)\}'dx - \int f(x)g'(x)dx$$
$$= f(x)g(x) - \int f(x)g'(x)dx$$

となります．部分積分はある積分をより易しい積分にすりかえるために用いるのです．

▶▶▶ 公式

①：$\displaystyle\int f'(x)g(x)dx = f(x)g(x) - \int f(x)g'(x)dx$

②：$\displaystyle\int_a^b f'(x)g(x)dx = \Big[f(x)g(x)\Big]_a^b - \int_a^b f(x)g'(x)dx$

さて，では2つの関数の積を積分するときにはどちらを積分して，どちらを微分するかということになりますが，

$$\sin x,\ \cos x,\ e^x\text{ は積分する，}\log x \text{ は微分する}$$

と考えてください．ただし，これはあくまでも目安で，問題によっては $\sin x, \cos x$ を微分することもあります．しかし，部分積分において $\log x$ を積分することは絶対にないのでこれは必ず覚えておきましょう．

微分する方	x^n	微分すると，次数が下がります．積分すると次数が上がり扱いにくくなります．
	$\log x$	微分すると，分数関数になり扱いやすくなります．
積分する方	$\sin x$ $\cos x$	微分しても積分しても，取り扱いには差は出ません．
	e^x	微分しても積分しても，形は変わりません．

最後に $\log x$ の不定積分を求めておきます．

部分積分の公式において $f'(x) = 1,\ g(x) = \log x$ とみると

$$\begin{aligned}\int \log x\,dx &= \int (\log x)\cdot 1\,dx = \int (\log x)(x)'\,dx \\ &= x\log x - \int \frac{1}{x}\cdot x\,dx = x\log x - \int 1\,dx \\ &= x\log x - x + C\end{aligned}$$

これは公式として覚えておいてください．

問題 136　難易度 ★☆☆

次の定積分を求めよ．

(1) $\displaystyle\int_0^\pi x\cos x\,dx$　　(2) $\displaystyle\int_0^{\frac{\pi}{2}} x\sin 2x\,dx$　　(3) $\displaystyle\int_1^2 x^3 \log x\,dx$

(4) $\displaystyle\int_0^2 xe^x\,dx$　　(5) $\displaystyle\int_1^e (\log x)^2\,dx$

POINT 部分積分を用います．(5) では $\displaystyle\int_1^e (\log x)^2\,dx = \int_1^e 1\cdot(\log x)^2\,dx$ と変形します．

問題 137　難易度 ★★☆

次の定積分を求めよ．

(1) $\displaystyle\int_0^\pi x^2\cos x\,dx$　　(2) $\displaystyle\int_0^\pi e^x\sin x\,dx$

POINT (1) 部分積分を行うと，

$$\int_0^\pi x^2\cos x\,dx = \Big[x^2\sin x\Big]_0^\pi - \int_0^\pi 2x\sin x\,dx = -2\int_0^\pi x\sin x\,dx$$

となり，右辺の定積分に再び部分積分を用います．

(2) 部分積分を行うと，

$$\int_0^\pi e^x\sin x\,dx = \Big[e^x\sin x\Big]_0^\pi - \int_0^\pi e^x\cos x\,dx = -\int_0^\pi e^x\cos x\,dx$$

となり，右辺の定積分に再び部分積分を用いると

$$\int_0^\pi e^x\cos x\,dx = \Big[e^x\cos x\Big]_0^\pi + \int_0^\pi e^x\sin x\,dx$$

となり，元の定積分と同じものが現れます．なお，部分積分を利用しない巧妙な方法があるので，解答を参照してください．

1-7 置換積分

ここまで学習したどの方法でも求まらない（または求めにくい）積分は，

> 変数を置き換えてやさしい積分に変える

ことになります．

たとえば $\int \dfrac{x}{\sqrt{1-x}}dx$ はこのままでは求めにくいので，分母を簡単にするために $\sqrt{1-x}=t$ とおくと，$x=1-t^2$ となりますから，
$\int \dfrac{x}{\sqrt{1-x}}dx = \int \dfrac{1-t^2}{t}dx$ となります．しかし，これでは右辺は t の関数を x で積分することになってしまいますから，$dx = \dfrac{dx}{dt}\cdot dt$ として積分変数を t に変えます．$\dfrac{dx}{dt}=-2t$ より，$\dfrac{dx}{dt}\cdot dt = -2tdt$ となるので

$$\int \dfrac{x}{\sqrt{1-x}}dx = \int \dfrac{1-t^2}{t}(-2t)dt = \int 2(t^2-1)dt = \dfrac{2}{3}t^3 - 2t + C$$

を得ます．最後に，自分で t と置き換えたのですから，$t=\sqrt{1-x}$ を代入して元の変数 x に戻すと

$$\int \dfrac{x}{\sqrt{1-x}}dx = \dfrac{2}{3}(1-x)\sqrt{1-x} - 2\sqrt{1-x} + C$$

と求まります．このように，置き換えを利用する積分を **置換積分** といいます．

次に，置換積分による定積分の求め方を説明します．$\int_1^2 x\sqrt{x-1}dx$ を例にとりましょう．

$t=\sqrt{x-1}$ とおくと $x=t^2+1$, $\dfrac{dx}{dt}=2t$ より

$$x\sqrt{x-1}dx = (t^2+1)t\dfrac{dx}{dt}dt = (t^2+1)t\cdot 2tdt$$

となります．最後に積分区間を変えなければなりません．$t=\sqrt{x-1}$ より $x=1$ のとき $t=0$, $x=2$ のとき $t=1$ となりますから，

x	1	$\to$	2
t	0	$\to$	1

と対応します．以上から，

$$\int_1^2 x\sqrt{x-1}dx = \int_0^1 (t^2+1)t\cdot 2tdt = 2\int_0^1 (t^4+t^2)dt$$
$$= 2\left[\dfrac{1}{5}t^5 + \dfrac{1}{3}t^3\right]_0^1 = \dfrac{16}{15}$$

と求められます．置換積分の方法をまとめると次のようになります．

> ☆ 置換積分の方法
> Ⓐ 被積分関数の一部をおきかえる
> Ⓑ 積分変数を変える
> Ⓒ 積分区間を変える

はじめのうちは，被積分関数のどの部分を置き換えればうまくいくのか分かりにくいかもしれませんが，

- 分数形では分母を t とおく
- $\sqrt{}$ を丸ごと t，または $\sqrt{}$ の中身を t とおく
- $\sqrt{a^2 - x^2}$ を含む積分では $x = a\sin\theta \left(-\dfrac{\pi}{2} \leqq \theta \leqq \dfrac{\pi}{2}\right)$ とおく
- $\dfrac{1}{a^2 + x^2}$ を含む積分では $x = a\tan\theta \left(-\dfrac{\pi}{2} < \theta < \dfrac{\pi}{2}\right)$ とおく

と置き換えるとうまくいくことも覚えておきましょう．

1-8 図形の利用

$\int_0^a \sqrt{a^2 - x^2}\,dx\ (a > 0)$ は $x = a\sin\theta$ と置換してもよいですが，図形の面積を利用して求めることもできます．$y = \sqrt{a^2 - x^2}$ とおいて，両辺 2 乗すると，$x^2 + y^2 = a^2$ かつ $y > 0$ より，$\int_0^a \sqrt{a^2 - x^2}\,dx$ は右図の半円の網目部分の面積と等しいことが分かります．よって，

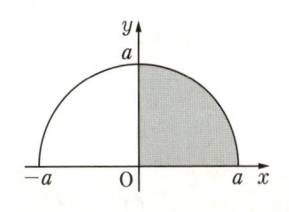

$$\int_0^a \sqrt{a^2 - x^2}\,dx = \frac{\pi a^2}{4}$$

と求まります．

問題 138 難易度 ★☆☆

次の定積分を求めよ．

(1) $\displaystyle\int_1^4 \frac{x}{\sqrt{5-x}}dx$ 　　(2) $\displaystyle\int_1^3 \frac{dx}{x\sqrt{x+1}}$ 　　(3) $\displaystyle\int_0^{\frac{\pi}{2}} \frac{\sin 2x}{1+\sin x}dx$

POINT 置換積分の問題です．
(1) $\sqrt{5-x}=t$ と置きます．
(2) $\sqrt{x+1}=t$ と置きます．
(3) $1+\sin x=t$ と置きます．

問題 139 難易度 ★☆☆

次の定積分を求めよ．

(1) $\displaystyle\int_0^1 \sqrt{1-x^2}dx$ 　　(2) $\displaystyle\int_{-2}^1 \sqrt{4-x^2}dx$

POINT (1)，(2) とも，円の一部の面積として捉えることができます．(2) の定積分が表す面積は扇形と直角三角形に分けて求めます．

問題 140 難易度 ★☆☆

次の定積分を求めよ．

(1) $\displaystyle\int_0^1 \frac{1}{\sqrt{4-x^2}}dx$ 　　(2) $\displaystyle\int_1^{\sqrt{3}} \frac{dx}{x^2+1}$

POINT (1) $x=2\sin\theta$ と置換します．
(2) $x=\tan\theta$ と置換します．

1-9 偶関数・奇関数の積分

▶▶▶ 公式

① $f(x)$ が奇関数のとき，$\int_{-a}^{a} f(x)dx = 0$

② $f(x)$ が偶関数のとき，$\int_{-a}^{a} f(x)dx = 2\int_{0}^{a} f(x)dx$

奇関数とは $f(x) = -f(-x)$ を満たす関数のことで，$y = \sin x$, $y = x^3 + 3x$ などがあります．奇関数の定義からグラフは原点対称となります．

偶関数とは $f(x) = f(-x)$ を満たす関数のことで，$y = \cos x$, $y = x^4 + 2x^2$ などがあります．偶関数の定義からグラフは y 軸対称となります．

①に関しては

$$\int_{-a}^{a} x^3\,dx = \left[\frac{x^4}{4}\right]_{-a}^{a} = 0$$

などの例からわかると思います．

② に関しては右図において

$$\int_{-a}^{a} f(x)\,dx = 2\int_{0}^{a} f(x)\,dx$$

が成立しているという事実とともに頭に入れておけばいいでしょう．y 軸対称ならば右半分の面積を 2 倍すれば全体の面積と一致します．

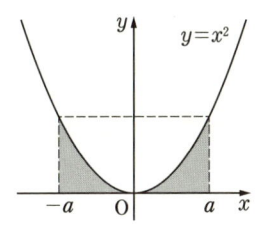

問題 141　難易度 ★★☆

(1) 定積分 $\displaystyle\int_{-\pi}^{\pi} x\sin 2x\, dx$ を求めよ．

(2) m, n が自然数のとき，定積分 $\displaystyle\int_{-\pi}^{\pi} \sin mx \sin nx\, dx$ を求めよ．

(3) a, b を実数とする．a, b の値を変化させたときの定積分
$$I = \int_{-\pi}^{\pi} (x - a\sin x - b\sin 2x)^2\, dx$$
の最小値，およびそのときの a, b の値を求めよ．

POINT (1) $y = x\sin 2x$ は偶関数であることを利用とすると，計算を軽減することができます．

(2) 積和の公式 $\sin mx \sin nx = \dfrac{1}{2}\{\cos(m-n)x - \cos(m+n)x\}$ を用いると
$$\int_0^{\pi} \sin mx \sin nx\, dx = \frac{1}{2}\int_0^{\pi} \frac{1}{2}\{\cos(m-n)x - \cos(m+n)x\}$$
より，
$$\int_0^{\pi} \cos(m-n)x\, dx = \left[\frac{\sin(m-n)x}{m-n}\right]_0^{\pi},$$
$$\int_0^{\pi} \cos(m+n)x\, dx = \left[\frac{\sin(m+n)x}{m+n}\right]_0^{\pi}$$
と計算することが出来ますが，分母が 0 になることは認められませんから，$m - n \neq 0$ と $m - n = 0$，すなわち，$m \neq n$ と $m = n$ で場合分けして考える必要があります．

2 定積分で表された関数・数列

■定数か変数かをしっかり把握しましょう

2-1 積分方程式（定数型）

> **例題** $f(x)$ を連続な関数とする．すべての x に対して，
> $$f(x) = x^2 + \int_0^2 f(t)\,dt$$
> が成り立つとき，$f(x)$ を求めよ．

積分方程式を扱う際はまず，

定積分の上端，下端がともに定数か，もしくは変数が含まれているか

に注目します．上の例題のように上端，下端がともに定数なら定積分の計算結果も定数になるわけですから，定数 k を用いて，$\int_0^2 f(t)dt = k$ …… ① とおくことができて，与式は $f(x) = x^2 + k$ …… ② と単純な形でかき換えることが出来ます．①，② は f と k の連立方程式ですから，これを解けばよいことになります．②の x を t に書き換えて $f(t) = t^2 + k$ とし，①に代入すると

$$k = \int_0^2 f(t)dt = \int_0^2 (t^2 + k)\,dt$$
$$= \left[\frac{1}{3}t^3 + kt\right]_0^2 = 2k + \frac{8}{3}$$

これを解いて，$k = -\dfrac{8}{3}$ ∴ $f(x) = x^2 - \dfrac{8}{3}$

では，これらの手順をまとめておきましょう．

> ☆ 積分方程式（定数型）の処理
> Ⓐ 定積分部分を k とおく
> Ⓑ 与式を k で表す
> Ⓒ Ⓐ，Ⓑから f を消去して k の値を求める

2-2 積分方程式（変数型）

次に，定積分の上端，下端に変数が含まれる場合を考えましょう．

a が定数のとき，$f(t)$ の原始関数を $F(t) + C$ とすると，定積分の約束から

$$\int_a^x f(t)\,dx = F(x) - F(a)$$

となります．右辺の $F(a)$ は定数だから，この式の両辺を x で微分すると $\dfrac{d}{dx}\int_a^x f(t)\,dt = F'(x) - 0$ となり，

$$\frac{d}{dx}\int_a^x f(t)\,dt = f(x)$$

が成立します．これを **微分積分学の基本定理** といい，定積分で表された関数を，積分を実行しなくても微分できるという極めて便利な定理です．なお，合成関数の微分法を利用すると，

$$\frac{d}{dx}\int_{h(x)}^{g(x)} f(t)\,dt = f(g(x))g'(x) - f(h(x))h'(x)$$

と一般化することができます．というのも，

$$\int_{h(x)}^{g(x)} f(t)\,dt = \Big[F(t)\Big]_{h(x)}^{g(x)} = F(g(x)) - F(h(x))$$

より，

$$\frac{d}{dx}\int_{h(x)}^{g(x)} f(t)\,dt = f(g(x))g'(x) - f(h(x))h'(x)$$

であるからです．むやみに公式化して覚えるのではなく，自分で作れるようになりましょう．

例題 $f(x)$ は全実数で定義された連続関数で，$f(x) = e^x - \int_0^x e^t f'(t)\,dt$ を満たす．$f(x)$ を求めよ．

定積分の上端が変数 x になっているので，定積分を文字でおくことはできません．そこで，微分積分学の基本定理を利用します．ここで，注意すべきことは

> 与式の両辺を微分すると与式とは同値でなくなってしまう

ということです．というのは，たとえば $f(x) = 1 + e^x - \int_0^x e^t f'(t)\, dt$ であったとしても，微分すると（定数1は消えるので）同じ式になってしまうからです．要するに，微分すると定数の違いが無視されてしまうため本問では $x = 0$ とおいた式も利用することで定数の違いが生じないようにする必要があります．これを数式で表すと

$$f(x) = g(x) \iff \begin{cases} f'(x) = g'(x) \\ f(\alpha) = g(\alpha) \end{cases} \quad (\alpha \text{ は } x \text{ と無関係な定数})$$

となります．$f'(x) = g'(x)$ が成立するとき，$f(x) = g(x) + C$（C は積分定数）となりますが，$f(\alpha) = g(\alpha)$ を合わせることで $C = 0$ を導出します．なお，α は通常は定積分の下端を利用します．

$$f(x) = e^x - \int_0^x e^t f'(t)\, dt \quad \cdots\cdots \text{①}$$ において，両辺を x で微分すると

$$f'(x) = e^x - e^x f'(x)$$
$$(1 + e^x) f'(x) = e^x$$
$$f'(x) = \frac{e^x}{1 + e^x}$$

となるから，

$$f(x) = \int \frac{e^x}{1 + e^x}\, dx = \log(1 + e^x) + C \quad (C \text{ は積分定数}) \quad \cdots\cdots \text{②}$$

ここで，①で $x = 0$ とすると $f(0) = e^0 - 0 = 1$ であるから，これを②に用いて

$$f(0) = \log 2 + C = 1 \quad \therefore \quad C = 1 - \log 2$$

以上から，$f(x) = \log(1 + e^x) + 1 - \log 2 = 1 + \log \dfrac{1 + e^x}{2}$

問題 142　難易度 ★★☆

(1) 等式 $f(x) = e^x - \int_0^1 f(t)\, dt$ を満たす連続関数 $f(x)$ を求めよ．

(2) 関数 $f(x)$ は $f(x) = x + 2\int_0^\pi \sin(x-t)f(t)\, dt$ を満たすとする．このとき，$f(x)$ を求めよ．

POINT
(1) $\int_0^1 f(t)\, dt = k$ (k は定数) とおきます．

(2) 被積分関数に x が含まれているので，

$$\int_0^\pi \sin(x-t)f(t)\, dt = k\ (k\text{ は定数})\text{ とおくことはできません．}$$

$\sin(x-t)$ に加法定理を用いて，x を積分の外に出すことを考えます．

$$f(x) = x + 2\int_0^\pi (\sin x \cos t - \cos x \sin t)f(t)\, dt$$
$$= x + 2\sin x \int_0^\pi f(t)\cos t\, dt - 2\cos x \int_0^\pi f(t)\sin t\, dt$$

と変形すれば，定数 A, B を用いて，

$$2\int_0^\pi f(t)\cos t\, dt = A,\quad -2\int_0^\pi f(t)\sin t\, dt = B$$

とおくことが出来ます．

問題 143　難易度 ★★☆

微分可能な関数 $y = f(x)$ が方程式 $f(x) = 2 - 2\int_0^x f(t)\, dt$ を満たすとき，

(1) $f'(x)$ を $f(x)$ で表せ．
(2) $g(x) = e^{2x} f(x)$ とおくとき，$g'(x)$ を求めよ．
(3) $f(x)$ を求めよ．

POINT　定積分の上端に x が含まれていますから $\dfrac{d}{dx}\int_a^x f(t)\, dt = f(x)$ を利用します．

問題 144 難易度 ★★☆ ▶▶▶ 解答 P107

正の実数 x に対して $f(x) = \displaystyle\int_{x}^{2x} (t\log t - t)\, dt$ とおく．$f(x)$ の最小値と，最小値を与える x を求めよ．

POINT 定積分を計算してから微分するのでは二度手間です．

$$\frac{d}{dx}\int_{h(x)}^{g(x)} f(t)\, dt = f(g(x))g'(x) - f(h(x))h'(x)$$

を利用しましょう．

2-3 定積分と漸化式

$\displaystyle\int_0^{\frac{\pi}{2}} \sin^6 x\, dx$，$\displaystyle\int_0^{\frac{\pi}{2}} \sin^7 x\, dx$ のような定積分を求めよと言われたら，どのような方法を考えるでしょうか．$\displaystyle\int_0^{\frac{\pi}{2}} \sin^4 x\, dx$，$\displaystyle\int_0^{\frac{\pi}{2}} \sin^5 x\, dx$ くらいならば問題 134 と同じ方法で計算することも可能ですが，6 乗，7 乗となると次第に面倒になってきます．そこで，

$$\boldsymbol{I_n = \int_0^{\frac{\pi}{2}} \sin^n x\, dx}\ \textbf{とおいて}\ \boldsymbol{I_n}\ \textbf{の漸化式を立てる}$$

と，より簡単に求めることが出来ます．その際，部分積分を利用して漸化式を立てることがほとんどです．被積分関数の指数部分にある n を $n-1$ や $n+1$ に変えるには，被積分関数を微分したり積分したりすればよいわけですから，部分積分が最も有効というわけです．

問題 145 難易度 ★★☆

$I_n = \displaystyle\int_0^{\frac{\pi}{2}} \sin^n x \, dx \ (n = 0, \ 1, \ \cdots)$ とする.

(1) $I_n = \dfrac{n-1}{n} I_{n-2} \ (n = 2, \ 3, \ \cdots)$ を示せ.

(2) (1) を用いて I_6, I_7 を求めよ.

POINT (1) 定積分で表された数列を処理する場合は，部分積分を利用して漸化式を立て，その漸化式を利用して値を求めることがポイントです．本問の場合は，$\sin^n x = \sin x \cdot \sin^{n-1} x$ とみて部分積分を実行します．被積分関数の次数を下げたいので，$\sin^{n-1} x$ を微分すればよいことがわかるでしょう．$\sin^{n-1} x$ を微分すると $(\sin^{n-1} x)' = (n-1)\sin^{n-2} x \cdot (\sin x)'$ となるので，$I_{n-2} = \displaystyle\int_0^{\frac{\pi}{2}} \sin^{n-2} x \, dx$ に近い形がでてきそうだ，と考えてもよいでしょう．

(2) (1) の漸化式を繰り返し利用します．たとえば $n = 6, \ 4, \ 2$ をこの漸化式に代入してみると，

$$I_6 = \frac{5}{6} I_4, \ I_4 = \frac{3}{4} I_2, \ I_2 = \frac{1}{2} I_0$$

となるから，これをまとめると

$$I_6 = \frac{5}{6} \cdot \frac{3}{4} \cdot \frac{1}{2} I_0$$

となります．同様に考えると

$$I_7 = \frac{6}{7} \cdot \frac{4}{5} \cdot \frac{2}{3} I_1$$

となります．

問題 146　難易度 ★★☆

次の問いに答えよ．

(1) $\displaystyle\int_1^e \log x\, dx$ を求めよ．

(2) $\displaystyle I_n = \int_1^e (\log x)^n\, dx\ (n=1,\ 2,\ \cdots)$ とおくとき，I_{n+1} と I_n の関係式を求めよ．

(3) I_3 を求めよ．

POINT　(2) 本問も積分漸化式ですから部分積分の利用を考えます．I_{n+1} と I_n をつなぐには $(\log x)^{n+1}$ から $(\log x)^n$ を作らなければなりません．
そこで，$(\log x)^{n+1}$ を微分する方として部分積分を利用します．

問題 147　難易度 ★★☆

負でない整数 n に対して，$\displaystyle I_n = \int_0^{\frac{\pi}{4}} \tan^n x\, dx$ とおいて，次の問いに答えよ．

(1) $I_{n+2} + I_n$ を計算せよ．
(2) $I_3,\ I_4,\ I_5$ の値を求めよ．

POINT　I_n 自体を求めることはできません．そこで，
$$I_{n+2} + I_n = \int_0^{\frac{\pi}{4}} (\tan^{n+2} x + \tan^n x)\, dx = \int_0^{\frac{\pi}{4}} \tan^n x (\tan^2 x + 1)\, dx$$
と式をまとめて，$\tan^n x (\tan^2 x + 1)$ を積分することを考えます．

2-4 絶対値記号を含む積分と関数

問題 148　難易度 ★☆☆　▶▶▶ 解答 P110

$\displaystyle\int_0^{\frac{3}{2}\pi} |\sin x|\,dx$ の値を求めよ．

POINT 絶対値記号を含む積分を苦手にする受験生は非常に多いです．ここでしっかり演習しておきましょう．$\displaystyle\int \sin x\,dx = -\cos x + C$ と同じように考えて，

$$\int |\sin x|\,dx = |-\cos x| + C$$

とする間違いが多いです．絶対値がついたままでは微分も積分もできません．そこで，

$$\int_a^c f(x)\,dx = \int_a^b f(x)\,dx + \int_b^c f(x)\,dx$$

を利用して積分区間を分割し，絶対値をはずしてから積分します．

問題 149　難易度 ★★☆　▶▶▶ 解答 P111

関数 $f(x) = \displaystyle\int_0^1 e^{|t-x|}\,dt$ の $0 \leqq x \leqq 1$ おける最小値を求めよ．

POINT 絶対値をはずすために $t-x$ の符号を調べます．符号を調べる際はグラフで考える習慣をつけると応用がききます．

$\int_0^1 e^{|t-x|} dt$ において，定積分の最後の部分が dt ですから，t が変数，x が定数扱いであることに注意しましょう．このとき，図 1 のように ty 平面で考えると

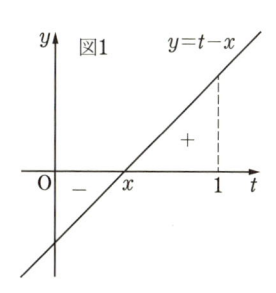

$0 \leq t \leq x$ のとき $t - x \leq 0$
$x \leq t \leq 1$ のとき $t - x \geq 0$

であるから
$$|t-x| = \begin{cases} -t+x & (0 \leq t \leq x) \\ t-x & (x \leq t \leq 1) \end{cases}$$

となります．

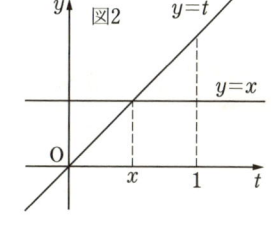

よって，$f(x) = \int_0^x e^{-t+x} dt + \int_x^1 e^{t-x} dt$ と絶対値をはずすことが出来ます．あるいは，次のように考えることもできます．$y = t$ と $y = x$ の上下関係は図 2 より

$$\begin{cases} 0 \leq t \leq x \text{ で } t \leq x & \therefore \quad t-x \leq 0 \\ x \leq t \leq 1 \text{ で } t \geq x & \therefore \quad t-x \geq 0 \end{cases}$$

となるから $|t-x| = \begin{cases} -(t-x) & (0 \leq t \leq x) \\ t-x & (x \leq t \leq 1) \end{cases}$

グラフの上下関係を利用して符号を判断することは応用範囲が広いので，積極的に使えるようになりましょう．

問題 150　難易度 ★★☆　　▶▶▶解答 P112

$f(a) = \int_0^1 |xe^x - ax| \, dx \; (1 \leq a \leq e)$ の最大値と最小値を求めよ．

POINT　前問と同一タイプの問題ですが，練習のためもう 1 問やっておきましょう．

絶対値を処理する際に，まず定符号部分を絶対値の外に追い出すということを忘れないようにしましょう．本問では積分区間である $0 \leqq x \leqq 1$ において

$$|xe^x - ax| = |x(e^x - a)| = |x||e^x - a| = x|e^x - a|$$

ですから，$f(a) = \int_0^1 x|e^x - a|\,dx$ と表すことができます．

よって $e^x - a$ の符号を調べることになります．$y = e^x$ と $y = a$ のグラフを使って，視覚的に捉えるのが分かりやすいでしょう．

問題 151 難易度 ★★☆　　▶▶▶ 解答 P113

(1) 不定積分 $\int e^{-x} \sin 2x\,dx$ を求めよ．

(2) 定積分 $\int_0^\pi e^{-x} |\sin 2x|\,dx$ を求めよ．

POINT (1) 部分積分を行って同型出現を利用するか $\int e^{-x} \sin 2x\,dx$, $\int e^{-x} \cos 2x\,dx$ を組み合わせるかの 2 通りの方法があります．

(2) $y = \sin 2x$ のグラフを利用して絶対値をはずしましょう．

3 定積分と和・不等式

■図形的意味を考えましょう

3-1 区分求積法

　区間を分割して，和の極限として面積や体積を求める方法を **区分求積法** といいます．たとえば，曲線 $y=f(x)$ と x 軸，および直線 $x=1$ とで囲まれた部分の面積 S を考えてみましょう．

　区間 $0 \leqq x \leqq 1$ を図のように長方形で分割していきます．2分割，3分割と分割数を増やしていくうちに，はみ出ている部分が少なくなっていき，長方形の面積の合計が，面積 S に近づいていくのが分かります．

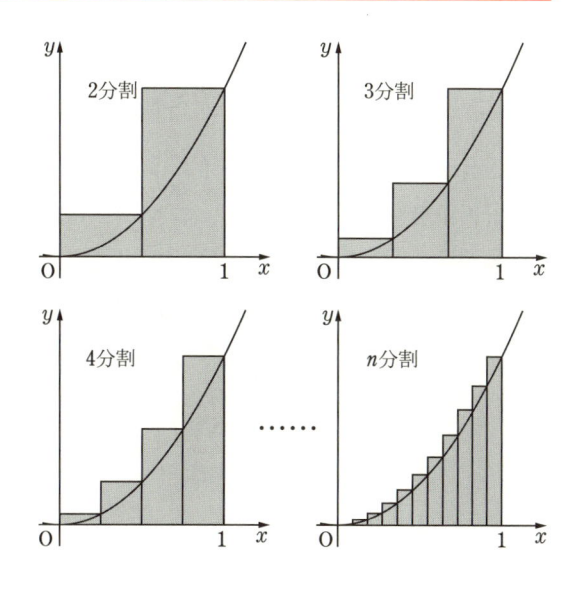

　長さ1の区間を n 分割すると，細長い長方形の横の長さは $\dfrac{1}{n}$ となります．このとき，長方形の高さは，$x = \dfrac{1}{n}, \dfrac{2}{n}, \dfrac{3}{n} \cdots, \dfrac{n-1}{n}, \dfrac{n}{n}$ のときの y 座標だから，左から順に

$$f\left(\dfrac{1}{n}\right), f\left(\dfrac{2}{n}\right), f\left(\dfrac{3}{n}\right), \cdots, f\left(\dfrac{n-1}{n}\right), f\left(\dfrac{n}{n}\right)$$

となります．このことから，n 分割したときの長方形の面積の合計は

$$\dfrac{1}{n}\left\{f\left(\dfrac{1}{n}\right)+f\left(\dfrac{2}{n}\right)+\cdots+f\left(\dfrac{n}{n}\right)\right\} = \dfrac{1}{n}\sum_{k=1}^{n} f\left(\dfrac{k}{n}\right)$$

です．n を限りなく大きくすることで分割数を増やしていくと $\displaystyle\int_0^1 f(x)\,dx$ の値に近づくので，

$$\lim_{n\to\infty}\frac{1}{n}\sum_{k=1}^{n}f\left(\frac{k}{n}\right)=\int_0^1 f(x)\,dx$$

となるわけです．

ただし，この公式に当てはまらないものもあるから注意が必要です．たとえば，
$\lim\limits_{n\to\infty}\dfrac{1}{n}\sum\limits_{k=1}^{2n}f\left(\dfrac{k}{n}\right)$ という式を考えてみましょう．これは底辺が $\dfrac{1}{n}$，高さが $f\left(\dfrac{k}{n}\right)$ の長方形の合計の極限を表していますね．高さの部分は左から順に

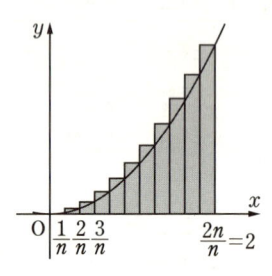

$$f\left(\frac{1}{n}\right),\ f\left(\frac{2}{n}\right),\ \cdots,\ f\left(\frac{2n-1}{n}\right),\ f\left(\frac{2n}{n}\right)=f(2)$$

であるから，この場合は右図がイメージできます．よって，

$$\lim_{n\to\infty}\frac{1}{n}\sum_{k=1}^{2n}f\left(\frac{k}{n}\right)=\int_0^2 f(x)\,dx$$

となるわけです．

問題 152　難易度 ★★☆　　▶▶▶ 解答 P114

次の極限値を求めよ．

(1) $\displaystyle\lim_{n\to\infty}\sum_{k=1}^{n}\frac{2k}{n^2+k^2}$

(2) $\displaystyle\lim_{n\to\infty}\frac{1}{n}\left(\frac{1}{\sqrt{3n^2+1^2}}+\frac{2}{\sqrt{3n^2+2^2}}+\cdots+\frac{n}{\sqrt{3n^2+n^2}}\right)$

(3) $\displaystyle\lim_{n\to\infty}\left(\frac{n}{n^2+1^2}+\frac{n}{n^2+2^2}+\cdots\cdots+\frac{n}{n^2+n^2}\right)$

(4) $\displaystyle\lim_{n\to\infty}\left\{\frac{1^2}{n^3}e^{\frac{1}{n}}+\frac{2^2}{n^3}e^{\frac{2}{n}}+\cdots+\frac{n^2}{n^3}e^{\frac{n}{n}}\right\}$

POINT　(1) では，シグマ記号の中身の分母・分子を n^2 で割って

$$\lim_{n\to\infty}\sum_{k=1}^{n}\frac{2k}{n^2+k^2}=\lim_{n\to\infty}\sum_{k=1}^{n}\frac{2\dfrac{k}{n^2}}{1+\left(\dfrac{k}{n}\right)^2}$$

とし，さらに $\dfrac{1}{n}$ をシグマ記号の前に出すと

$$\lim_{n\to\infty}\frac{1}{n}\sum_{k=1}^{n}\frac{2\dfrac{k}{n}}{1+\left(\dfrac{k}{n}\right)^2}=\int_{0}^{1}\frac{2x}{1+x^2}dx$$

となり，$\displaystyle\lim_{n\to\infty}\frac{1}{n}\sum_{k=1}^{n}f\left(\frac{k}{n}\right)=\int_{0}^{1}f(x)\,dx\ \cdots\cdots(*)$ が利用できます．

(2) 以降もまずは数列の和をシグマ記号を用いてかき直してから，$(*)$ が利用出来る形へ変形します．

問題 153 難易度 ★★☆　　▶▶▶解答 P116

極限値 $\displaystyle\lim_{n\to\infty}\frac{1}{n}\sqrt[n]{\frac{(4n)!}{(3n)!}}$ を求めよ．

POINT 階乗を含む極限は 両辺の自然対数を考えて区分求積法にもち込む のが定石です．

$$\frac{1}{n}\sqrt[n]{\frac{(4n)!}{(3n)!}}=\frac{1}{n}\sqrt[n]{(3n+1)(3n+2)\cdots(3n+n)}$$
$$=\sqrt[n]{\left(3+\frac{1}{n}\right)\left(3+\frac{2}{n}\right)\cdots\left(3+\frac{n}{n}\right)}$$

と変形して，両辺の自然対数をとると

$$\log\frac{1}{n}\sqrt[n]{\frac{(4n)!}{(3n)!}}=\frac{1}{n}\left\{\log\left(3+\frac{1}{n}\right)+\log\left(3+\frac{2}{n}\right)\right.$$
$$\left.+\cdots+\log\left(3+\frac{n}{n}\right)\right\}$$

$$= \frac{1}{n}\sum_{k=1}^{n}\log\left(3+\frac{k}{n}\right)$$

となり，$\displaystyle\lim_{n\to\infty}\frac{1}{n}\sum_{k=1}^{n}f\left(\frac{k}{n}\right)=\int_0^1 f(x)dx$ が利用できます．

問題 154　難易度 ★★☆　▶▶▶解答 P116

n を 2 以上の自然数とし，直径 $AB=2$ の半円を考える．弧 AB を n 等分し，その分点を A に近い順に $A_1, A_2, \cdots, A_{n-1}$ とする．各点 A_k $(k=1, 2, \cdots, n-1)$ に対し，点 A_k から線分 AB に下ろした垂線の足を P_k とする．$S_n=\displaystyle\sum_{k=1}^{n-1}A_kP_k$ とおく．

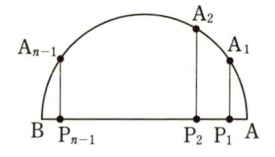

(1) S_4 を求めよ．
(2) 極限値 $\displaystyle\lim_{n\to\infty}\frac{S_n}{n}$ を求めよ．

POINT 円の中心を O とすると，$\angle A_kOP_k=\dfrac{k}{n}\pi$ より，$\triangle A_kOP_k$ に注目すると，$A_kP_k=OA_k\sin\dfrac{k}{n}\pi=\sin\dfrac{k}{n}\pi$ となります．これを利用して $S_4=A_1P_1+A_2P_2+A_3P_3$, $\displaystyle\lim_{n\to\infty}\frac{S_n}{n}$ を求めればよいわけです．

3-2 定積分と不等式

　定積分についての不等式を証明するとき，実際に定積分が計算可能であることはほとんどありません．次の定理により，計算可能な定積分を用いて評価していくことになります．

> $a < b$ とする．$a \leqq x \leqq b$ において $g(x) \geqq f(x)$ ならば，
> $$\int_a^b g(x)dx \geqq \int_a^b f(x)dx$$
> なお，等号が成立するのは $a \leqq x \leqq b$ において常に $f(x) = g(x)$ が成立する場合に限る．

　これは右図において，グラフが上にある関数の面積の方が大きいとと考えれば納得出来るでしょう．等号が成立するのは $a \leqq x \leqq b$ において常に $f(x) = g(x)$ が成立する場合に限ります．いくつかの点で $f(x) = g(x)$ となっていたとしても，$f(x)$ と $g(x)$ が完全に一致していなければ面積は等しくなりません．

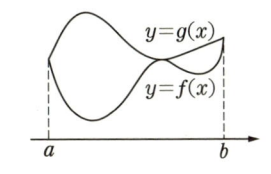

問題 155　難易度 ★★☆

(1) $0 \leqq x \leqq \dfrac{\pi}{2}$ において，常に $\dfrac{2}{\pi}x \leqq \sin x \leqq x$ が成立することを示せ．

(2) $1 - \dfrac{1}{\sqrt{e^\pi}} < \displaystyle\int_0^{\frac{\pi}{2}} e^{-\sin x}\, dx < \dfrac{\pi}{2}\left(1 - \dfrac{1}{e}\right)$ が成立することを示せ．

POINT (2) $\displaystyle\int e^{-\sin x}\, dx$ は高校数学の範囲で表すことができないので，$\displaystyle\int_0^{\frac{\pi}{2}} e^{-\sin x}\, dx$ を計算することで示すことはできません．$\displaystyle\int_0^{\frac{\pi}{2}} \triangle\, dx < \int_0^{\frac{\pi}{2}} e^{-\sin x}\, dx < \int_0^{\frac{\pi}{2}} \square\, dx$ を満たす $\triangle$, $\square$ を求めることで証明します．

問題 156　難易度 ★★☆

$a_n\ (n = 1,\ 2,\ \cdots)$ を $a_n = \displaystyle\int_0^1 x^{2n-1} e^{x^2}\, dx$ と定義する．このとき，以下の問いに答えよ．ただし，e は自然対数の底とする．

(1) a_1 を求めよ．

(2) $x^{2n-1} \leqq x^{2n-1} e^{x^2} \leqq x^{2n-1} e\ (n \geqq 1)$ を示せ．

(3) $\dfrac{1}{2n} \leqq a_n \leqq \dfrac{e}{2n}\ (n \geqq 1)$ を示せ．

POINT 定積分 $\displaystyle\int_0^1 x^{2n-1} e^{x^2}\, dx$ は計算不可能なので，被積分関数を評価して不等式を作ります．その際に重要なのが，被積分関数を評価するときは積分区間に注目するということです．積分区間は $0 \leqq x \leqq 1$ ですから，$0 \leqq x^2 \leqq 1$ より $e^0 \leqq e^{x^2} \leqq e^1$ となり，両辺に x^{2n-1} をかけて $x^{2n-1} \leqq x^{2n-1} e^{x^2} \leqq x^{2n-1} e$ となります．あとはこの式の全辺を区間 $0 \leqq x \leqq 1$ で積分すると (3) の不等式が得られます．

問題 157　難易度 ★★★　▶▶▶解答 P118

自然数 $n = 1, 2, 3 \cdots$ に対して，$I_n = \displaystyle\int_0^1 \dfrac{x^n}{1+x}\,dx$ とおく．次の問いに答えよ．

(1) I_1 を求めよ．更に，すべての自然数 n に対して，$I_n + I_{n+1} = \dfrac{1}{n+1}$ が成り立つことを示せ．

(2) 不等式 $\dfrac{1}{2(n+1)} \leqq I_n \leqq \dfrac{1}{n+1}$ が成り立つことを示せ．

(3) これらの結果を使って，$\log 2 = \displaystyle\lim_{n \to \infty} \sum_{k=1}^{n} \dfrac{(-1)^{k-1}}{k}$ が成り立つことを示せ．

POINT　(2) では前問同様に，まずは積分区間に注目して被積分関数を評価します．$0 \leqq x \leqq 1$ より $1 \leqq \dfrac{1}{1+x} \leqq \dfrac{1}{2}$ となり辺々に x^n をかけて $x^n \leqq \dfrac{x^n}{1+x} \leqq \dfrac{1}{2}x^n$ を得ます．あとは全辺を区間 $0 \leqq x \leqq 1$ で積分するだけです．

3-3　数列の和の評価

　数列の和についての不等式を証明するとき，数列の和を直接求めることができることはほとんどありません．定積分を評価するときは被積分関数を評価しましたが，数列の和の場合は「階段上に並んだ長方形の面積合計」と「関数の定積分による面積」の大小を比較することで評価します．与えられた不等式から「関数」と「積分区間」を読み取れるようになりましょう．

　まず関数を読み取るには，一般項の k を x に変えます．たとえば
$$\sum_{k=1}^{n} \dfrac{1}{k} = 1 + \dfrac{1}{2} + \dfrac{1}{3} + \cdots + \dfrac{1}{n}$$
ならば，$\dfrac{1}{k}$ の k を x に変えた $f(x) = \dfrac{1}{x}$ を用意します．また，

ならば、$\displaystyle\sum_{k=2}^{n}\frac{1}{k^2}=\frac{1}{2^2}+\frac{1}{3^2}+\cdots+\frac{1}{n^2}$

ならば、$\dfrac{1}{k^2}$ の k を x に変えた $f(x)=\dfrac{1}{x^2}$ を用意します.

関数を読み取ることができたら、関数のグラフに横幅1の長方形を組み込んで面積を評価します. その際、図1のように長方形を $y=f(x)$ の上方に飛び出させるのか、図2のように長方形を $y=f(x)$ の下方に収めるのかは問題によって判断します.

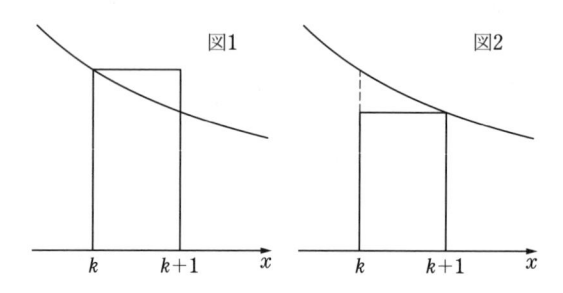

図1　図2

例題 2以上の自然数 n について、不等式

$$\log(n+1)<\sum_{k=1}^{n}\frac{1}{k}<1+\log n$$

が成り立つことを示せ.

$k-1\leqq x\leqq k$ において $\dfrac{1}{k}\leqq\dfrac{1}{x}$ であるから

$$\int_{k-1}^{k}\frac{1}{k}\,dx<\int_{k-1}^{k}\frac{1}{x}\,dx$$

$$\therefore\quad \frac{1}{k}<\int_{k-1}^{k}\frac{1}{x}\,dx\ \cdots\cdots\ ①$$

が成立します. これは図1の打点部の面積と網目部の長方形の面積の大小関係を不等式で表しているに過ぎないのですが、答案では「図から」ではなく、$y=\dfrac{1}{x}$ と $y=\dfrac{1}{k}$ の上下関係から不等式を立てて説明しましょう.

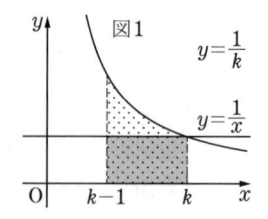

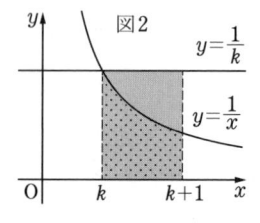

次に、$k\leqq x\leqq k+1$ において $\dfrac{1}{x}\leqq\dfrac{1}{k}$ で

あるから
$$\int_k^{k+1} \frac{1}{x}\,dx < \int_k^{k+1} \frac{1}{k}\,dx$$
$$\therefore \quad \int_k^{k+1} \frac{1}{x}\,dx < \frac{1}{k} \quad \cdots\cdots ②$$

が成立します．これは図2の打点部の面積と網目部の長方形の面積の大小関係を不等式で表しているに過ぎないのですが，これも「図から」ではなく $y = \dfrac{1}{x}$ と $y = \dfrac{1}{k}$ の上下関係から不等式を立てて説明しましょう．

さて，①において，$k = 2, 3, \cdots, n$ とすると
$$\frac{1}{2} < \int_1^2 \frac{1}{x}\,dx,\ \frac{1}{3} < \int_2^3 \frac{1}{x}\,dx,\ \cdots,\ \frac{1}{n} < \int_{n-1}^n \frac{1}{x}\,dx$$

となるから，辺々加えて
$$\frac{1}{2} + \frac{1}{3} + \cdots + \frac{1}{n} < \int_1^n \frac{1}{x}\,dx$$

両辺に1を加えると
$$1 + \frac{1}{2} + \frac{1}{3} + \cdots + \frac{1}{n} < 1 + \int_1^n \frac{1}{x}\,dx$$
$$\sum_{k=1}^n \frac{1}{k} < 1 + \int_1^n \frac{1}{x}\,dx = 1 + \Big[\log|x|\Big]_1^n = 1 + \log n \quad \cdots\cdots ③$$

次に②において $k = 1, 2, \cdots, n$ として辺々加えると
$$\int_1^{n+1} \frac{1}{x}\,dx < 1 + \frac{1}{2} + \frac{1}{3} + \cdots + \frac{1}{n}$$
$$\int_1^{n+1} \frac{1}{x}\,dx < \sum_{k=1}^n \frac{1}{k}$$
$$\Big[\log|x|\Big]_1^{n+1} = \log(n+1) < \sum_{k=1}^n \frac{1}{k} \quad \cdots\cdots ④$$

③，④から $\log(n+1) < \displaystyle\sum_{k=1}^n \frac{1}{k} < 1 + \log n$ が示されました．

参考 よく用いられる面積評価

$a < b < c < d$ とします.

① $f(x)$ が増加関数のとき (図1参照)

四角形 APQS, 四角形 RPQB に着目すると

$$f(a)(b-a) \leqq \int_a^b f(x)\,dx \leqq f(b)(b-a)$$

② $f(x)$ が増加関数かつ下に凸のとき (図2参照)

四角形 APQR, 台形 APQS に着目すると,

$$f(a)(b-a) \leqq \int_a^b f(x)\,dx \leqq \frac{f(a)+f(b)}{2}(b-a)$$

③ $f(x) \geqq 0$ のとき (図3参照)

$$\int_a^b f(x)\,dx \leqq \int_a^c f(x)\,dx \leqq \int_a^d f(x)\,dx$$

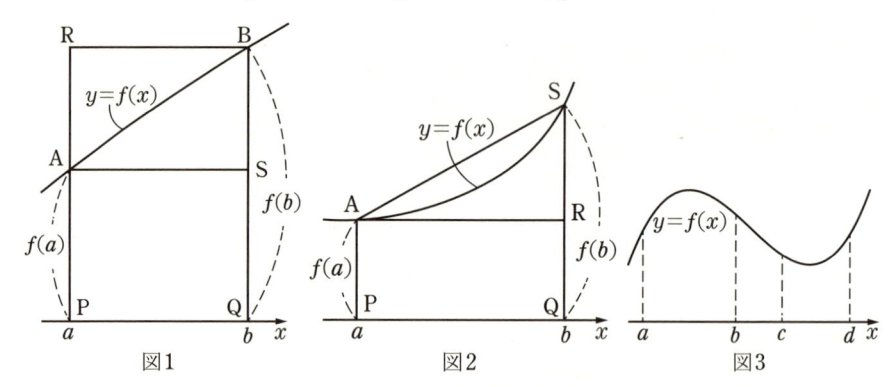

図1　図2　図3

問題 158 難易度 ★★☆　▶▶▶解答 P119　再確認 CHECK

$S = 1 + \dfrac{1}{\sqrt{2}} + \dfrac{1}{\sqrt{3}} + \cdots + \dfrac{1}{\sqrt{100}}$ の整数部分の値を求めよ.

POINT $S = 1 + \dfrac{1}{\sqrt{2}} + \dfrac{1}{\sqrt{3}} + \cdots + \dfrac{1}{\sqrt{100}} = \displaystyle\sum_{k=1}^{100} \dfrac{1}{\sqrt{k}}$ ですから, $y = \dfrac{1}{\sqrt{x}}$ のグラフを考えて, 数列の和を評価します.

問題 159 難易度 ★★☆   ▶▶▶ 解答 P120

2以上の自然数 n についての不等式
$$\frac{1}{1^2} + \frac{1}{2^2} + \frac{1}{3^2} + \cdots + \frac{1}{n^2} \leqq 2 - \frac{1}{n}$$
が成立することを次の2通りの方法で証明せよ.

(1) 数学的帰納法を用いて証明せよ.
(2) 定積分を用いて証明せよ.

POINT (2) $\dfrac{1}{1^2} + \dfrac{1}{2^2} + \dfrac{1}{3^2} + \cdots + \dfrac{1}{n^2} = \displaystyle\sum_{k=1}^{n} \dfrac{1}{k^2}$ であるから, k を x とした関数 $y = \dfrac{1}{x^2}$ を利用して評価します. $\displaystyle\sum_{k=1}^{n} \dfrac{1}{k^2} \leqq 2 - \dfrac{1}{n}$ を示すのですから, 長方形を $y = \dfrac{1}{x^2}$ の下方に収めればよいことが分かります.

3 -4 定積分と無限級数

　定積分を用いて無限級数の和を求める問題を扱います. 教科書の中であまり登場してくることはありませんが, 経験をしておきたい問題です.

　必要な基本事項は, 等比数列の和の公式
$$\frac{a(1-r^n)}{1-r} = a + ar + ar^2 + \cdots + ar^{n-1} \quad (r \neq 1, \ n \text{ は自然数}) \ \cdots\cdots \ ①$$
です. ① で $a = 1,\ r = -x$ とすると
$$\frac{1 - (-x)^n}{1+x} = 1 + (-x) + (-x)^2 + \cdots + (-x)^{n-1} \ \cdots\cdots\cdots\cdots \ ②$$
と表すことができます. また ① で $a = 1,\ r = -x^2$ とすると,
$$\frac{1 - (-x^2)^n}{1+x^2} = 1 + (-x^2) + (-x^2)^2 + \cdots + (-x^2)^{n-1} \ \cdots\cdots\cdots \ ③$$

　② と ③ を定積分することで, $\log 2$ や $\dfrac{\pi}{4}$ などの級数表示を求めさせる問題が多いです. 入試ではほとんどの場合において誘導がついているので, ② や ③ を暗記する必要はありません.

問題 160　難易度 ★★★

(1) 自然数 n に対して，
$$R_n(x) = \frac{1}{1+x} - \{1 - x + x^2 - \cdots + (-1)^n x^n\}$$
とする．このとき，$\displaystyle\lim_{n\to\infty}\int_0^1 R_n(x)\,dx = \lim_{n\to\infty}\int_0^1 R_n(x^2)\,dx = 0$ となることを示せ．

(2) (1) を利用して，次の無限級数の和を求めよ．

(i) $\displaystyle\sum_{n=0}^{\infty} \frac{(-1)^n}{n+1} = 1 - \frac{1}{2} + \frac{1}{3} - \frac{1}{4} + \cdots + (-1)^n \frac{1}{n+1} + \cdots$

(ii) $\displaystyle\sum_{n=0}^{\infty} \frac{(-1)^n}{2n+1} = 1 - \frac{1}{3} + \frac{1}{5} - \frac{1}{7} + \cdots + (-1)^n \frac{1}{2n+1} + \cdots$

POINT (1) はさみうちの原理を利用します．その際

① $\left|\displaystyle\int_a^b f(x)\,dx\right| \leqq \displaystyle\int_a^b |f(x)|\,dx$

② $a \leqq x \leqq b$ で $f(x) \leqq g(x)$ が成立するとき $\displaystyle\int_a^b f(x)\,dx \leqq \int_a^b g(x)\,dx$ を利用します．

(2) たとえば $\displaystyle\int_0^1 (1 - x + x^2 - x^3)\,dx = 1 - \frac{1}{2} + \frac{1}{3} - \frac{1}{4}$，
$\displaystyle\int_0^1 (1 - x^2 + x^4 - x^6)\,dx = 1 - \frac{1}{3} + \frac{1}{5} - \frac{1}{7}$ となります．つまり，$R_n(x)$, $R_n(x^2)$ を $x = 0$ から $x = 1$ まで定積分すればよいことが分かるでしょう．

第7章 積分法の応用

1 面積・体積・弧長

■ ここでも計算力がモノをいいます

出題傾向と対策

　求積については数学IIでは面積しか扱いませんでしたが，数学IIIでは体積・曲線の長さまで扱います．面積同様，積分区間とグラフの位置関係さえ正しく捉えられればあとは計算力勝負です．

　座標空間における求積は難関大学での出題が目立つ分野なので上位の大学を目指す場合は厚めに学習しておく必要があります．慣れるまではとっつきにくい内容ですが考え方の根本は座標平面のときと同じです．

　最後に微積分の物理への応用を考えます．こちらの分野は入試において多く出題されるわけではありませんが，好んで出題してくる大学もありますから注意が必要です．

1-1 定積分と面積

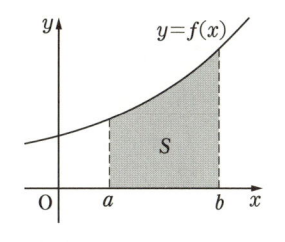

　右図において，網目部分の面積 S は

$$S = \int_a^b f(x)\,dx$$

で与えられることは数学IIで学習したとおりです．この式のイメージは縦 $f(x)$，横 dx の短冊を a から b まで寄せ集めるということでした．dx はそれで1つの文字として扱うので，$d \times x$ のように掛け算と勘違いしないように注意しましょう．

　同じように考えると，網目部分の面積 S は

$$S = \int_a^b \{f(x) - g(x)\}\,dx$$

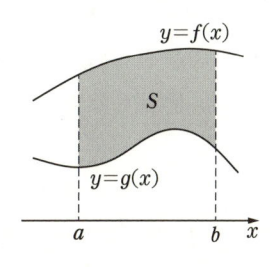

1-2 定積分と体積

右図の立体を x 座標が x である x 軸に垂直な平面で切断したときの断面積を $S(x)$ とすると，この立体の平面 $x=a$ と $x=b$ で挟まれた部分の体積を V とすると

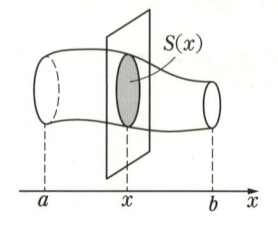

$$V = \int_a^b S(x)\,dx$$

となります．これは面積のときと同様に，底面積 $S(x)$，高さ dx の微小な柱体の体積 $S(x)\,dx$ を a から b まで寄せ集めて体積 V が求まるイメージです．

1-3 回転体の体積

曲線 $y=f(x)$ を x 軸のまわりに回転させてできる立体と，平面 $x=a$ と $x=b$ で挟まれた部分の体積 V_x を考えてみましょう．底面の半径が y，高さが dx の微小な円柱の体積 $\pi y^2\,dx$ を $x=a$ から $x=b$ まで寄せ集めると考えて

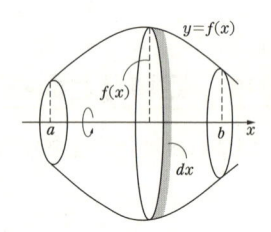

$$V_x = \int_a^b \pi y^2\,dx = \int_a^b \pi\{f(x)\}^2 dx$$

となります．

同様に，曲線 $y=f(x)$ を y 軸のまわりに回転させてできる立体と，平面 $y=c$ と $y=d$ で挟まれた部分の体積 V_y を考えてみましょう．底面の半径が x，高さが dy の微小な円柱の体積 $\pi x^2\,dy$ を $y=c$ から $y=d$ まで寄せ集めると考えて

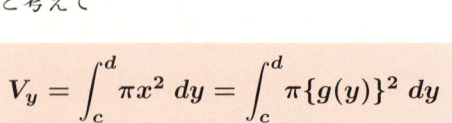

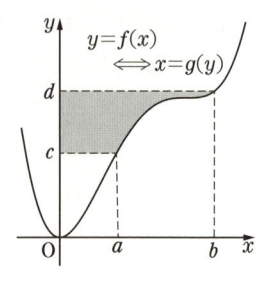

$$V_y = \int_c^d \pi x^2\,dy = \int_c^d \pi\{g(y)\}^2\,dy$$

となります.

ただし, これは曲線の方程式 $y = f(x)$ が, $x^2 = (y$ の式$)$ と書き直すことができ, かつ, これが積分しやすい関数になるときです. そうならない場合は, 積分変数を x に置換して

$$V = \int_a^b \pi x^2 \frac{dy}{dx} dx = \int_a^b \pi x^2 f'(x)\, dx$$

とします.

y	c	$\to$	d
x	a	$\to$	b

という対応はグラフから判断するとよいでしょう.

1-4 くりぬきやへこみができる場合の体積

一般に右図の図形を x 軸のまわりに回転してできる回転体の体積は, 全体の体積からくりぬくと考えて

$$V = \pi \int_a^b \{f(x)\}^2\, dx - \pi \int_a^b \{g(x)\}^2\, dx$$
$$\pi \int_a^b (\{f(x)\}^2 - \{g(x)\}^2)\, dx$$

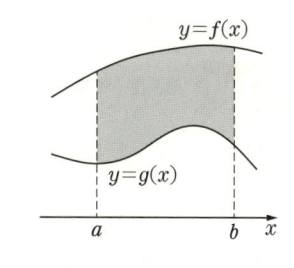

となります.

$$V = \pi \int_a^b \{f(x) - g(x)\}^2\, dx$$

という間違いをしないように十分気をつけましょう.

問題 161 難易度 ★★☆　　▶▶▶ 解答 P124

関数 $y = xe^x$ について, 次の問いに答えよ. ただし, e は自然対数の底とする.

(1) 関数 $y = xe^x$ の極値を求めよ.
(2) 2つの曲線 $y = xe^x$ と $y = e^x$ および y 軸で囲まれた図形の面積を求めよ.

POINT　2つの曲線の交点の座標と上下関係を正確に把握しましょう.

問題 162　難易度 ★★☆

曲線 $y = \sin x \ (0 \leqq x \leqq \pi)$ と x 軸とで囲まれる部分の面積を曲線 $y = k\sin\dfrac{x}{2}$ が2等分するように k の値を求めよ．

POINT　$y = \sin x$ と $y = k\sin\dfrac{x}{2}$ の交点を求めるために2式から y を消去すると $\sin x = k\sin\dfrac{x}{2}$ となりますが，これを満たす x は有名角として求められません．そこでこの x の値のうち0でないものを $x = \alpha\ (0 < \alpha \leqq \pi)$ とおき，$\sin\alpha = k\sin\dfrac{\alpha}{2}$ であることを利用します．

問題 163　難易度 ★★☆

曲線 $C : y = e^x$ 上の点 $\mathrm{P}(t,\ e^t)$ における接線を l とする．

(1) 接線 l の方程式を求めよ．
(2) 接線 l と x 軸の交点，接線 l と y 軸の交点の座標をそれぞれ求めよ．
(3) 曲線 C，接線 l，y 軸および直線 $x = 1$ で囲まれた図形の面積 $S(t)$ を求めよ．
(4) $0 \leqq t \leqq 1$ とする．このとき，$S(t)$ の最大値およびそのときの t の値，$S(t)$ の最小値およびそのときの t の値をそれぞれ求めよ．

POINT　面積の最大最小問題です．上下関係をしっかりと認識して，積分を行います．$S(t)$ を求めたあとは，$S(t)$ の増減を調べます．

問題 164　難易度 ★★★　　▶▶▶ 解答 P126

$f(x) = e^{-x}\sin x$ とする．曲線 $y = f(x)$ の $(n-1)\pi \leqq x \leqq n\pi$ (n は自然数) の部分と x 軸で囲まれる図形の面積を S_n とする．

(1) 不定積分 $\int e^{-x}\sin x\, dx$ を求めよ．
(2) 面積 S_n を求めよ．
(3) 無限級数の和 $\sum\limits_{n=1}^{\infty} S_n$ を求めよ．

POINT $y = e^{-x}\sin x$ のグラフの概形は頻出です．$y = \sin x$ に e^{-x} をかけているので，$e^{-x} \to 0\ (x \to \infty)$ に注意すると，グラフの山は低く，谷は浅くなって行くことが分かるでしょう．

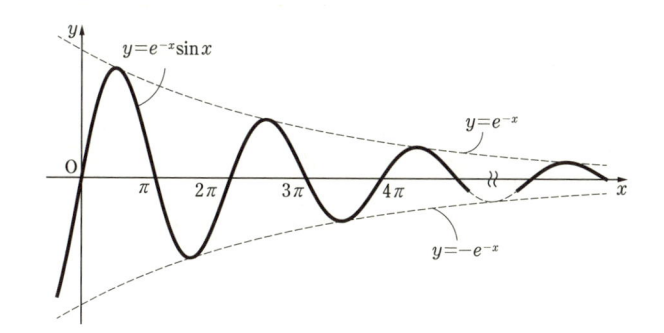

$S_n = \int_{(n-1)\pi}^{n\pi} |e^{-x}\sin x|\, dx$ ですから，$\sin x$ の正負に注目して絶対値を外すことを考えます．しかし，$(n-1)\pi \leqq x \leqq n\pi$ の区間では $\sin x$ の正負を判断することができません．

そこで積分区間を変えるために $t = x - (n-1)\pi$ とおくと

$$S_n = \int_0^\pi e^{-t-(n-1)\pi}|\sin\{t+(n-1)\pi\}|\frac{dx}{dt}\,dt$$
$$= e^{-(n-1)\pi}\int_0^\pi e^{-t}|\sin t|\,dt \quad (\because\quad \sin\{t+(n-1)\pi\} = \pm\sin t)$$
$$= e^{-(n-1)\pi}\int_0^\pi e^{-t}\sin t\,dt \quad (\because\quad 0\leqq t\leqq\pi\ \text{で}\ \sin t\geqq 0)$$

となり，絶対値をはずすことができます．なお，$|\sin t|$ は周期 π より，$|\sin\{t+(n-1)\pi\}|=|\sin t|$ となります．

問題 165　難易度 ★★☆　▶▶▶解答 P127

t を媒介変数として，$x=4\cos t, y=\sin 2t\ \left(0\leqq t\leqq\dfrac{\pi}{2}\right)$ で表される曲線と x 軸で囲まれた部分の面積を求めよ．

POINT　曲線の概形は右図のようになります．置換積分を利用すると，求める面積 S は
$$S=\int_0^4 y\,dx = \int_{\frac{\pi}{2}}^0 y\frac{dx}{dt}dt$$
として求められます．積分区間の対応はグラフから判断しましょう．

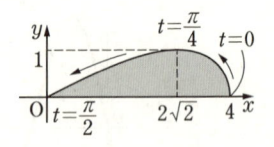

問題 166　難易度 ★☆☆　▶▶▶解答 P128

放物線 $C:y=x^2$ と直線 $l:y=ax\ (a>0)$ とで囲まれる部分を D とする．このとき次の問いに答えよ．

(1) D を x 軸のまわりに回転してできる回転体の体積 V を求めよ．
(2) D を y 軸のまわりに回転してできる回転体の体積 W を求めよ

POINT　回転軸との間に隙間があるような図形を回転させるときは隙間部分をくりぬく必要があります．

問題 167 難易度 ★★★　　▶▶▶ 解答 P129

曲線 $C_1: y = \sin x$ と曲線 $C_2: y = -\sin 2x$ について，C_1 と C_2 および直線 $x = \dfrac{\pi}{2}$ で囲まれた部分のうち，$x \leqq \dfrac{\pi}{2}$ をみたす部分を，x 軸の周りに 1 回転させてできる回転体の体積を求めよ．

POINT　求める体積は，図 1 の網目部分の図形を x 軸の周りに回転させてできる立体の体積ですが，このように回転させる図形が回転軸をまたぐ場合は軸下部分を折返して片側に寄せてから回転させるのが定石です．$y = -\sin 2x$ を折返して，図 2 の網目部分の回転体の体積を求めればよいでしょう．

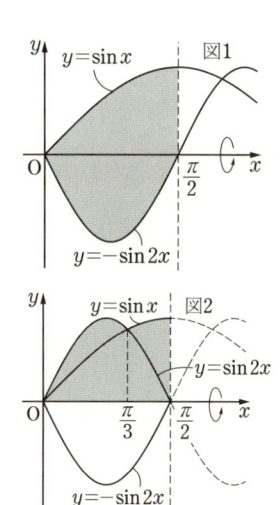

問題 168 難易度 ★★☆　　▶▶▶ 解答 P130

$y = \log x$ のグラフを C とする．

(1) C に接し，原点を通る直線を l とする．l の方程式を求めよ．
(2) y 軸の周りに D を 1 回転させてできる立体を V とする．V の体積を求めよ．

POINT　$y = \log x \iff x = e^y$ のように，与えられた曲線が $x = f(y)$ の形に変形出来るものは $V = \displaystyle\int_a^b \pi x^2 dy$ を用いて体積を求めます．

問題 169 難易度 ★★☆ ▶▶▶解答 P130

$y = \sin x \left(0 \leqq x \leqq \dfrac{\pi}{2}\right)$ のグラフ，y 軸，直線 $y = 1$ とで囲まれる部分を y 軸のまわりに回転して得られる立体の体積 V を求めよ.

POINT $y = \sin x$ を $x = g(y)$ の形にすることはできません．そこで，積分変数を x に置換して計算します．

問題 170 難易度 ★★☆ ▶▶▶解答 P133

曲線 C が媒介変数 t を用いて
$$x = \cos t, \quad y = 2\sin^3 t$$
と表されているとき，次の問いに答えよ．ただし，$0 \leqq t \leqq \dfrac{\pi}{2}$ とする．

(1) $\dfrac{dy}{dx}$ を t を用いて表せ．
(2) 曲線 C，x 軸および y 軸で囲まれる図形の面積を求めよ．
(3) (2) で考えた図形を y 軸の周りに 1 回転して得られる回転体の体積を求めよ．

POINT (3) $x = f(y)$ の形に変形できない，または変形するのが面倒な場合は
$$V = \int_{a'}^{b'} \pi x^2 \dfrac{dy}{dt} dt$$ と置換積分します．

問題 171 難易度 ★★★ ▶▶▶解答 P134

$-1 \leqq x \leqq 1$ で定義された関数 $f(x) = x\sqrt{1 - x^2}$ について，曲線 $y = f(x)$ と x 軸で囲まれた部分を y 軸のまわりに 1 回転させてできる回転体の体積を求めよ．

POINT 求める体積は右図網目部分を y 軸の周りに回転させてできる立体の体

積を 2 倍したものです．回転させる図形と回転軸との間に隙間があるので，内側をくり抜く必要がありますが，ここでは

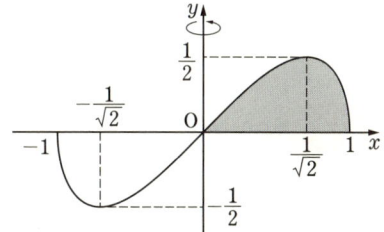

$$y^2 = x^2(1-x^2)$$
$$x^4 - x^2 + y^2 = 0 \quad \therefore \quad x^2 = \frac{1 \pm \sqrt{1-4y^2}}{2}$$

となるので，$x_1{}^2 = \dfrac{1-\sqrt{1-4y^2}}{2}$, $x_2{}^2 = \dfrac{1+\sqrt{1+4y^2}}{2}$ とすると

$$\frac{V}{2} = \int_0^{\frac{1}{2}} \pi x_2{}^2 dy - \int_0^{\frac{1}{2}} \pi x_1{}^2 dy = \pi \int_0^{\frac{1}{2}} (x_2{}^2 - x_1{}^2) dy$$
$$= \pi \int_0^{\frac{1}{2}} \left(\frac{1+\sqrt{1+4y^2}}{2} - \frac{1-\sqrt{1+4y^2}}{2} \right) dy = \pi \int_0^{\frac{1}{2}} \sqrt{1-4y^2} dy$$

と求められます．

問題 172 難易度 ★★★　　▶▶▶ 解答 P135　　再確認 CHECK ✓ ✓ ✓

2 曲線 $y = x^2$ と $y = x$ とで囲まれる領域を直線 $y = x$ の周りに 1 回転して得られる回転体の体積を求めよ．

POINT x 軸，y 軸以外の直線の周りの回転体についての問題です．様々な大学で出題されていますが，初見では難しいでしょう．

$y = x$ を新しい軸 u 軸として考え，x 軸のまわりの回転体の体積を求めるのと同様に，回転軸に垂直な切断面で切ったときの断面積を求め，回転軸の方向に積分をします．

1-5 非回転体の体積の求積

問題 173　難易度 ★★☆　　▶▶▶ 解答 P136

右の図のように底面の半径が 2, 高さが 2 である直円柱がある．この底面の直径 AB を含み，底面と 45° の傾きをなす平面で直円柱を 2 つの部分に分けるとき，小さい方の立体の体積 V を求めよ．

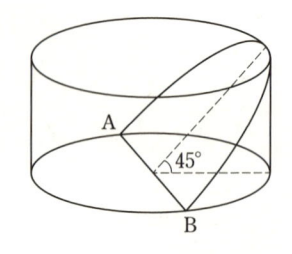

POINT　体積を計算する本質を学習するのに最適な 1 問です．微小体積を寄せ集めるという基本姿勢は変わらないので，まずは断面が把握しやすいように座標軸を設定します．どの方向に切断して考えるかで計算量に差が出ます．3 次元の立体はイメージしにくいので，特定の方向から見ることで平面的に考えましょう．

問題 174　難易度 ★★★　　▶▶▶ 解答 P139

半径 r の十分長い直円柱が 2 つあり，それらの中心軸が直交している．このとき，共通部分の体積 V を求めよ．

POINT　非回転体の求積においても微小体積を寄せ集めるという基本姿勢は変わりません．まずは断面が把握しやすいように座標軸を設定します．
円柱を軸に平行な平面で切ると，長方形 (帯状の領域) ができます．
最後に共通部分の切り口は切り口の共通部分であることを利用します．

1-6 概形がわからない回転体の体積

概形がわからない回転体の体積を求める際，その概形を考えようとしても体積を求めることに対しては役に立ちません．

基本に従い，与えられた図形を回転軸に垂直な平面で切断し，その断面図を作ることに集中しましょう．図1において図形 A を l 軸のまわりに回転させてできる回転体の体積を考えます．まず回転軸に垂直な平面 $l=t$ で図形 A を切断します（図1の斜線部分）．

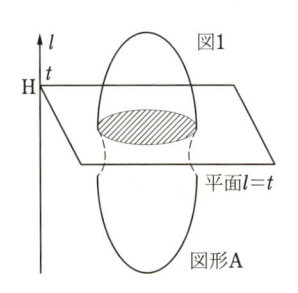

この中で，点 H に最も近い点を P，最も遠い点を Q とします．図1の斜線部分を l 軸のまわりに回転させると，P, Q がそれぞれ H のまわりに回転して円を作り，図2の環状領域が図形 A の回転体の切断を与えます．この面積を S とすると

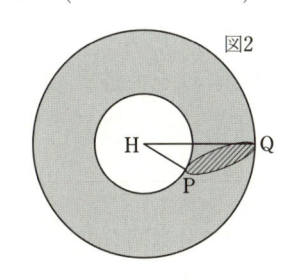

$$S = \pi HQ^2 - \pi HP^2$$

となるので，これを t で表し，定積分することで体積を求めることができます．回転させる前に切ることが，ポイントです．

問題 175　難易度 ★★★　　解答 P140

xyz 空間において，連立不等式

$$0 \leq x \leq 1,\ 0 \leq y \leq 1,\ 0 \leq z \leq 1,\ x^2+y^2+z^2-2xy-1 \geq 0$$

の表す立体を考える．

(1) この立体を平面 $z=t$ で切ったときの断面を xy 平面に図示し，この断面の面積 $S(t)$ を求めよ．
(2) この立体の体積を求めよ．

POINT この連立不等式で表される立体の概形が分からなくても問題ありません．体積を求めるのに必要なのは断面積と積分区間です．題意の立体を

平面 $z = t$ で切断したときの断面を図示し，その断面積 $S(t)$ を求め，$V = \int_0^1 S(t)\, dt$ を求めるだけです．

問題 176 難易度 ★★★　　▶▶▶解答 P140　再確認 CHECK

不等式 $x^2 + y^2 + \log(1 + z^2) \leqq \log 2$ で表される立体 D について，以下の問いに答えよ．

(1) 定積分 $\int_0^1 \dfrac{t^2}{1 + t^2}\, dt$ を求めよ．
(2) 立体 D を平面 $z = t$ で切断するとき，断面が存在する t の範囲を求めよ．
(3) 立体 D の体積 V を求めよ．

POINT (1) 分数関数では，(分子の次数) < (分母の次数) となるように変形します．
(2) (3) 前問同様，$z = t$ による切断面積に注目します．

問題 177 難易度 ★★★　　▶▶▶解答 P142　再確認 CHECK

a, b を正の実数とする．空間内の 2 点 A$(0, a, 0)$, B$(1, 0, b)$ を通る直線を l とする．直線 l を x 軸の周りに 1 回転して得られる図形を M とする．

(1) x 座標の値が t であるような直線 l 上の点 P の座標を求めよ．
(2) 図形 M と 2 つの平面 $x = 0$ と $x = 1$ で囲まれた立体の体積を求めよ．

POINT 回転させる前の直線を平面 $x = t$ で切断したときの切り口を点 P とすると，図形 M の $x = t$ における切断面は P を x 軸のまわりに 1 回転させた図形（円になります）と一致します．よって，この円の面積 $S(t)$ を

求めて，$V = \int_0^1 S(t)\,dt$ を求めます．切断してから回転させた方が断面は把握しやすいことを覚えておきましょう．

1-7 曲線の長さ

媒介変数表示された曲線

$$\begin{cases} x = f(t) \\ y = g(t) \end{cases}$$

があります．$t = t_1$ に対応する点を P，$t = t_2$ に対応する点を Q（ただし $t_1 < t_2$）とし，このとき t の増分を Δt，x の増分を Δx，y の増分を Δy とおきます．点 P から曲線に沿って測った曲線の長さも t の変化に伴って変化するので，t の関数です．

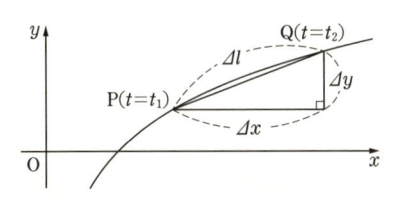

点 P からの曲線の長さを $l(t)$ とおき，増分を Δl とします．ここで，t の増分 Δt が極めて小さいとき，$\Delta l \fallingdotseq \sqrt{(\Delta x)^2 + (\Delta y)^2}$ と見なすことができます．両辺を Δt で割って $\dfrac{\Delta l}{\Delta t} \fallingdotseq \sqrt{\left(\dfrac{\Delta x}{\Delta t}\right)^2 + \left(\dfrac{\Delta y}{\Delta t}\right)^2}$ です．$\Delta t \to 0$ とすると

$$\frac{dl}{dt} = \lim_{\Delta t \to 0} \frac{\Delta l}{\Delta t} = \sqrt{\left(\frac{dx}{dt}\right)^2 + \left(\frac{dy}{dt}\right)^2}$$

このことから $t = t_1$ から $t = t_2$ までの区間の曲線の長さは

$$L = \int_{t_1}^{t_2} \sqrt{\left(\frac{dx}{dt}\right)^2 + \left(\frac{dy}{dt}\right)^2}\,dt$$

となります．また，関数 $y = f(x)$ は媒介変数 t を用いて，$\begin{cases} x = t \\ y = f(t) \end{cases}$ と表すことができます．このとき $\dfrac{dx}{dt} = 1$，$\dfrac{dy}{dt} = \dfrac{dy}{dx} = f'(x)$ であるから，$y = f(x)\,(a \leqq x \leqq b)$ の部分に対応する曲線の長さは

$$L = \int_a^b \sqrt{1 + \{f'(x)\}^2}\, dx$$

となります．曲線の長さは，理論上はこの公式を用いれば計算できますが，積分する式に $\sqrt{}$ が入っているため，根号をうまく外せて積分計算ができるものは非常に限られています．

▶▶▶ 公式

① 媒介変数表示された曲線 $\begin{cases} x = f(t) \\ y = g(t) \end{cases}$ の $t = t_1$ に対応する点から $t = t_2$ に対応する点（ただし $t_1 < t_2$）までの長さ L

$$L = \int_{t_1}^{t_2} \sqrt{\left(\frac{dx}{dt}\right)^2 + \left(\frac{dy}{dt}\right)^2}\, dt$$

② $y = f(x)$ の $a \leqq x \leqq b$ の部分に対応する曲線の長さ L

$$L = \int_a^b \sqrt{1 + \{f'(x)\}^2}\, dx$$

1-8 曲線のパラメーター表示

　動円 C が定直線や定円に接しながら滑らずに転がるときの動円 C 上に固定された点 P の軌跡を考えてみましょう．P が C の周上にあるときをサイクロイドと言いますが，これは興味深い曲線がいろいろ出現するため，入試でもよく出題されます．問題文中で式が与えられることが多いですが，自分で作らせるような問題もあります．ここでやっておきましょう．

> **例題** 下のように半径 r の円 C が最初に中心が $\mathrm{A}(0, r)$ にあり，原点で x 軸に接している．ここから，x 軸と接しながら滑ることなく，x 軸正方向へ転がる．円 C が回転した角度を θ とするとき，はじめ原点にあった C 上の点 $\mathrm{P}(x, y)$ の座標を θ を用いて表せ．

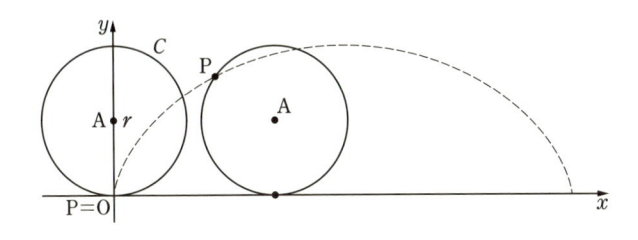

まず，$\overrightarrow{\mathrm{OP}} = \overrightarrow{\mathrm{OA}} + \overrightarrow{\mathrm{AP}}$ つまり「円の中心の位置ベクトル」と「円の中心から動点へのベクトル」に分けて考えます．

角 θ だけ転がったとき，円 C と x 軸の接点を T とすると，「滑ることなく転がる」ことから

$$\mathrm{OT} = \overset{\frown}{\mathrm{TP}} \, (= r\theta) \quad \cdots\cdots \text{①}$$

が成立します．

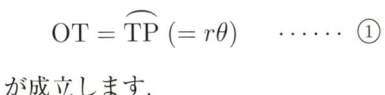

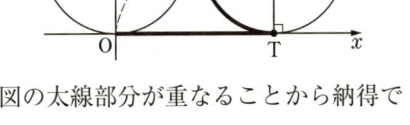

これは転がった円を巻き戻していくと図の太線部分が重なることから納得できると思います．

さて，x 軸正方向から $\overrightarrow{\mathrm{AP}}$ への回転角は $-\left(\dfrac{\pi}{2} + \theta\right)$ であるから，$\left|\overrightarrow{\mathrm{AP}}\right| = r \, (=半径)$ と合わせると，

$$\overrightarrow{\mathrm{AP}} = r\left(\cos\left\{-\left(\dfrac{\pi}{2} + \theta\right)\right\}, \, \sin\left\{-\left(\dfrac{\pi}{2} + \theta\right)\right\}\right) = r(-\sin\theta, \, -\cos\theta)$$

が成立します．以上から

$$\begin{aligned}
\overrightarrow{\mathrm{OP}} &= \overrightarrow{\mathrm{OA}} + \overrightarrow{\mathrm{AP}} \\
&= (r\theta, \, r) + r(-\sin\theta, -\cos\theta) \\
&= (r(\theta - \sin\theta), \, r(1 - \cos\theta)) \quad \therefore \quad \mathrm{P}(r(\theta - \sin\theta), \, r(1 - \cos\theta))
\end{aligned}$$

となります．

注意

右図から
　Pのx座標 $= \text{OT} - \text{HT}$
　　　　　　$= r\theta - r\sin\theta = r(\theta - \sin\theta)$
　Pのy座標 $= \text{AT} - \text{AI}$
　　　　　　$= r - r\cos\theta = r(1 - \cos\theta)$

という解答は避けましょう．このような考え方をすると，θの値によって，点Aと点Pの上下関係，左右関係が変化するため，場合分けが必要になるからです．

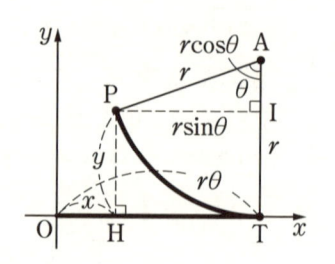

問題 178　難易度 ★★☆　▶▶▶解答 P142

(1) 曲線 $y = \dfrac{4}{3}x^{\frac{3}{2}}$ の $0 \leqq x \leqq 1$ に対応する部分の長さを求めよ．

(2) 曲線 $y = \dfrac{e^x + e^{-x}}{2}$ について，$y \leqq 5$ の部分の長さを求めよ．

POINT　曲線の長さの公式 $\displaystyle\int_a^b \sqrt{1 + \left(\dfrac{dy}{dx}\right)^2}\, dx$ を利用します．

問題 179　難易度 ★★☆　▶▶▶解答 P143

媒介変数 θ を用いて表される曲線 $\begin{cases} x = \theta - \sin\theta \\ y = 1 - \cos\theta \end{cases}$ の $0 \leqq \theta \leqq \pi$ に対応する部分の長さを求めよ．

POINT　$\sqrt{1 - \cos\theta}$ を積分することになります．半角の公式から
$$1 - \cos\theta = 2\sin^2\dfrac{\theta}{2},\ 1 + \cos\theta = 2\cos^2\dfrac{\theta}{2}$$
と表すことができるので，これを利用してルートを外しましょう．

問題 180　難易度 ★★★　▶▶▶ 解答 P144

$x = e^{-t}\cos t,\ y = e^{-t}\sin t\ (0 \leqq t \leqq \pi)$ で定められた曲線を考える．

(1) この曲線の長さ l を求めよ．
(2) この曲線と x 軸で囲まれる図形の面積 S を求めよ．

POINT (1) は公式を利用します．(2) はグラフの大まかな概形を描いて面積を求めましょう．なお，本問には別解があるので，解答を参照してください．

問題 181　難易度 ★★☆　▶▶▶ 解答 P146

xy 平面において，$C: x^2 + (y-a)^2 = a^2$ 上の原点と一致している点を P とする．C が x 軸に接しながら正の方向に 1 回転するとき，点 P の軌跡の方程式を求め，この曲線と x 軸とで囲まれる部分の面積を求めよ．

POINT まず θ 回転したときの点 P の座標をベクトルを用いて表します．
「円の中心の位置ベクトル」と「円の中心から動点へのベクトル」に分けて考えましょう．接点を Q として $\overparen{\mathrm{PQ}} = \mathrm{OQ} = a\theta$ であることを利用すると，

$$\overrightarrow{\mathrm{OP}} = \overrightarrow{\mathrm{OC}} + \overrightarrow{\mathrm{CP}}$$
$$= (a\theta,\ a) + \left(a\cos\left(\frac{3\pi}{2} - \theta\right),\ a\sin\left(\frac{3\pi}{2} - \theta\right)\right)$$
$$= (a(\theta - \sin\theta),\ a(1 - \cos\theta))$$

と表すことができます．あとはこれの増減を調べ，面積を計算します．

問題 182　難易度 ★★★

xy 平面の原点 O を中心とする半径 4 の円 E がある．半径 1 の円 C が，内部から E に接しながらすべることなく転がって反時計回りに 1 周する．

このとき，円 C の周上に固定された点 P の軌跡を考える．ただし，初めに点 P は点 A(4, 0) の位置にあるものとする．

(1) 図のように，x 軸と円 C の中心のなす角度が θ $(0 \leqq \theta \leqq 2\pi)$ となったときの点 P の座標 (x, y) を，θ を用いて表せ．
(2) 点 P の軌跡の長さを求めよ．

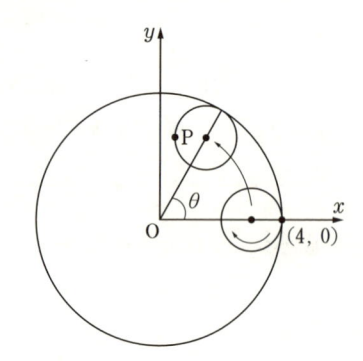

POINT 前問と同様に，点 P の座標をベクトルを用いて表します．図形が滑らずに転がる問題では，接した部分の長さは等しいこともポイントになります．

2 物理への応用

第 7 章 積分法の応用

■導関数の意味をもう一度思い出しましょう

2-1 直線上の点の運動

数直線上を運動する点 P の時刻 t における座標を x とすると，x は t の関数ですから $x = f(t)$ とおくと，時刻が t から $t + \Delta t$ に変わる間の平均速度は

$$\frac{f(t + \Delta t) - f(t)}{\Delta t}$$

と表され，この平均速度において $\Delta t \to 0$ としたときの極限値を時刻 t における点 P の **速度** といいます．つまり，点 P の速度を v とすると

$$v = \frac{dx}{dt} = f'(t)$$

となります．また，速度 v の大きさ $|v|$ を点 P の速さといいます．更に，速度 v の時刻 t における変化率 α を点 P の加速度といいます．すなわち，

$$\alpha = \frac{dv}{dt} = \frac{d^2 x}{dt^2} = f''(t)$$

となり，$|\alpha|$ を加速度の大きさといいます．

2-2 平面上の点の運動

座標平面上を運動する点 P の時刻 t における座標を (x, y) とするとき，点 P の x 軸方向の速度 $\dfrac{dx}{dt}$，y 軸方向の速度 $\dfrac{dy}{dt}$ を成分とするベクトル

$$\vec{v} = \left(\frac{dx}{dt}, \frac{dy}{dt} \right)$$

を時刻 t における点 P の **速度** または **速度ベクトル** といいます．また，ベクトル

$$\vec{\alpha} = \left(\frac{d^2 x}{dt^2}, \frac{d^2 y}{dt^2} \right)$$

を点 P の時刻 t における **加速度** または **加速度ベクトル** といいます。

さらに，点 P が上の曲線上を A($t=a$) から B($t=b$) まで動くとき，この間に点 P が通過する道のり L は A から B までの曲線の長さに等しいので

$$L = \int_a^b |\vec{v}|\, dt = \int_a^b \sqrt{\left(\frac{dx}{dt}\right)^2 + \left(\frac{dy}{dt}\right)^2}\, dt$$

となります。

2-3 水の問題

時間 t のとき，高さ h にあった水面が，Δt 時間後に Δh だけ上昇したときを考えます。高さ h の時点での水面の面積を S，このときの単位時間あたりの注水量を W とすると，この間の水量の増加 ΔV の 2 通りで表すことができます。

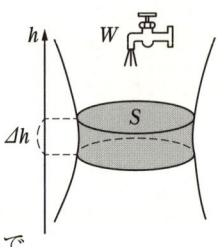

① Δh が微小なら，面積 S もそれほど変化しないので

$$\Delta V \fallingdotseq S\Delta h$$

② Δt が微小なら，注水量 W もそれほど変化しないので

$$\Delta V \fallingdotseq W\Delta t$$

以上から，$\Delta V \fallingdotseq S\Delta h \fallingdotseq W\Delta t$

$$\frac{\Delta V}{\Delta t} \fallingdotseq S\frac{\Delta h}{\Delta t} \fallingdotseq W$$

$\Delta t \to 0$ とすると

$$\frac{dV}{dt} = S\frac{dh}{dt} = W$$

が得られます。

問題 183　難易度 ★★☆

数直線上を動く点 P の座標 x が時刻 t の関数として $x = 12t - 3t^2$ と表されるとき，以下の問に答えよ．

(1) P の時刻 $t = 1$ のときの速度を求めよ．
(2) P の時刻 $t = 1$ のときの加速度を求めよ．
(3) P が運動の向きを変える時刻と，そのときの P の座標を求めよ．
(4) 時刻 $t = 0$ から $t = 5$ までの間に動いた道のりを求めよ．

POINT　速度・加速度の式に当てはめて計算するだけです．道のりを求めるときは，「速度」に絶対値記号をつけた「速さ」を積分して求めます．

問題 184　難易度 ★★☆

曲線 $y = e^x$ の $0 \leqq x \leqq 3$ に対応する部分を y 軸の周りに回転してできる容器がある．これに毎秒 a の割合で上から水を注ぐ．

(1) この容器に水が一杯になるのは何秒後か．
(2) この水面の上昇速度が毎秒 $\dfrac{a}{4\pi}$ になった瞬間の水深を求めよ．

POINT　$\dfrac{dV}{dt} = S \dfrac{dh}{dt}$ が成り立つことを利用します．ただし，これを丸暗記するのではなく，何が与えられて，何を求めるべきかを考えましょう．

第8章 積分計算演習

1 積分計算演習

■自習用の計算問題です．毎日少しずつ取り組みましょう

1-1 x^n の積分

問題 185 難易度 ★☆☆　　解答 P149

(1) $\int (x^{\frac{2}{3}} - a)^2 \, dx$　（a は定数）

(2) $\int_1^4 \sqrt{x} \, dx$

(3) $\int_e^{e^2} \frac{1}{x} \, dx$

(4) $\int_1^4 x^{-\frac{3}{2}} \, dx$

(5) $\int \frac{2-3x}{\sqrt{x}} \, dx$

(6) $\int_{-2}^2 (4-x^2)(2+x)^n \, dx$

1-2 分数形の積分

問題 186 難易度 ★☆☆　　解答 P151

(1) $\int_0^3 \frac{1}{2x+1} \, dx$

(2) $\int \frac{x}{(x-1)(2x-1)} \, dx$

(3) $\int \frac{3x^2+x+4}{x^3+x^2+2x+2} \, dx$

(4) $\int_2^{e+1} \frac{1}{1-x} \, dx$

(5) $\int \frac{x^2}{x^3+1} \, dx$

(6) $\int \frac{1}{4-x^2} \, dx$

(7) $\int \frac{1}{x \log x} \, dx$

(8) $\int \frac{\log x}{x} \, dx$

1-3 指数関数の積分

問題 187 難易度 ★☆☆

(1) $\displaystyle\int_0^{\log 3} e^{3x}\,dx$

(2) $\displaystyle\int_0^1 (e^{\frac{t}{2}} + e^{-\frac{t}{2}})\,dt$

(3) $\displaystyle\int \frac{e^x}{1+e^x}\,dx$

(4) $\displaystyle\int_0^a \frac{e^x}{e^x + e^{a-x}}\,dx$

(5) $\displaystyle\int \frac{e^x}{e^x + e^{-x}}\,dx$

(6) $\displaystyle\int 5^x\,dx$

1-4 三角関数の積分 ①

問題 188 難易度 ★☆☆

(1) $\displaystyle\int \sin^2 x\,dx$

(2) $\displaystyle\int \cos^2 x\,dx$

(3) $\displaystyle\int_0^{\pi} \sin 3x \cos 2x\,dx$

(4) $\displaystyle\int_0^{\frac{\pi}{2}} \sin 3x \sin x\,dx$

(5) $\displaystyle\int \tan^2 x\,dx$

(6) $\displaystyle\int \cos^4 x\,dx$

1-5 三角関数の積分 ②

問題 189 難易度 ★☆☆　　解答 P155

(1) $\displaystyle\int \sin^4 x \, dx$

(2) $\displaystyle\int_0^{\frac{\pi}{2}} \cos^3 x \, dx$

(3) $\displaystyle\int_0^{\frac{\pi}{2}} \sin^3 x \, dx$

(4) $\displaystyle\int_0^{\frac{\pi}{4}} \tan x \, dx$

(5) $\displaystyle\int_0^{\frac{\pi}{2}} \sqrt{1-\cos\theta} \, d\theta$

(6) $\displaystyle\int_0^{\frac{\pi}{2}} \sqrt{1+\cos\theta} \, d\theta$

1-6 部分積分 ①

問題 190 難易度 ★☆☆　　解答 P157

(1) $\displaystyle\int x \sin 3x \, dx$

(2) $\displaystyle\int_1^2 x \log x \, dx$

(3) $\displaystyle\int_1^e \frac{\log x}{x^2} \, dx$

(4) $\displaystyle\int_0^1 \log(x^2+2x+1) \, dx$

(5) $\displaystyle\int x e^x \, dx$

(6) $\displaystyle\int x 3^x \, dx$

1-7 部分積分 ②

問題 191　難易度 ★☆☆　　解答 P158

(1) $\displaystyle\int x^2 e^{-x}\,dx$

(2) $\displaystyle\int x\cos^2 x\,dx$

(3) $\displaystyle\int x^2 \sin x\,dx$

(4) $\displaystyle\int (\log x)^2\,dx$

(5) $\displaystyle\int \log(x+3)\,dx$

(6) $\displaystyle\int \frac{\log(1+x)}{x^2}\,dx$

1-8 $f(g(x))g'(x)$ の積分

問題 192　難易度 ★☆☆　　解答 P160

(1) $\displaystyle\int \sin^2 x \cos x\,dx$

(2) $\displaystyle\int \cos^3 x \sin x\,dx$

(3) $\displaystyle\int_0^1 xe^{-x^2}\,dx$

(4) $\displaystyle\int_e^{2e} \frac{2\log x}{x\log 2}\,dx$

(5) $\displaystyle\int_0^{\frac{\pi}{4}} \cos^2 x \sin x\,dx$

(6) $\displaystyle\int \frac{x}{\sqrt{7x^2+1}}\,dx$

1-9 置換積分 ①

問題 193

(1) $\int_1^2 x\sqrt{x-1}\,dx$

(2) $\int_0^1 x\sqrt{2-x}\,dx$

(3) $\int_0^1 \dfrac{x}{\sqrt{x+3}+\sqrt{x}}\,dx$

(4) $\int \dfrac{x+2}{(x-1)^3}\,dx$

(5) $\int_0^1 \dfrac{e^{2x}}{e^x+1}\,dx$

(6) $\int_0^1 \dfrac{dx}{e^x+1}$

(7) $\int \cos^2 x \sin^3 x\,dx$

1-10 置換積分 ②

問題 194

(1) $\int_0^2 \dfrac{dx}{\sqrt{16-x^2}}$

(2) $\int_{-2}^1 \sqrt{4-x^2}\,dx$

(3) $\int_0^1 \sqrt{1-x^2}\,dx$

(4) $\int_0^{\frac{2}{5}} \sqrt{4-25x^2}\,dx$

(5) $\int_0^{\sqrt{3}} \dfrac{dx}{x^2+3}$

(6) $\int_0^1 \dfrac{dx}{(x^2+1)^{\frac{5}{2}}}$

(7) $\int_0^2 \dfrac{dx}{4+x^2}$

1-11 置換積分 ③

問題 195 難易度 ★☆☆

(1) $\displaystyle\int_0^1 \frac{x^3}{x^8+1}\,dx$

(2) $\displaystyle\int_e^{e^2} \frac{dx}{x\log x}$

(3) $\displaystyle\int e^{\sin x}\sin 2x\,dx$

(4) $\displaystyle\int \tan^3 x\,dx$

(5) $\displaystyle\int \frac{dx}{(1+\sqrt{x})\sqrt{x}}$

(6) $\displaystyle\int_1^e \frac{\sin(\pi\log x)}{x}\,dx$

2 総合演習

■自習用の計算問題です．毎日少しずつ取り組みましょう

2-1 総合演習 ①

問題 196 難易度 ★★☆

(1) $\displaystyle\int (x+1)\log x\,dx$

(2) $\displaystyle\int (x^2+2x)e^x\,dx$

(3) $\displaystyle\int \frac{5(x-1)}{x^2-x-6}\,dx$

(4) $\displaystyle\int \frac{1}{x(x+1)(x+2)}\,dx$

(5) $\displaystyle\int \frac{x}{\sqrt{x+1}+1}\,dx$

(6) $\displaystyle\int \sin 3x \sin 5x\,dx$

(7) $\displaystyle\int e^x \cos x\,dx$

(8) $\displaystyle\int_0^1 \sqrt{x}(1+x)\,dx$

(9) $\displaystyle\int_0^1 \log(x+2)\,dx$

(10) $\displaystyle\int_0^1 \frac{1}{x^2-2x-3}\,dx$

(11) $\displaystyle\int_0^1 x^2 e^{-x}\,dx$

(12) $\displaystyle\int_0^1 \frac{1}{1+e^{-x}}\,dx$

(13) $\displaystyle\int_0^{\frac{\pi}{4}} (\cos x + \sin 2x)\,dx$

(14) $\displaystyle\int_0^{\frac{\pi}{3}} \frac{\sin 2x}{1+\sin^2 x}\,dx$

(15) $\displaystyle\int_0^{\frac{\pi}{8}} \sin^2 x \cos^2 x\,dx$

(16) $\displaystyle\int_0^{\frac{\pi}{2}} (\cos x)\log(3-2\sin x)\,dx$

2-2 総合演習 ②

問題 197 難易度 ★★☆　解答 P174

(1) $\displaystyle\int_0^\pi \left(\sin x + \cos \frac{x}{2}\right) dx$

(2) $\displaystyle\int_0^\pi \left|\sin x - \sin \frac{x}{3}\right| dx$

(3) $\displaystyle\int_6^8 \frac{5x^2 - 9x - 38}{x^3 - 6x^2 - x + 30} dx$

(4) $\displaystyle\int_1^3 \left(\sqrt{x} + \frac{1}{x^2}\right) dx$

(5) $\displaystyle\int_0^{\frac{\pi}{2}} |\sin x - \cos x| dx$

(6) $\displaystyle\int_{\frac{1}{2}}^2 |\log x| dx$

(7) $\displaystyle\int_{-2}^1 \frac{3}{3x+7} dx$

(8) $\displaystyle\int_{-1}^2 (x + |x| + 1)^2 dx$

(9) $\displaystyle\int x \log x \, dx$

(10) $\displaystyle\int x(\log x)^2 dx$

(11) $\displaystyle\int \frac{\log x}{x} dx$

(12) $\displaystyle\int \frac{\sin x}{2 + \cos x} dx$

(13) $\displaystyle\int_0^{2\pi} x^2 |\sin x| dx$

(14) $\displaystyle\int_1^{e-1} \frac{\log\{\log(x+1)\}}{x+1} dx$

(15) $\displaystyle\int_0^1 (x + x^3)\sqrt{1 - x^2} \, dx$

(16) $\displaystyle\int_1^{e^2} \frac{\log x}{\sqrt{x}} dx$

問題 1

実軸対称　$-5+4i$
原点対称　$5+4i$
虚軸対称　$5-4i$

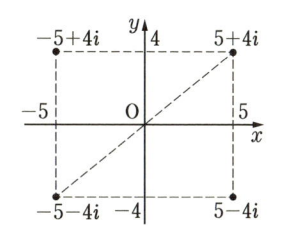

問題 2

$z = a+i$ のとき
$$z^2 = (a+i)^2 = a^2 - 1 + 2ai$$
$$z^4 = (a^2-1+2ai)^2$$
$$= \{(a^2-1)^2 - 4a^2\} + 4a(a^2-1)i$$

(1) z^4 が実数のとき，$4a(a^2-1) = 0$　∴　$\boldsymbol{a = 0, \pm 1}$
(2) z^4 が純虚数のとき
$$(a^2-1)^2 - 4a^2 = 0 \quad \text{かつ} \quad 4a(a^2-1) \neq 0$$
$$(a^2-2a-1)(a^2+2a-1) = 0 \quad \text{かつ} \quad 4a(a^2-1) \neq 0$$
∴　$\boldsymbol{a = 1 \pm \sqrt{2},\ -1 \pm \sqrt{2}}$

問題 3

$z = a+bi$ (a, b は実数) とおくと $\overline{z} = a-bi$
$\alpha = \dfrac{1-i}{2}$ から $\overline{\alpha} = \dfrac{1+i}{2}$ であり，$\overline{\alpha}z + \alpha\overline{z} = 1$ より
$$\left(\dfrac{1+i}{2}\right)(a+bi) + \left(\dfrac{1-i}{2}\right)(a-bi) = 1 \quad ∴ \quad a-b = 1 \cdots\cdots ①$$
また $|z| = 1$ より，$a^2+b^2 = 1$ ……②
①，②を連立して $(a, b) = (1, 0), (0, -1)$
以上から，求める複素数 z は，$\boldsymbol{z = 1, -i}$

別解

$$\overline{\alpha}z \cdot \alpha\overline{z} = \alpha\overline{\alpha} \cdot z\overline{z}$$
$$= |\alpha|^2 |z|^2$$
$$= \left\{\left(\frac{1}{2}\right)^2 + \left(-\frac{1}{2}\right)^2\right\} \cdot 1^2 = \frac{1}{2}$$

である. $\overline{\alpha}z + \alpha\overline{z} = 1$ とあわせると, $\overline{\alpha}z, \alpha\overline{z}$ を 2 解とする 2 次方程式の一つは $x^2 - x + \frac{1}{2} = 0$ であるから, これを解いて $x = \frac{1 \pm i}{2}$

よって, $\overline{\alpha}z = \frac{1 \pm i}{2}$ より,

$$\alpha\overline{\alpha}z = \frac{1 \pm i}{2}\alpha$$
$$\frac{1}{2}z = \frac{1 \pm i}{2} \times \frac{1-i}{2}$$

よって, 求める複素数 z は, $z = \mathbf{1}, \mathbf{-i}$

問題 4　　　▶▶▶設問 P10

$\dfrac{1+i}{\sqrt{2}} = \alpha$ とおくと,

$$(与式) = |z + \alpha|^2 + |z - \alpha|^2$$
$$= (z+\alpha)\overline{(z+\alpha)} + (z-\alpha)\overline{(z-\alpha)}$$
$$= (z+\alpha)(\overline{z}+\overline{\alpha}) + (z-\alpha)(\overline{z}-\overline{\alpha})$$
$$= z\overline{z} + z\overline{\alpha} + \alpha\overline{z} + \alpha\overline{\alpha} + z\overline{z} - z\overline{\alpha} - \alpha\overline{z} + \alpha\overline{\alpha}$$
$$= 2(z\overline{z} + \alpha\overline{\alpha})$$
$$= 2(|z|^2 + |\alpha|^2)$$

ここで, $z^6 + z^3 + 1 = 1 + z^3 + z^6$ は初項 1, 公比 z^3 の等比数列の和であることから,

$$\frac{1-z^6}{1-z^3} = 0$$
$$z^6 = 1 \quad \therefore \quad |z| = 1$$

また $|\alpha|^2 = \left(\dfrac{1}{\sqrt{2}}\right)^2 + \left(\dfrac{1}{\sqrt{2}}\right)^2 = 1$ であるから, $(与式) = 2(1+1) = \mathbf{4}$

別解

中線定理

$$AB^2 + AC^2 = 2(MA^2 + MB^2)$$

を利用すると以下のような別解も可能です.

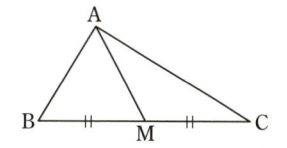

$\dfrac{1+i}{\sqrt{2}} = \alpha$ とし,複素数 z,$-\alpha$,α に対応する点を順に P,A,B とすると

$$\begin{aligned}
(\text{与式}) &= |z+\alpha|^2 + |z-\alpha|^2 \\
&= |z-(-\alpha)|^2 + |z-\alpha|^2 \\
&= \text{PA}^2 + \text{PB}^2 \\
&= 2(\text{OP}^2 + \text{OB}^2) \quad (\because \text{ 中線定理}) \\
&= 2(|z|^2 + |\alpha|^2)
\end{aligned}$$

問題 5

▶▶▶設問 P10

(1) $|\alpha+\beta|^2 + |\alpha-\beta|^2 = (\alpha+\beta)\overline{(\alpha+\beta)} + (\alpha-\beta)\overline{(\alpha-\beta)}$

$\qquad\qquad\qquad\quad = (\alpha+\beta)(\overline{\alpha}+\overline{\beta}) + (\alpha-\beta)(\overline{\alpha}-\overline{\beta})$

$\qquad\qquad\qquad\quad = \alpha\overline{\alpha} + \alpha\overline{\beta} + \overline{\alpha}\beta + \beta\overline{\beta} + (\alpha\overline{\alpha} - \alpha\overline{\beta} - \overline{\alpha}\beta + \beta\overline{\beta})$

$\qquad\qquad\qquad\quad = 2\alpha\overline{\alpha} + 2\beta\overline{\beta} = 2(|\alpha|^2 + |\beta|^2)$

より題意は示された.

(2) (i) $|\alpha|=1$ の両辺を 2 乗して,$|\alpha|^2 = 1$ $\quad \therefore \quad \alpha\overline{\alpha} = 1$

同様に $\beta\overline{\beta}=1$,$\gamma\overline{\gamma}=1$ であるから,$\dfrac{1}{\beta}=\overline{\beta}$,$\dfrac{1}{\gamma}=\overline{\gamma}$ が成立する.

このとき

$\left|\dfrac{1}{\alpha} + \dfrac{1}{\beta} + \dfrac{1}{\gamma}\right| = |\overline{\alpha}+\overline{\beta}+\overline{\gamma}|$

$\qquad\qquad\qquad = |\overline{\alpha+\beta+\gamma}| = |\alpha+\beta+\gamma| \qquad (\because \quad |z|=|\overline{z}|)$

(ii) (i) の等式より

$$\left|\frac{1}{\alpha}+\frac{1}{\beta}+\frac{1}{\gamma}\right|=\left|\frac{\alpha\beta+\beta\gamma+\gamma\alpha}{\alpha\beta\gamma}\right|$$
$$=\frac{|\alpha\beta+\beta\gamma+\gamma\alpha|}{|\alpha\beta\gamma|}$$
$$=|\alpha+\beta+\gamma|$$

であるから,
$$\left|\frac{\alpha\beta+\beta\gamma+\gamma\alpha}{\alpha+\beta+\gamma}\right|=|\alpha\beta\gamma|$$
$$=|\alpha||\beta||\gamma|$$
$$=1\cdot1\cdot1=\mathbf{1}$$

問題 6　　　　　　　　　　　　　　　▶▶▶ 設問 P11

(1) $1+\sqrt{3}i=2\left(\cos\frac{\pi}{3}+i\sin\frac{\pi}{3}\right)$ であるから
$$(1+\sqrt{3}i)^6=2^6\left(\cos\frac{\pi}{3}+i\sin\frac{\pi}{3}\right)^6$$
$$=64\left\{\cos\left(6\cdot\frac{\pi}{3}\right)+i\sin\left(6\cdot\frac{\pi}{3}\right)\right\}=\mathbf{64}$$

(2) $\dfrac{1\pm\sqrt{3}i}{2}=\cos\left(\pm\dfrac{\pi}{3}\right)+i\sin\left(\pm\dfrac{\pi}{3}\right)$ (複号同順) であるから

$$\left(\frac{1+\sqrt{3}i}{2}\right)^{15}+\left(\frac{1-\sqrt{3}i}{2}\right)^{15}$$
$$=\left(\cos\frac{\pi}{3}+i\sin\frac{\pi}{3}\right)^{15}+\left\{\cos\left(-\frac{\pi}{3}\right)+i\sin\left(-\frac{\pi}{3}\right)\right\}^{15}$$
$$=\cos\left(15\cdot\frac{\pi}{3}\right)+i\sin\left(15\cdot\frac{\pi}{3}\right)+\cos\left(-\frac{\pi}{3}\cdot15\right)+i\sin\left(-\frac{\pi}{3}\cdot15\right)$$
$$=\cos5\pi+i\sin5\pi+\cos(-5\pi)+i\sin(-5\pi)$$
$$=2\cos5\pi=2\cos\pi=\mathbf{-2}$$

(3) $\dfrac{(\cos\theta+i\sin\theta)(\cos7\theta+i\sin7\theta)}{\cos5\theta+i\sin5\theta}$
$$=\cos(\theta+7\theta-5\theta)+i\sin(\theta+7\theta-5\theta)$$
$$=\cos3\theta+i\sin3\theta$$
$$=\cos30°+i\sin30°=\frac{\sqrt{3}+i}{2}$$

問題 7 　　　　　　　　　　　　　　　　　　　　　　　▶▶▶ 設問 P11

$$-2+2i = 2\sqrt{2}\left(-\frac{1}{\sqrt{2}}+\frac{1}{\sqrt{2}}i\right) = 2\sqrt{2}\left(\cos\frac{3}{4}\pi + i\sin\frac{3}{4}\pi\right)$$

$z = r(\cos\theta + i\sin\theta)\ (r>0,\ 0\leqq\theta<2\pi)$ とすると

$$r^3(\cos 3\theta + i\sin 3\theta) = 2\sqrt{2}\left(\cos\frac{3}{4}\pi + i\sin\frac{3}{4}\pi\right)$$

両辺の絶対値と偏角を比較して

$$\begin{cases} r^3 = 2\sqrt{2} \\ 3\theta = \dfrac{3}{4}\pi + 2k\pi \end{cases} \text{(k は整数)} \quad \therefore \quad \begin{cases} r = \sqrt{2} \\ \theta = \dfrac{\pi}{4} + \dfrac{2}{3}k\pi \end{cases} \text{(k は整数)}$$

$0\leqq\theta<2\pi$ より $\theta = \dfrac{\pi}{4},\ \dfrac{11}{12}\pi,\ \dfrac{19}{12}\pi$

よって求める解を偏角の小さい順に $z_1,\ z_2,\ z_3$ とすると

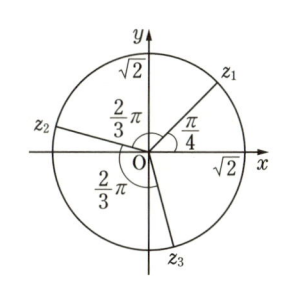

$$z_1 = \sqrt{2}\left(\cos\frac{\pi}{4} + i\sin\frac{\pi}{4}\right)$$

$$z_2 = \sqrt{2}\left(\cos\frac{11}{12}\pi + i\sin\frac{11}{12}\pi\right)$$

$$z_3 = \sqrt{2}\left(\cos\frac{19}{12}\pi + i\sin\frac{19}{12}\pi\right)$$

問題 8 　　　　　　　　　　　　　　　　　　　　　　　▶▶▶ 設問 P12

(1) $z = r(\cos\theta + i\sin\theta)\ (r>0,\ 0\leqq\theta<2\pi)$ とおく．ド・モアブルの定理より，

$$z^5 = \{r(\cos\theta + i\sin\theta)\}^5 = r^5(\cos 5\theta + i\sin 5\theta)$$

これが $1 = 1(\cos 0 + i\sin 0)$ と一致するから，絶対値と偏角を比較して

$$r^5 = 1 \text{ かつ } 5\theta = 0 + 2\pi \times n \text{ (n は整数)}$$

$$\therefore \quad r = 1 \text{ かつ } \theta = \frac{2}{5}\pi \times n \text{ (n は整数)}$$

$0\leqq\theta<2\pi$ より，$n = 0,\ 1,\ 2,\ 3,\ 4$

以上から，求める極形式は

$$z = \cos\left(\frac{2n}{5}\pi\right) + i\sin\left(\frac{2n}{5}\pi\right)\ (n=0,\ 1,\ 2,\ 3,\ 4)$$

(2) $z^5 = 1$ より，$(z-1)(z^4 + z^3 + z^2 + z + 1) = 0$

よって，$z = 1$ または $z^4 + z^3 + z^2 + z + 1 = 0$

(i) $z = 1$ のとき，$z + \dfrac{1}{z} = 2$

(ii) $z^4 + z^3 + z^2 + z + 1 = 0$ のとき，

$z = 0$ は解ではないから $z \neq 0$ のもとで，両辺を z^2 で割ると，

$$z^2 + z + 1 + \dfrac{1}{z} + \dfrac{1}{z^2} = 0$$

$$\left(z + \dfrac{1}{z}\right)^2 + \left(z + \dfrac{1}{z}\right) - 1 = 0$$

$$\therefore \quad z + \dfrac{1}{z} = \dfrac{-1 \pm \sqrt{5}}{2}$$

以上より，$z + \dfrac{1}{z} = \mathbf{2}, \dfrac{\mathbf{-1 \pm \sqrt{5}}}{\mathbf{2}}$

(3) $z = \cos \dfrac{4}{5}\pi + i \sin \dfrac{4}{5}\pi$ となるのは，(1) で $n = 2$ のときである．このとき，$|z|^2 = 1$ より $z\bar{z} = 1$ $\therefore$ $\dfrac{1}{z} = \bar{z}$ であるから，

$$z + \dfrac{1}{z} = z + \bar{z}$$
$$= \left(\cos \dfrac{4}{5}\pi + i \sin \dfrac{4}{5}\pi\right) + \left(\cos \dfrac{4}{5}\pi - i \sin \dfrac{4}{5}\pi\right) = 2 \cos \dfrac{4}{5}\pi$$

となる．$\cos \dfrac{4}{5}\pi < 0$ であることと (2) の結果より，

$$2 \cos \dfrac{4}{5}\pi = \dfrac{-1 - \sqrt{5}}{2} \qquad \therefore \quad \cos \dfrac{4}{5}\pi = -\dfrac{\mathbf{1 + \sqrt{5}}}{\mathbf{4}}$$

問題 9 ▶▶▶ 設問 P12

(解答 ①)

$z = x + yi$ (x, y は実数) とすると

$$\dfrac{z}{2} + \dfrac{1}{z} = \dfrac{x + yi}{2} + \dfrac{1}{x + yi}$$
$$= \dfrac{x + yi}{2} + \dfrac{x - yi}{x^2 + y^2}$$
$$= \dfrac{(x + yi)(x^2 + y^2) + (x - yi) \cdot 2}{2(x^2 + y^2)}$$

$$= \frac{x(x^2+y^2+2)+y(x^2+y^2-2)i}{2(x^2+y^2)}$$

であるから，求める条件は
$$\frac{y(x^2+y^2-2)}{2(x^2+y^2)}=0 \ \cdots\cdots \ \text{①} \ \text{かつ} \ 0\leqq \frac{x(x^2+y^2+2)}{2(x^2+y^2)}\leqq 2 \ \cdots\cdots \ \text{②}$$

① より $y=0$ または $x^2+y^2=2$ となるから

(i) $y=0$ かつ $0\leqq \dfrac{x^2+2}{2x}\leqq 2$

$\dfrac{x^2+2}{2x}\geqq 0$ より $x>0$

このとき

$\dfrac{x^2+2}{2x}\leqq 2$

$x^2+2\leqq 4x$

$x^2-4x+2\leqq 0$

$\therefore \ 2-\sqrt{2}\leqq x\leqq 2+\sqrt{2}$ 　　($x>0$ を満たす)

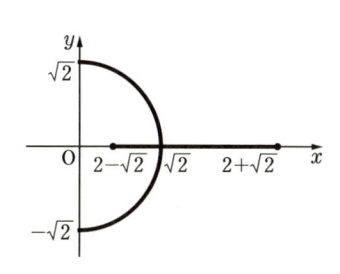

(ii) $x^2+y^2=2$ かつ $0\leqq x\leqq 2$

これを図示して，右上図を得る．

(解答②)
$z\neq 0$ より $z=r(\cos\theta+i\sin\theta) \ (r>0, \ 0\leqq\theta<2\pi)$ とすると，
$$\frac{z}{2}+\frac{1}{z}=\frac{r}{2}(\cos\theta+i\sin\theta)+\frac{1}{r}(\cos\theta-i\sin\theta)$$
$$=\left(\frac{r}{2}+\frac{1}{r}\right)\cos\theta+i\left(\frac{r}{2}-\frac{1}{r}\right)\sin\theta$$

これが実数となる条件は $\dfrac{r}{2}-\dfrac{1}{r}=0$ または $\sin\theta=0$

$\therefore \ r=\sqrt{2}$ または $\theta=0, \pi$

(i) $r=\sqrt{2}$ のとき，$\dfrac{z}{2}+\dfrac{1}{z}=\sqrt{2}\cos\theta$ であるから $0\leqq\dfrac{z}{2}+\dfrac{1}{z}\leqq 2$ に用いて，$0\leqq\sqrt{2}\cos\theta\leqq 2$ 　　$\therefore \ \cos\theta\geqq 0$

(ii) $\theta=0$ のとき，$z=r$ であるから $\dfrac{z}{2}+\dfrac{1}{z}=\dfrac{r}{2}+\dfrac{1}{r}$

$0\leqq\dfrac{z}{2}+\dfrac{1}{z}\leqq 2$ より
$$\frac{r}{2}+\frac{1}{r}\leqq 2$$

$$r^2 - 4r + 2 \leqq 0$$
$$2 - \sqrt{2} \leqq r \leqq 2 + \sqrt{2}$$

(iii) $\theta = \pi$ のとき，$z = -r$ であるから $\dfrac{z}{2} + \dfrac{1}{z} = -\left(\dfrac{r}{2} + \dfrac{1}{r}\right) < 0$ より不適．

以上 (ⅰ) から (ⅲ) より求める条件は
「$r = \sqrt{2}$ かつ $\cos\theta \geqq 0$」または「$\theta = 0$ かつ $2 - \sqrt{2} \leqq r \leqq 2 + \sqrt{2}$」

(解答 ③)
$\dfrac{z}{2} + \dfrac{1}{z}$ が実数より，$\dfrac{z}{2} + \dfrac{1}{z} = \overline{\dfrac{z}{2} + \dfrac{1}{z}}$

$$\dfrac{z}{2} + \dfrac{1}{z} = \dfrac{\bar{z}}{2} + \dfrac{1}{\bar{z}}$$

$$\dfrac{z - \bar{z}}{2} + \dfrac{\bar{z} - z}{z\bar{z}} = 0$$

$$(z - \bar{z})(z\bar{z} - 2) = 0$$

$$\therefore \quad z = \bar{z} \text{ または } z\bar{z} = 2$$

(ⅰ) $z = \bar{z}$ のとき，z は実数である．このとき $0 \leqq \dfrac{z^2 + 2}{2z} \leqq 2$ において $z^2 + 2 > 0$ であるから $0 \leqq \dfrac{z^2 + 2}{2z}$ より $z > 0$ で，$\dfrac{z^2 + 2}{2z} \leqq 2$ の分母を払って
$$z^2 - 4z + 2 \leqq 0 \quad \therefore \quad 2 - \sqrt{2} \leqq z \leqq 2 + \sqrt{2} \ (z > 0 \text{ を満たす})$$

(ⅱ) $z\bar{z} = 2$ のとき，$|z|^2 = 2$ より $|z| = \sqrt{2}$ ……①

このとき $\dfrac{z}{2} + \dfrac{1}{z} = \dfrac{z}{2} + \dfrac{\bar{z}}{z\bar{z}} = \dfrac{z + \bar{z}}{2} = \mathrm{Re}(z)$ (ただし $\mathrm{Re}(z)$ は z の実部を表す) より $0 \leqq \mathrm{Re}(z) \leqq 2$ ……②

① かつ ② より $|z| = \sqrt{2}$ かつ $0 \leqq \mathrm{Re}(z) \leqq \sqrt{2}$

これより，z は原点を中心とする半径 $\sqrt{2}$ の円周上のうち，実部が 0 以上の部分を表す．

問題 10

(1) $z_1 = 1$, $z_{n+1} = \dfrac{1+\sqrt{3}i}{2} z_n + 1$ $(n = 1, 2, \cdots)$ …… ①

①に $n = 1, 2$ をそれぞれ代入すると，
$$z_2 = \frac{1+\sqrt{3}i}{2} z_1 + 1 = \boldsymbol{\frac{3+\sqrt{3}i}{2}}$$
$$z_3 = \frac{1+\sqrt{3}i}{2} z_2 + 1 = \frac{1+\sqrt{3}i}{2} \cdot \frac{3+\sqrt{3}i}{2} + 1$$
$$= \frac{3+\sqrt{3}i + 3\sqrt{3}i - 3}{4} + 1 = \boldsymbol{1 + \sqrt{3}i}$$

(2) $z_{n+1} - \alpha = \dfrac{1+\sqrt{3}i}{2}(z_n - \alpha)$ を展開すると，
$$z_{n+1} = \frac{1+\sqrt{3}i}{2} z_n - \frac{1+\sqrt{3}i}{2}\alpha + \alpha$$

これが，①と一致するとき，
$$-\frac{1+\sqrt{3}i}{2}\alpha + \alpha = 1$$
$$\frac{1-\sqrt{3}i}{2}\alpha = 1 \quad \therefore \quad \alpha = \frac{2}{1-\sqrt{3}i} = \boldsymbol{\frac{1+\sqrt{3}i}{2}}$$

(3) (2) の結果より，与えられた漸化式は
$$z_{n+1} - \frac{1+\sqrt{3}i}{2} = \frac{1+\sqrt{3}i}{2}\left(z_n - \frac{1+\sqrt{3}i}{2}\right)$$

と表せる．これより，数列 $\left\{z_n - \dfrac{1+\sqrt{3}i}{2}\right\}$ は，公比 $\dfrac{1+\sqrt{3}i}{2}$ の等比数列であるから，
$$z_n - \frac{1+\sqrt{3}i}{2} = \left(\frac{1+\sqrt{3}i}{2}\right)^{n-1}\left(z_1 - \frac{1+\sqrt{3}i}{2}\right)$$
$$= \frac{1-\sqrt{3}i}{2}\left(\frac{1+\sqrt{3}i}{2}\right)^{n-1}$$

となる．以上から，
$$z_n = \boldsymbol{\frac{1-\sqrt{3}i}{2}\left(\frac{1+\sqrt{3}i}{2}\right)^{n-1} + \frac{1+\sqrt{3}i}{2}}$$

(4) $z_n = -\dfrac{1-\sqrt{3}i}{2}$ となるとき，

$$\frac{-1+\sqrt{3}i}{2} = \frac{1-\sqrt{3}i}{2}\left(\frac{1+\sqrt{3}i}{2}\right)^{n-1} + \frac{1+\sqrt{3}i}{2}$$

$$\frac{1-\sqrt{3}i}{2}\left(\frac{1+\sqrt{3}i}{2}\right)^{n-1} = -1$$

となる．左辺において，

$$\frac{1-\sqrt{3}i}{2} = \cos\left(-\frac{\pi}{3}\right) + i\sin\left(-\frac{\pi}{3}\right), \quad \frac{1+\sqrt{3}i}{2} = \cos\frac{\pi}{3} + i\sin\frac{\pi}{3}$$

であるから，

$$\frac{1-\sqrt{3}i}{2}\left(\frac{1+\sqrt{3}i}{2}\right)^{n-1}$$
$$= \left\{\cos\left(-\frac{\pi}{3}\right) + i\sin\left(-\frac{\pi}{3}\right)\right\} \times \left(\cos\frac{\pi}{3} + i\sin\frac{\pi}{3}\right)^{n-1}$$
$$= \cos\left(-\frac{\pi}{3} + \frac{\pi}{3} \times (n-1)\right) + i\sin\left(-\frac{\pi}{3} + \frac{\pi}{3} \times (n-1)\right)$$

また，右辺において，

$$-1 = \cos\pi + i\sin\pi$$

であるから，偏角を比較して

$$-\frac{\pi}{3} + \frac{\pi}{3} \times (n-1) = \pi + 2\pi \times k \ (k \text{は整数})$$
$$-1 + (n-1) = 3 + 6k \quad \therefore \quad n = 6k + 5$$

これを満たす最小の自然数は $n = \mathbf{5}$ ($k = 0$ のとき)

問題 11 ▶▶▶ 設問 P13

(1) $\alpha = -2 - \sqrt{3}i$ とおくと，方程式の係数はすべて実数であるから，

$$\overline{\alpha} = -2 + \sqrt{3}i$$

も方程式の解である．もうひとつの解を β とすれば，解と係数の関係より

$$\alpha + \overline{\alpha} + \beta = -a \qquad \cdots\cdots\cdots ①$$
$$\alpha\overline{\alpha} + \alpha\beta + \overline{\alpha}\beta = b \qquad \cdots\cdots\cdots ②$$
$$\alpha\overline{\alpha}\beta = -c \qquad \cdots\cdots\cdots ③$$

$\alpha\overline{\alpha} = |\alpha|^2 = 7$ であるから③より

$$\beta = -\frac{c}{7} \qquad \cdots\cdots\cdots ④$$

①に代入して，$a = 4 + \dfrac{c}{7}$，②に代入して，$b = 7 + \dfrac{4c}{7}$

(2) $A(\alpha)$，$A'(\overline{\alpha})$，$B(\beta)$ とすると，$\triangle AA'B$ は実軸に対称な三角形となるから，β は実数である．AA' と実軸との交点を M とすると，三角形 $AA'B$ が正三角形をなすとき 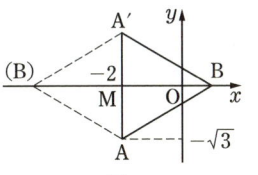
$$\angle AMB = 90°,\ \angle ABM = 30°,\ AM = \sqrt{3}$$
となることから $BM = \sqrt{3} AM = 3$ $\therefore\ |\beta - (-2)| = 3$
β は実数であるから，$\beta = 1, -5$　④に代入して $\boldsymbol{c = -7, 35}$

問題 12 　　　　　　　　　　　　　　　　　　　　　▶▶▶ 設問 P14

(1) $\alpha^7 = 1$ より $\alpha^7 - 1 = 0$
$$(\alpha - 1)(\alpha^6 + \alpha^5 + \alpha^4 + \alpha^3 + \alpha^2 + \alpha + 1) = 0$$
$\alpha \neq 1$ より $\alpha^6 + \alpha^5 + \alpha^4 + \alpha^3 + \alpha^2 + \alpha + 1 = 0$ ……①
よって，$A + B = (\alpha^6 + \alpha^5 + \alpha^4 + \alpha^3 + \alpha^2 + \alpha + 1) - 1 = \boldsymbol{-1}$
$$AB = (\alpha + \alpha^2 + \alpha^4)(\alpha^3 + \alpha^5 + \alpha^6)$$
$$= \alpha^4 + \alpha^6 + \alpha^7 + \alpha^5 + \alpha^7 + \alpha^8 + \alpha^7 + \alpha^9 + \alpha^{10}$$
ここで，$\alpha^7 = 1$ より $\alpha^8 = \alpha$，$\alpha^9 = \alpha^2$，$\alpha^{10} = \alpha^3$ であるから
$$AB = 2 + (1 + \alpha + \alpha^2 + \alpha^3 + \alpha^4 + \alpha^5 + \alpha^6) = \boldsymbol{2}$$

(2) (1) より A, B を2解とする2次方程式は 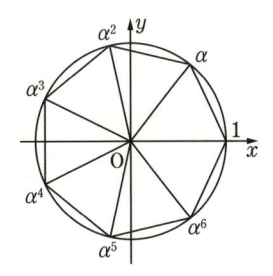
$$t^2 + t + 2 = 0 \quad \therefore\ t = \dfrac{-1 \pm \sqrt{7}i}{2}$$
$\theta = \dfrac{2}{7}\pi$ とすると，実軸に関する対称性から
$\sin 4\theta = -\sin 3\theta$ より
$$\sin \theta + \sin 2\theta + \sin 4\theta$$
$$= \sin \theta + \sin 2\theta - \sin 3\theta > 0$$
となる．よって，A の虚部は正となるから $\boldsymbol{A = \dfrac{-1 + \sqrt{7}i}{2}}$

問題 13　　　　　　　　　　　　　　　　　　　　　▶▶▶ 設問 P14

(1) $P(1)$, $A(\alpha)$, $A'(\alpha+1)$ とすると，
四角形 $OPA'A$ はひし形である．
$$\angle POA' = \frac{\theta_1}{2} \ (= \arg(\alpha+1))$$
$$OA' = 2OP\cos\frac{\theta_1}{2}$$
$$= 2\cos\frac{\theta_1}{2} \ (= |\alpha+1|)$$

であるから，$\alpha+1 = 2\cos\dfrac{\theta_1}{2}\left(\cos\dfrac{\theta_1}{2} + i\sin\dfrac{\theta_1}{2}\right)$

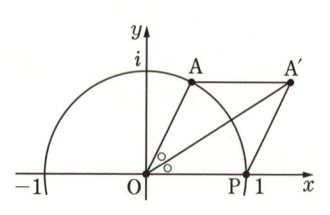

(2) $\left|\dfrac{1}{\alpha+1}\right| = \dfrac{1}{|\alpha+1|} = \dfrac{1}{2\cos\dfrac{\theta_1}{2}}$，$\arg\left(\dfrac{1}{\alpha+1}\right) = -\dfrac{\theta_1}{2}$ であるから

$$\frac{1}{\alpha+1} = \frac{1}{2\cos\dfrac{\theta_1}{2}}\left\{\cos\left(-\frac{\theta_1}{2}\right) + i\sin\left(-\frac{\theta_1}{2}\right)\right\}$$

$$= \frac{1}{2\cos\dfrac{\theta_1}{2}}\left(\cos\frac{\theta_1}{2} - i\sin\frac{\theta_1}{2}\right) = \frac{1}{2} - i\cdot\frac{\sin\dfrac{\theta_1}{2}}{2\cos\dfrac{\theta_1}{2}}$$

よって，$\dfrac{1}{\alpha+1}$ の実部は $\dfrac{1}{2}$

(3) $B(\beta)$, $B'(\beta+1)$ とすると，四角形
$OPB'B$ はひし形であるから，
$$\arg(\beta+1) = \frac{\theta_2 + 2\pi}{2} = \frac{\theta_2}{2} + \pi$$
$$|\beta+1| = OB' = 2OP\cdot\cos\frac{2\pi - \theta_2}{2}$$
$$= -2\cos\frac{\theta_2}{2}$$

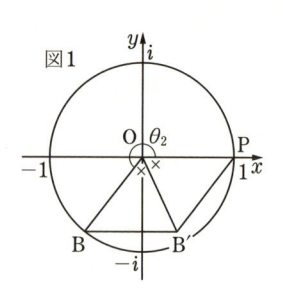

となる（図1参照）．

$|\alpha+1| \neq 0$ であるから，$\dfrac{\alpha+1}{\beta+1}$ の実部が0であるならば

$$\left|\frac{\alpha+1}{\beta+1}\right|\cos\left\{\frac{\theta_1}{2} - \left(\frac{\theta_2}{2}+\pi\right)\right\} = 0$$
$$\cos\left(\frac{\theta_1 - \theta_2}{2}\right) = 0$$

$$\frac{\theta_1 - \theta_2}{2} = \frac{\pi}{2} + k\pi \qquad (k \text{ は整数})$$
$$\theta_1 - \theta_2 = (2k+1)\pi$$

$0 < \theta_1 < \pi$, $-2\pi < -\theta_2 < -\pi$ より，$-2\pi < \theta_1 - \theta_2 < 0$ であるから，$k = -1$ として

$$\theta_1 - \theta_2 = -\pi \qquad \therefore \quad \theta_2 = \theta_1 + \pi$$

よって $\beta = -\alpha$ である．

次に $\beta = -\alpha$ ならば，点 A と点 B は原点に関して対称である（図 2 参照）．$Q(-1)$ とすると，$\angle AQB = \dfrac{\pi}{2}$ であるから

$$QA \perp QB \iff \frac{\alpha - (-1)}{\beta - (-1)} \text{ は純虚数}$$

したがって，$\dfrac{\alpha + 1}{\beta + 1}$ の実部は 0 である．

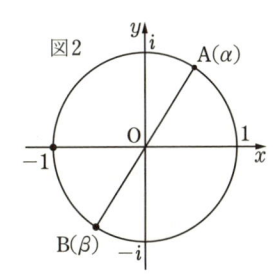

問題 14 ▶▶▶設問 P18

求める複素数を z とすると，
$$z - (2+i) = \{(4+2i) - (2+i)\} \times \left(\cos\frac{\pi}{2} + i\sin\frac{\pi}{2}\right)$$
$$= (2+i) \times i = -1 + 2i$$

よって，$z = \mathbf{1 + 3}i$

問題 15 ▶▶▶設問 P19

(1) $\beta \neq 0$ であるから，$\alpha^2 + \beta^2 = \alpha\beta$ の両辺を β^2 で割って，
$$\left(\frac{\alpha}{\beta}\right)^2 - \frac{\alpha}{\beta} + 1 = 0 \qquad \therefore \quad \frac{\alpha}{\beta} = \frac{1 \pm \sqrt{3}i}{2}$$

(2) (1) の結果より，
$$\alpha = \frac{1 \pm \sqrt{3}i}{2}\beta = \left\{\cos\left(\pm\frac{\pi}{3}\right) + i\sin\left(\pm\frac{\pi}{3}\right)\right\}\beta \quad \text{(複号同順)}$$

となる．これは点 B を原点中心に $\dfrac{\pi}{3}$ または $-\dfrac{\pi}{3}$ だけ回転した点が A であることを表す．つまり，△OAB は正三角形である．

$|\alpha - \beta| = 3$ より，AB $= 3$ だから，正三角形の 1 辺の長さが 3 であるから $|\alpha| = $ OA $= \mathbf{3}$

(3) 1 辺の長さが 3 の正三角形の面積を求めればよい．
$$\frac{1}{2} \cdot 3^2 \cdot \sin\frac{\pi}{3} = \boldsymbol{\frac{9\sqrt{3}}{4}}$$

問題 16　　　▶▶▶ 設問 P19

与式より $\gamma - \alpha = (\beta - \alpha) \cdot 2 \left\{ \cos\left(-\dfrac{\pi}{6}\right) + i\sin\left(-\dfrac{\pi}{6}\right) \right\}$

これは $\overrightarrow{AB}$ を 2 倍に拡大して，原点のまわりに $-\dfrac{\pi}{6}$ 回転したものが $\overrightarrow{AC}$ であることを意味する．よって

(1) AB : AC $= \mathbf{1 : 2}$

(2) $\angle$BAC $= \boldsymbol{\dfrac{\pi}{6}}$

問題 17　　　▶▶▶ 設問 P20

(1) $z_1\overline{z_2} + \overline{z_1}z_2 = 0$ の両辺を $z_2\overline{z_2}$ で割ると
$$\frac{z_1}{z_2} + \frac{\overline{z_1}}{\overline{z_2}} = 0 \quad \therefore \quad \overline{\left(\frac{z_1}{z_2}\right)} = -\frac{z_1}{z_2}$$
よって $\dfrac{z_1}{z_2}$ は純虚数より，OP$_1 \perp$ OP$_2$ となる．

(2) $\dfrac{\gamma - \alpha}{\beta - \alpha} = \dfrac{ai - (2+2i)}{4+3i - (2+2i)} = \dfrac{-2 + (a-2)i}{2+i}$

$\qquad = \dfrac{\{-2 + (a-2)i\}(2-i)}{(2+i)(2-i)} = \dfrac{a-6}{5} + \dfrac{2a-2}{5}i$

これが純虚数となる条件は $\dfrac{a-6}{5} = 0$ かつ $\dfrac{2a-2}{5} \neq 0$ $\quad \therefore \quad \boldsymbol{a = 6}$

問題 18　　　▶▶▶設問 P20

(1) $A(2+3\sqrt{5}i)$ とおくと，$|z| = $ OP の最大値は
$$OA + 4 = \sqrt{2^2 + (3\sqrt{5})^2} + 4 = \mathbf{11}$$

(2) $B(-4)$ とすると，$|z+4| = $ BP の最大値は
$$AB + 4 = \sqrt{6^2 + (3\sqrt{5})^2} + 4 = \mathbf{13}$$

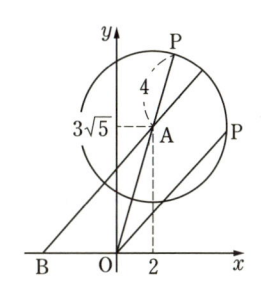

問題 19　　　▶▶▶設問 P21

(1) $w = iz + 3i = z \cdot \left(\cos\dfrac{\pi}{2} + i\sin\dfrac{\pi}{2}\right) + 3i$ より，w は点 z を原点のまわりに $\dfrac{\pi}{2}$ 回転して $3i$ だけ平行移動したものである．よって，w は **中心 $3i$，半径 1 の円** を描く．

(2) $\left|\dfrac{z-1}{z+1}\right| = \sqrt{5}$ より $|z-1| = \sqrt{5}|z+1|$ となる．両辺を 2 乗して
$$|z-1|^2 = 5|z+1|^2$$
$$(z-1)(\overline{z}-1) = 5(z+1)(\overline{z}+1)$$
$$z\overline{z} - z - \overline{z} + 1 = 5(z\overline{z} + z + \overline{z} + 1)$$
$$z\overline{z} + \dfrac{3}{2}(z+\overline{z}) + 1 = 0$$
$$\left(z+\dfrac{3}{2}\right)\left(\overline{z}+\dfrac{3}{2}\right) = \dfrac{5}{4} \quad \therefore \quad \left|z+\dfrac{3}{2}\right|^2 = \dfrac{5}{4}$$

両辺正より，$\left|z+\dfrac{3}{2}\right| = \dfrac{\sqrt{5}}{2}$

したがって，点 z は中心 $-\dfrac{3}{2}$，半径 $\dfrac{\sqrt{5}}{2}$ の円 を描く．

別解
$z = x + yi$ (x, y は実数) とすると
$$|x - 1 + yi| = \sqrt{5}|x + 1 + yi|$$

$$\sqrt{(x-1)^2+y^2}=\sqrt{5}\sqrt{(x+1)^2+y^2}$$

両辺2乗して
$$(x-1)^2+y^2=5\{(x+1)^2+y^2\}$$
$$x^2+y^2-2x+1=5x^2+5y^2+10x+5$$
$$4x^2+4y^2+12x+4=0$$
$$x^2+y^2+3x+1=0$$
$$\left(x+\frac{3}{2}\right)^2+y^2=\frac{5}{4}$$

よって，点 z は中心 $-\dfrac{3}{2}$，半径 $\dfrac{\sqrt{5}}{2}$ の円を描く．

(3) $w=\dfrac{iz}{z+2i} \iff (z+2i)w=iz$
$\iff z(w-i)=-2iw$
$\iff z=\dfrac{-2iw}{w-i}$

これを $|z-2i|=4$ に用いて

$\left|\dfrac{-2iw}{w-i}-2i\right|=4$

$\left|\dfrac{-4iw-2}{w-i}\right|=4$

$\dfrac{\left|w-\dfrac{i}{2}\right|}{|w-i|}=1 \qquad \therefore \quad \left|w-\dfrac{i}{2}\right|=|w-i|$

よって w は2点 $i, \dfrac{i}{2}$ から等距離にある点より，点 $\dfrac{3}{4}i$ を通り，実軸に平行な直線を描く．

問題 20　　　　　　　　　　　　　▶▶▶設問 P21

(1) $z \neq z^2$ かつ $z^2 \neq z^3$ かつ $z^3 \neq z$ より，$z \neq 0$ かつ $z \neq \pm 1$ ……①

①のもと，z, z^2, z^3 が同一直線上にあることから，

$$\frac{z^3-z}{z^2-z}=\frac{z(z+1)(z-1)}{z(z-1)}=z+1 \text{ が実数}$$

であればよい．$z+1$ が実数であるための条件は z が実数 ……②

①，② から，求める条件は z が **0, ±1 を除く任意の実数** であること．

(2) z, z^2, z^3 が三角形を作るから，(1) の結果から z は実数ではない．
A(z), B(z^2), C(z^3) とする．

(ⅰ) AB = AC のとき

$|z^2 - z| = |z^3 - z|$
$|z||z-1| = |z||z-1||z+1|$
∴ $|z+1| = 1$ ……③

(ⅱ) BA = BC のとき

$|z - z^2| = |z^3 - z^2|$
$|z||1-z| = |z|^2|z-1|$
∴ $|z| = 1$ ……④

(ⅲ) CA = CB のとき

$|z - z^3| = |z^2 - z^3|$
$|z||1-z||1+z| = |z|^2|1-z|$
$|z+1| = |z|$

これを満たす z は 2 点 0, -1 から等距離にある点，すなわち 2 点 0, -1 を結ぶ線分の垂直二等分線であるから $\mathrm{Re}(z) = -\dfrac{1}{2}$ ……⑤

③ または ④ または ⑤ より，求める図は以下のようになる．

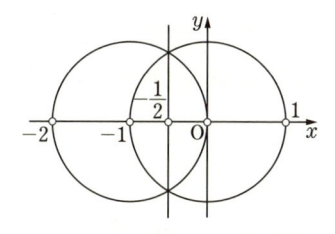

また，正三角形となるのは ③ かつ ④ かつ ⑤ を満たす z であるから
$z = -\dfrac{1}{2} \pm \dfrac{\sqrt{3}}{2}i$

問題 21 ▶▶▶ 設問 P22

(1) K は A を B のまわりに $\dfrac{\pi}{4}$ 回転して，$\dfrac{1}{\sqrt{2}}$ 倍したものなので，

$$w_1 - z_2 = \dfrac{1}{\sqrt{2}}\left(\cos\dfrac{\pi}{4} + i\sin\dfrac{\pi}{4}\right)(z_1 - z_2)$$

$$\therefore \quad w_1 = z_2 + \dfrac{1+i}{2}(z_1 - z_2) = \dfrac{z_1+z_2}{2} + \dfrac{z_1-z_2}{2}i$$

(2) L, M, N を表す複素数を w_2, w_3, w_4 とすると，(1) と同様に

$$w_2 = \dfrac{z_2+z_3}{2} + \dfrac{z_2-z_3}{2}i$$

$$w_3 = \dfrac{z_3+z_4}{2} + \dfrac{z_3-z_4}{2}i$$

$$w_4 = \dfrac{z_4+z_1}{2} + \dfrac{z_4-z_1}{2}i$$

すると，$\overrightarrow{MK}$, $\overrightarrow{NL}$ に対応する複素数はそれぞれ

$$w_1 - w_3 = \dfrac{z_1+z_2-z_3-z_4}{2} + \dfrac{z_1-z_2-z_3+z_4}{2}i \quad \cdots\cdots \text{①}$$

$$w_2 - w_4 = \dfrac{z_2+z_3-z_1-z_4}{2} + \dfrac{z_2-z_3-z_4+z_1}{2}i \quad \cdots\cdots \text{②}$$

①, ② より $\quad w_2 - w_4 = (w_1 - w_3)i$

これより，

$$|w_2 - w_4| = |(w_1 - w_3)i| = |w_1 - w_3|$$

$$\arg\left(\dfrac{w_2-w_4}{w_1-w_3}\right) = \arg i = \dfrac{\pi}{2}$$

であるから，$\overrightarrow{NL}$ が $\overrightarrow{MK}$ を $\dfrac{\pi}{2}$ 回転したものであることを意味する．よって KM = LN, KM ⊥ LN が示された．

(3) $\dfrac{w_1+w_3}{2} = \dfrac{w_2+w_4}{2}$ より $\dfrac{z_1-z_2+z_3-z_4}{4}i = \dfrac{z_2-z_3+z_4-z_1}{4}i$

よって，$z_1 - z_2 = z_4 - z_3$

これは $\overrightarrow{BA} = \overrightarrow{CD}$ となることを意味するから，四角形 **ABCD** は平行四辺形．

問題 22　▶▶▶設問 P22

$\overrightarrow{P_nP_{n+1}}$ は $\overrightarrow{P_{n-1}P_n}$ を $\dfrac{1}{\sqrt{2}}$ 倍して，$\dfrac{\pi}{4}$ 回転したものより，
$\alpha = \dfrac{1}{\sqrt{2}}\left(\cos\dfrac{\pi}{4} + i\sin\dfrac{\pi}{4}\right) = \dfrac{1}{2}(1+i)$ とすると，$\overrightarrow{P_0P_1}$, $\overrightarrow{P_1P_2}$, $\overrightarrow{P_2P_3}$, $\cdots$
に対応する複素数は順に 1, α, α^2, $\cdots$ となる．よって
$\overrightarrow{P_0P_{10}} = \overrightarrow{P_0P_1} + \overrightarrow{P_1P_2} + \cdots + \overrightarrow{P_9P_{10}}$ を表す複素数は
$$1 + \alpha + \alpha^2 + \cdots + \alpha^9 = \dfrac{1-\alpha^{10}}{1-\alpha} \quad \cdots\cdots \text{①}$$
となる．

ここで $\alpha^{10} = \left(\dfrac{1}{\sqrt{2}}\right)^{10}\left\{\cos\left(\dfrac{\pi}{4}\times 10\right) + i\sin\left(\dfrac{\pi}{4}\times 10\right)\right\} = \dfrac{i}{32}$ より

$$\text{①} = \dfrac{1-\dfrac{i}{32}}{1-\dfrac{1}{2}(1+i)} = \dfrac{2}{1-i}\left(1-\dfrac{i}{32}\right)$$

$$= \dfrac{2(1+i)}{(1-i)(1+i)}\left(1-\dfrac{i}{32}\right)$$

$$= (1+i)\left(1-\dfrac{i}{32}\right) = \boldsymbol{\dfrac{33}{32} + \dfrac{31}{32}i}$$

問題 23　▶▶▶設問 P32

(1) 与えられた楕円の方程式は，$\dfrac{x^2}{5^2} + \dfrac{y^2}{4^2} = 1$ とかけるから，$\sqrt{5^2-4^2} = 3$
より，**焦点 $(\pm 3, 0)$，長軸 10，短軸 8**
概形は図 1 のようになる．

(2) 与えられた楕円の方程式は，$\dfrac{x^2}{2^2} + \dfrac{y^2}{4^2} = 1$ とかけるから，$\sqrt{4^2-2^2} = 2\sqrt{3}$
より，**焦点 $(0, \pm 2\sqrt{3})$，長軸 8，短軸 4**
概形は図 2 のようになる．

(3) 与えられた楕円の方程式は，$\dfrac{x^2}{4^2} + \dfrac{y^2}{3^2} = 1$ とかけるから，$\sqrt{4^2-3^2} = \sqrt{7}$
より，**焦点 $(\pm\sqrt{7}, 0)$，長軸 8，短軸 6**
概形は図 3 のようになる．

図1　図2　図3

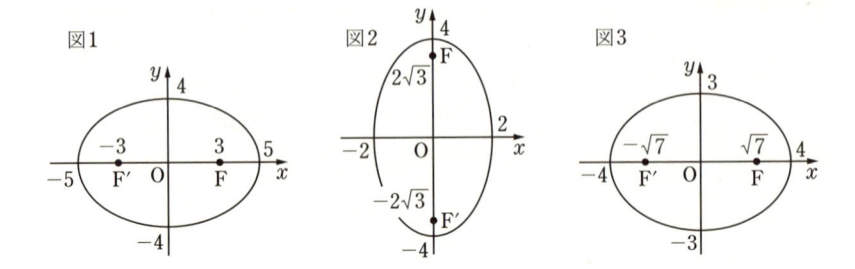

問題 24　　　　　　　　　　　　　　　　　　　　▶▶▶ 設問 P32

(1) 与えられた楕円は $\dfrac{x^2}{25}+\dfrac{y^2}{9}=1$ を x 軸方向に 3, y 軸方向に -2 平行移動したものである．$\dfrac{x^2}{25}+\dfrac{y^2}{9}=1$ の焦点は $(\pm\sqrt{25-9},\ 0)=(\pm 4,\ 0)$ であるから，$\dfrac{(x-3)^2}{25}+\dfrac{(y+2)^2}{9}=1$ の焦点は $(\pm 4+3,\ -2)$ となる．すなわち，$(7,\ -2), (-1,\ -2)$ となるから，求める焦点は $\boldsymbol{(-1,\ -2)}$

(2) 条件より，求める楕円の方程式は，$\dfrac{x^2}{a^2}+\dfrac{y^2}{b^2}=1\ (a>b>0)$ とおける．
長軸の長さが $2\sqrt{3}$ より，$2a=2\sqrt{3}$　∴　$a=\sqrt{3}$
また，1つの焦点の座標が $(1,\ 0)$ であるから，$\sqrt{a^2-b^2}=1$　∴　$b=\sqrt{2}$
以上から求める方程式は　$\boldsymbol{\dfrac{x^2}{3}+\dfrac{y^2}{2}=1}$

(3) 求める楕円の焦点が $(0,\ \pm 3)$ …… ① であることにより，その方程式は，$\dfrac{x^2}{a^2}+\dfrac{y^2}{b^2}=1\ (b>a>0)$ とおける．①と長軸の長さ $=10$ より，
$$\begin{cases}\sqrt{b^2-a^2}=3\\ 2b=10\end{cases}\ \text{より}\ a=4, b=5\quad ∴\quad \boldsymbol{\dfrac{x^2}{16}+\dfrac{y^2}{25}=1}$$
概形は図1のようになる．

(4) $\dfrac{x^2}{15}+\dfrac{y^2}{3}=1$ の焦点が $(\pm 2\sqrt{3},\ 0)$ であることにより，求める楕円の焦点も $(\pm 2\sqrt{3},\ 0)$ …… ② であるから，その方程式は，
$\dfrac{x^2}{a^2}+\dfrac{y^2}{b^2}=1\ (a>b>0)$ とおける．②と点 $(0,\ 2)$ を通ることから，

$$\begin{cases} \sqrt{a^2-b^2} = 2\sqrt{3} \\ \dfrac{0^2}{a^2} + \dfrac{2^2}{b^2} = 1 \end{cases} \quad \text{より } a=4,\ b=2 \quad \therefore\ \dfrac{x^2}{16} + \dfrac{y^2}{4} = 1$$

概形は図 2 のようになる.

(5) $\dfrac{x^2}{2^2} + \dfrac{y^2}{4^2} = 1$ の短軸が $(\pm 2,\ 0)$ を両端とする長さが 4 の線分であり，求める楕円の短軸も同じ線分 …… ③ であることから，その方程式は，$\dfrac{x^2}{a^2} + \dfrac{y^2}{b^2} = 1\ (b > a > 0)$ とおける．③と点 $(1,\ 3)$ を通ることから，

$$\begin{cases} 2a = 4 \\ \dfrac{1^2}{a^2} + \dfrac{3^2}{b^2} = 1 \end{cases} \quad \text{より } a = 2,\ b = 2\sqrt{3} \quad \therefore\ \dfrac{x^2}{4} + \dfrac{y^2}{12} = 1$$

概形は図 3 のようになる.

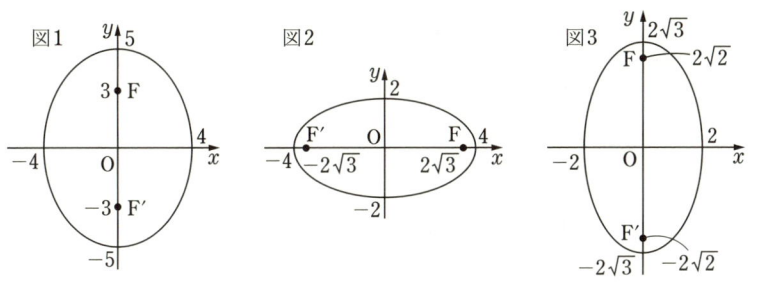

図1　図2　図3

問題 25　　　　　　　　　　　　　　　　　　　▶▶▶ 設問 P33

(1) 求める接線の方程式は，$\dfrac{3x}{18} + \dfrac{2y}{8} = 1 \quad \therefore\ y = -\dfrac{2}{3}x + 4$

(2) 接点の座標を $(x_1,\ y_1)$ とすると，楕円上にあるから，
$x_1{}^2 + 4y_1{}^2 = 4$ …… ① が成立する．このとき，接線の方程式は
$x_1 x + 4 y_1 y = 4$ …… ② となる．
これが点 $(3,\ 0)$ を通るから，$3x_1 = 4 \quad \therefore\ x_1 = \dfrac{4}{3}$
① に用いて $\left(\dfrac{4}{3}\right)^2 + 4y_1{}^2 = 4 \quad \therefore\ y_1 = \pm \dfrac{\sqrt{5}}{3}$
これらを ② に代入すると，求める方程式は

$$\dfrac{4}{3}x \pm \dfrac{4\sqrt{5}}{3}y = 4 \quad \therefore\ x + \sqrt{5}y = 3,\ x - \sqrt{5}y = 3$$

問題 26　　　　　　　　　　　　　　　　　▶▶▶ 設問 P33

$\dfrac{x^2}{12} + \dfrac{y^2}{4} = 1$ 上の点 P の座標を (x_1, y_1) とすると，P における接線の方程式は $\dfrac{x_1 x}{12} + \dfrac{y_1 y}{4} = 1$

これが直線 $AB : x + y = 6$ と平行となるとき

$$\dfrac{x_1}{12} : \dfrac{y_1}{4} = 1 : 1$$
$$\dfrac{x_1}{12} = \dfrac{y_1}{4}$$
$$x_1 = 3y_1 \quad \cdots \cdots \text{①}$$

また，P は楕円上より $\dfrac{x_1{}^2}{12} + \dfrac{y_1{}^2}{4} = 1$ が成立するから，① を用いて

$$\dfrac{9y_1{}^2}{12} + \dfrac{y_1{}^2}{4} = 1$$
$$y_1{}^2 = 1$$
$$y_1 = \pm 1 \quad \therefore \quad P(3, 1), (-3, -1)$$

以上から △ABP の面積は $P(3, 1)$ のとき最小となる．$\overrightarrow{PA} = (3, -1)$, $\overrightarrow{PB} = (-3, 5)$ より，最小値は $\dfrac{1}{2}|3 \cdot 5 - (-1) \cdot (-3)| = \mathbf{6}$

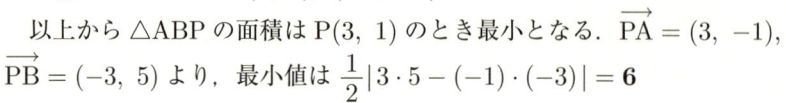

△ABP の面積は $P(-3, -1)$ のとき，最大となる．$\overrightarrow{PA} = (9, 1)$, $\overrightarrow{PB} = (3, 7)$ より最大値は $\dfrac{1}{2}|9 \cdot 7 - 1 \cdot 3| = \mathbf{30}$

別解

$P(2\sqrt{3}\cos\theta, 2\sin\theta)$ $(0 \leqq \theta < 2\pi)$ とする．このとき $\overrightarrow{PA} = (6 - 2\sqrt{3}\cos\theta, -2\sin\theta)$, $\overrightarrow{PB} = (-2\sqrt{3}\cos\theta, 6 - 2\sin\theta)$ より △PAB の面積は

$$\dfrac{1}{2}\left|(6 - 2\sqrt{3}\cos\theta)(6 - 2\sin\theta) - (-2\sin\theta)(-2\sqrt{3}\cos\theta)\right|$$
$$= \dfrac{1}{2}|36 - 12\sin\theta - 12\sqrt{3}\cos\theta| = |18 - 6(\sin\theta + \sqrt{3}\cos\theta)|$$
$$= \left|18 - 6 \cdot 2\sin\left(\theta + \dfrac{\pi}{3}\right)\right| = \left|18 - 12\sin\left(\theta + \dfrac{\pi}{3}\right)\right|$$

$-1 \leqq \sin\left(\theta + \dfrac{\pi}{3}\right) \leqq 1$ より $6 \leqq 18 - 12\sin\left(\theta + \dfrac{\pi}{3}\right) \leqq 30$ となるから，最小値 $\mathbf{6}$，最大値 $\mathbf{30}$

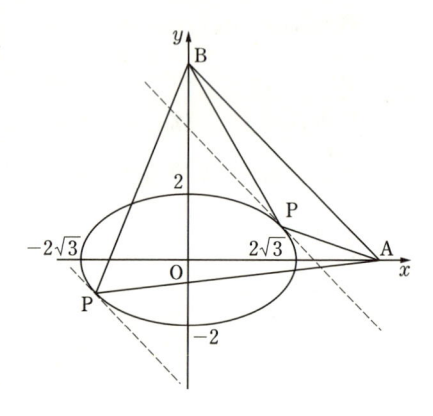

問題 27 　　　　　　　　　　　　　　　　　　　▶▶▶設問 P33

$P(2\cos\theta, \sin\theta)$ $\left(0 < \theta < \dfrac{\pi}{2}\right)$ とする．点 P における接線の方程式は

$$\dfrac{\cos\theta}{2}x + (\sin\theta)y = 1$$

より，Q，R の座標は

$$Q\left(\dfrac{2}{\cos\theta}, 0\right), R\left(0, \dfrac{1}{\sin\theta}\right)$$

となるから，

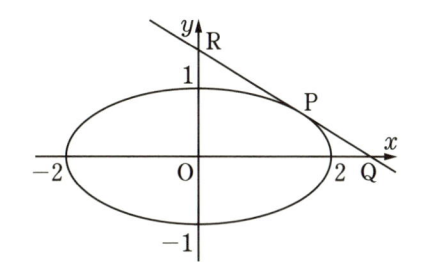

$$QR^2 = \left(\dfrac{2}{\cos\theta}\right)^2 + \left(\dfrac{1}{\sin\theta}\right)^2 = 4(1+\tan^2\theta) + \left(1+\dfrac{1}{\tan^2\theta}\right)$$

$$= 5 + 4\tan^2\theta + \dfrac{1}{\tan^2\theta}$$

$$\geqq 5 + 2\sqrt{4\tan^2\theta \cdot \dfrac{1}{\tan^2\theta}} = 9 \text{ (相加・相乗平均の不等式)}$$

等号は $4\tan^2\theta = \dfrac{1}{\tan^2\theta}$ $\left(\tan^2\theta = \dfrac{1}{2}\right)$ で成立．QR の最小値は $\sqrt{9} = 3$

このとき $\cos^2\theta = \dfrac{1}{1+\tan^2\theta} = \dfrac{2}{3}$, $\sin^2\theta = 1 - \cos^2\theta = \dfrac{1}{3}$

$\cos\theta > 0$, $\sin\theta > 0$ であるから，$\cos\theta = \dfrac{\sqrt{6}}{3}$, $\sin\theta = \dfrac{\sqrt{3}}{3}$

したがって，P の座標は $\left(\dfrac{2\sqrt{6}}{3}, \dfrac{\sqrt{3}}{3}\right)$

問題 28 　　　　　　　　　　　　　　　　　　　▶▶▶設問 P34

(1) 楕円の上の点 (x_1, y_1) における接線の方程式は，$x_1 x + \dfrac{y_1}{3}y = 1$

図より $y_1 \neq 0$ であるから，$y = -\dfrac{3x_1}{y_1}x + \dfrac{3}{y_1}$

よって，条件より，

$$-m = -\dfrac{3x_1}{y_1}$$

$$y_1 = \dfrac{3x_1}{m} \cdots\cdots ①$$

$x_1{}^2 + \dfrac{y_1{}^2}{3} = 1$ であるから，

$$x_1{}^2 + \dfrac{3}{m^2}x_1{}^2 = 1$$

$$(m^2+3)x_1{}^2 = m^2 \qquad \therefore\ x_1{}^2 = \dfrac{m^2}{m^2+3}$$

図より $x_1 > 0$ であるから，$\boldsymbol{x_1 = \dfrac{m}{\sqrt{m^2+3}}}$

① に用いて，$\boldsymbol{y_1 = \dfrac{3}{\sqrt{m^2+3}}}$

(2) O と AB との距離を d とする．直線 AB の方程式は $x_1 x + \dfrac{y_1}{3}y - 1 = 0$ であるから，

$$d = \dfrac{1}{\sqrt{x_1{}^2 + \dfrac{y_1{}^2}{9}}} = \dfrac{1}{\sqrt{\dfrac{m^2}{m^2+3} + \dfrac{1}{m^2+3}}} = \sqrt{\dfrac{m^2+3}{m^2+1}}$$

(3) BC の傾きは $\dfrac{1}{m}$ であるから，O と BC の距離を d' とすると，

$$d' = \sqrt{\dfrac{\left(-\dfrac{1}{m}\right)^2 + 3}{\left(-\dfrac{1}{m}\right)^2 + 1}} = \sqrt{\dfrac{3m^2+1}{m^2+1}}$$

長方形 ABCD の面積を S とおくと，

$$S = 2d \cdot 2d' = 4\sqrt{\dfrac{(m^2+3)(3m^2+1)}{(m^2+1)^2}}$$

$$= 4\sqrt{\dfrac{3m^4 + 10m^2 + 3}{m^4 + 2m^2 + 1}} = 4\sqrt{3 + \dfrac{4}{m^2 + 2 + \dfrac{1}{m^2}}}$$

相加平均・相乗平均の不等式より

$$\dfrac{1}{2}\left(m^2 + \dfrac{1}{m^2}\right) \geqq \sqrt{m^2 \cdot \dfrac{1}{m^2}} = 1$$

$$m^2 + \dfrac{1}{m^2} \geqq 2$$

$$m^2 + 2 + \dfrac{1}{m^2} \geqq 4$$

$$\dfrac{4}{m^2 + 2 + \dfrac{1}{m^2}} \leqq 1$$

となるから, $S \leqq 8$ $\left(\text{等号は } m^2 = \dfrac{1}{m^2} \text{ すなわち } m=1 \text{ のとき成立する.}\right)$

よって, **$m=1$ のとき最大値は 8**

問題 29　　　　　　　　　　　　　　　　　▶▶▶ 設問 P34

$\dfrac{x^2}{4} + y^2 = 1$, $y = m(x-4)$ を連立して

$\dfrac{x^2}{4} + m^2(x-4)^2 = 1$

$x^2 + 4m^2(x-4)^2 = 4$

$(4m^2+1)x^2 - 32m^2 x + 64m^2 - 4 = 0$ …… ①

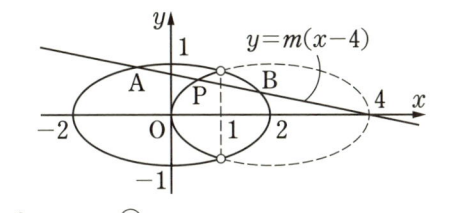

これが異なる 2 つの実数解をもつから, 判別式を D とすると

$\dfrac{D}{4} = (-16m^2)^2 - (4m^2+1)(64m^2-4)$

$\qquad = -48m^2 + 4 > 0 \quad \therefore\ 0 \leqq m^2 < \dfrac{1}{12}$ …… ②

2 点 A, B の x 座標を $x = \alpha,\ \beta\ (\alpha < \beta)$ とする. また, M の座標を (X, Y) とする. このとき α, β は, ① の 2 解より, 解と係数の関係から $\alpha + \beta = \dfrac{32m^2}{4m^2+1}$

となるから, $X = \dfrac{\alpha+\beta}{2} = \dfrac{16m^2}{4m^2+1}$ …… ③

さらに, M は $y = m(x-4)$ 上より $Y = m(X-4)$

図より $X \neq 4$ であるから $m = \dfrac{Y}{X-4}$

これを ③ $\iff 4(X-4)m^2 + X = 0$ に代入すると

$$4(X-4)\left(\dfrac{Y}{X-4}\right)^2 + X = 0$$

$$4Y^2 + X(X-4) = 0$$

$$X^2 - 4X + 4Y^2 = 0$$

$$\dfrac{(X-2)^2}{4} + Y^2 = 1$$

最後に ③ より $X = \dfrac{4(4m^2+1) - 4}{4m^2+1} = 4 - \dfrac{4}{4m^2+1}$ で

$0 \leqq m^2 < \dfrac{1}{12}$ より

$$1 \leqq 4m^2 + 1 < 4 \cdot \frac{1}{12} + 1 = \frac{4}{3}$$
$$\frac{3}{4} < \frac{1}{4m^2+1} \leqq 1$$
$$-4 \leqq -\frac{4}{4m^2+1} < -3$$
$$0 \leqq 4 - \frac{4}{4m^2+1} < 1$$

となることに注意すると，求める軌跡は楕円 $\dfrac{(x-2)^2}{4} + y^2 = 1 \ (0 \leqq x < 1)$

問題 30　　　　　　　　　　　　　▶▶▶ 設問 P35

（ⅰ）$a = \pm 4$ のとき，$b = \pm 3$（複号任意）

（ⅱ）$a \neq \pm 4$ のとき，接線は x 軸に垂直でないから，$y = m(x-a) + b$ とおける．これを $9x^2 + 16y^2 = 144$ に代入して
$$9x^2 + 16\{mx - (ma-b)\}^2 = 144$$
$$9x^2 + 16\{m^2x^2 - 2m(ma-b)x + (ma-b)^2\} = 144$$
$$(16m^2 + 9)x^2 - 32m(ma-b)x + 16(ma-b)^2 - 144 = 0$$

これが重解をもつ条件は，判別式を D とすると，
$$\frac{D}{4} = 16^2 m^2 (ma-b)^2 - (16m^2+9)\{16(ma-b)^2 - 144\} = 0$$
$$16m^2 \cdot 144 - 144(ma-b)^2 + 9 \cdot 144 = 0$$
$$16m^2 - (ma-b)^2 + 9 = 0 \quad \therefore \quad (a^2-16)m^2 - 2abm + b^2 - 9 = 0$$

この 2 解を m_1, m_2 とすると，2 接線が直交する条件は $m_1 m_2 = -1$ であり，解と係数の関係より
$$\frac{b^2-9}{a^2-16} = -1$$
$$\therefore \quad a^2 + b^2 = 25 \ (a \neq \pm 4)$$

以上 (ⅰ), (ⅱ) をまとめて，求める P の軌跡は円 $x^2 + y^2 = 25$

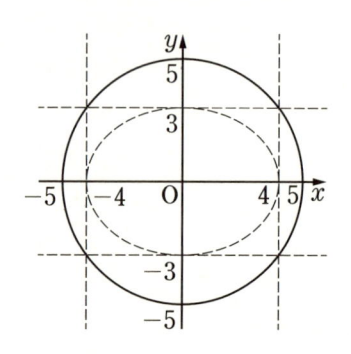

問題 31

(1) A$(1, 2\sqrt{3})$, B$(-1, 0)$, C$(3, 0)$, D$(1, 0)$, E$(0, 0)$ とおく．BF＋DF＝3 であるから，点 F は 2 点 B, D を焦点とする楕円上を動く．よって F(x, y) とおくと，$\dfrac{x^2}{a^2}+\dfrac{y^2}{b^2}=1$ とおける．焦点と長軸の長さから

$$\begin{cases} 2a = 3 \\ \sqrt{a^2-b^2}=1 \end{cases} \quad \therefore \quad \begin{cases} a = \dfrac{3}{2} \\ b = \dfrac{\sqrt{5}}{2} \end{cases}$$

したがって F の軌跡は $\dfrac{4}{9}x^2+\dfrac{4}{5}y^2=1$ よって，線分 EF の長さの最大値は $\dfrac{3}{2}$，最小値は $\dfrac{\sqrt{5}}{2}$

(2) △BFC の面積を S とすると，$S=\dfrac{1}{2}\times 4 \times |y| = 2|y|$

よって，$y=\pm\dfrac{\sqrt{5}}{2}$ のとき最大値 $\sqrt{5}$

(3) 点 F と直線 AC の距離が最小となるのは，点 F における接線が AC と平行になる，つまり，楕円の接線の傾きが $-\sqrt{3}$ になるときである．

$x=\dfrac{3}{2}\cos\theta, y=\dfrac{\sqrt{5}}{2}\sin\theta \ \left(0\leqq\theta\leqq\dfrac{\pi}{2}\right)$ とおくと，点 F における接線の方程式は

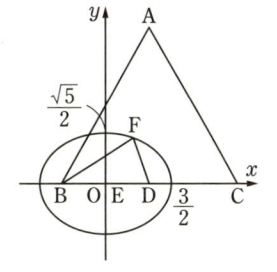

$$\left(\dfrac{4}{9}\cdot\dfrac{3}{2}\cos\theta\right)x+\left(\dfrac{4}{5}\cdot\dfrac{\sqrt{5}}{2}\sin\theta\right)y=1$$

となるから，その傾きは $-\dfrac{\sqrt{5}}{3}\times\dfrac{\cos\theta}{\sin\theta}$ である．

よって，$-\dfrac{\sqrt{5}}{3}\times\dfrac{\cos\theta}{\sin\theta}=-\sqrt{3} \quad \therefore \quad \tan\theta=\dfrac{\sqrt{5}}{3\sqrt{3}}$

$0\leqq\theta\leqq\dfrac{\pi}{2}$ から $\cos\theta=\dfrac{3\sqrt{3}}{4\sqrt{2}}, \sin\theta=\dfrac{\sqrt{5}}{4\sqrt{2}}$

このとき，F$\left(\dfrac{9\sqrt{3}}{8\sqrt{2}}, \dfrac{5}{8\sqrt{2}}\right)$ であるから EF＝$\sqrt{\dfrac{243+25}{128}}=\dfrac{\sqrt{134}}{8}$

問題 32

$\dfrac{x^2}{3} + y^2 = 1$, $x^2 + \dfrac{y^2}{3} = 1$ を連立すると,

$$(x, y) = \left(\pm\dfrac{\sqrt{3}}{2}, \pm\dfrac{\sqrt{3}}{2}\right), \left(\pm\dfrac{\sqrt{3}}{2}, \mp\dfrac{\sqrt{3}}{2}\right) \text{(複号同順)}$$

2つの楕円は, それぞれ x 軸対称かつ y 軸対称, さらに $y = x$ に関して対称であるから, 求める面積は図の斜線部分の面積の8倍である.

楕円 $x^2 + \dfrac{y^2}{3} = 1$ を y 軸方向に $\dfrac{1}{\sqrt{3}}$ 倍すると, $x^2 + y^2 = 1$ になる. また, 第1象限にある交点 $\left(\dfrac{\sqrt{3}}{2}, \dfrac{\sqrt{3}}{2}\right)$ は点 $\left(\dfrac{\sqrt{3}}{2}, \dfrac{1}{2}\right)$ に移る.

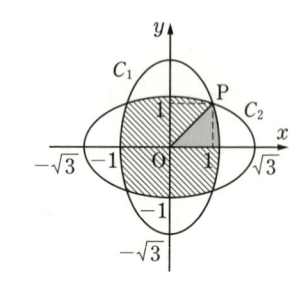

変換後の扇形の面積は $\dfrac{1}{2} \cdot 1^2 \cdot \dfrac{\pi}{6} = \dfrac{\pi}{12}$ より変換前の斜線部分の面積は

$$\dfrac{\pi}{12} \times \sqrt{3} = \dfrac{\sqrt{3}}{12}\pi$$

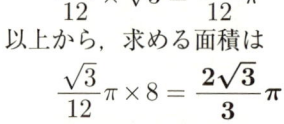

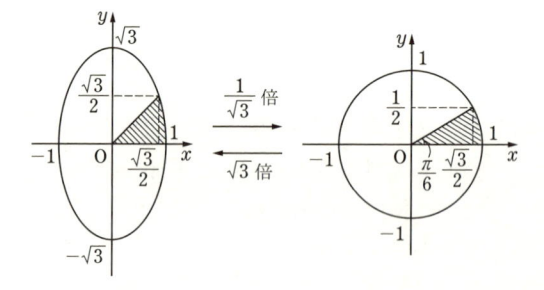

以上から, 求める面積は

$$\dfrac{\sqrt{3}}{12}\pi \times 8 = \dfrac{2\sqrt{3}}{3}\pi$$

問題 33

(1) 与えられた双曲線の方程式は, $\dfrac{x^2}{4^2} - \dfrac{y^2}{3^2} = 1$ とかけるから, $\sqrt{4^2 + 3^2} = 5$ より, 焦点 $(\pm 5, 0)$, 漸近線 $y = \pm\dfrac{3}{4}x$

概形は図1のようになる.

(2) 与えられた双曲線の方程式は, $\dfrac{x^2}{(2\sqrt{3})^2} - \dfrac{y^2}{2^2} = -1$ とかけるから,

$\sqrt{(2\sqrt{3})^2 + 2^2} = 4$ より, 焦点 $(0, \pm 4)$, 漸近線 $y = \pm\dfrac{\sqrt{3}}{3}x$

概形は図2のようになる.

図1

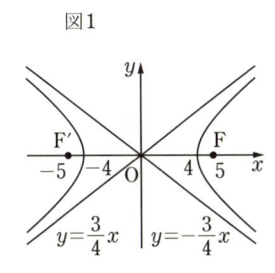

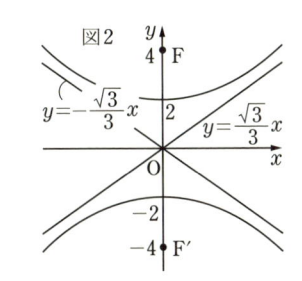

図2

(3) 与えられた双曲線の方程式は，$\dfrac{x^2}{2^2} - \dfrac{y^2}{4^2} = 1$ とかけるから，$\sqrt{2^2 + 4^2} = 2\sqrt{5}$ より，**焦点 $(\pm 2\sqrt{5},\ 0)$，漸近線 $y = \pm 2x$**
概形は図3のようになる．

(4) 与えられた双曲線の方程式は，$\dfrac{x^2}{2^2} - \dfrac{y^2}{2^2} = -1$ とかけるから，$\sqrt{2^2 + 2^2} = 2\sqrt{2}$ より，**焦点 $(0,\ \pm 2\sqrt{2})$，漸近線 $y = \pm x$**
概形は図4のようになる．

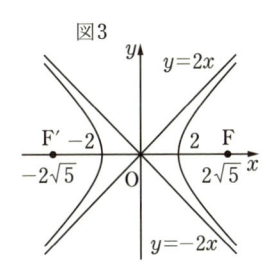

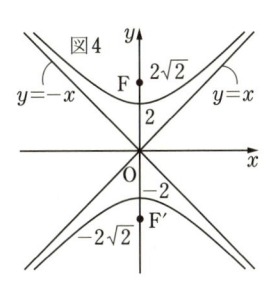

図3

図4

問題 34　　　▶▶▶設問 P37

求める双曲線の方程式は $\dfrac{x^2}{a^2} - \dfrac{y^2}{b^2} = 1\ (a > 0,\ b > 0)$ とおける．

漸近線の方程式は $y = \pm \dfrac{b}{a} x$ であるから，$\dfrac{b}{a} = \dfrac{3}{4}$ …… ①

また，焦点は，$(\pm \sqrt{a^2 + b^2},\ 0)$ であるから，$a^2 + b^2 = 25$ …… ②

①より，$b = \dfrac{3}{4} a$ を②に代入して，$a^2 = 16$ 　∴　$a = 4$

このとき，$b = 3$ となるから，求める方程式は $\dfrac{x^2}{16} - \dfrac{y^2}{9} = 1$

問題 35

(1) 漸近線が原点を通り，x 軸上の点を通るから，求める双曲線の方程式は
$$\frac{x^2}{a^2} - \frac{y^2}{b^2} = 1 \ (a > 0, \ b > 0)$$

とおける．点 $(3, 0)$ を通るから，$\dfrac{3^2}{a^2} = 1$ ∴ $a = 3$ ……①

漸近線の傾きが ± 2 であるから，$\dfrac{b}{a} = 2$ ∴ $b = 2a$ ……②

①，② から $b = 6$ よって，求める双曲線の方程式は
$$\frac{x^2}{3^2} - \frac{y^2}{6^2} = 1 \quad ∴ \quad \boldsymbol{\frac{x^2}{9} - \frac{y^2}{36} = 1}$$

$\sqrt{3^2 + 6^2} = 3\sqrt{5}$ であるから，焦点の座標は $\boldsymbol{(3\sqrt{5}, \ 0), \ (-3\sqrt{5}, \ 0)}$

(2) 直線 AP，BP が直交するから点 P は線分 AB を直径とする円周上の点である．よって，円 $x^2 + y^2 = (3\sqrt{5})^2 = 45$ と双曲線の交点を求めればよい．両方の方程式を連立させて解くと，$x = \pm \dfrac{9}{\sqrt{5}}, \ y = \pm \dfrac{12}{\sqrt{5}}$

以上から求める点は $\boldsymbol{\left(\pm \dfrac{9}{\sqrt{5}}, \ \pm \dfrac{12}{\sqrt{5}} \right)}$ （複号任意）

問題 36

双曲線 $\dfrac{x^2}{4} - y^2 = 1$ を C とする．

(1) C の焦点の座標は $(\pm\sqrt{2^2 + 1^2}, \ 0)$ であるから，F の x 座標は $\boldsymbol{\sqrt{5}}$

(2) 双曲線 C は，2 直線 $y = \pm \dfrac{1}{2}x$ を漸近線にもつ．点 F を通る直線 l が双曲線 C と，x 座標が正である異なる 2 点で交わるための条件は，図より，直線 l が，C の 2 つの漸近線と，それぞれ x 座標が正である点で交わることである．$k > 0$ であるから，求める k の値の範囲は $\boldsymbol{k > \dfrac{1}{2}}$

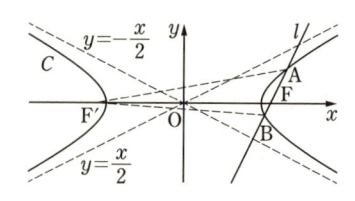

(3) 2 点 A, B は双曲線 C 上の点であるから，C の焦点 F, F' からの距離の差は $2 \cdot 2 = 4$ で一定である．すなわち
$$|AF - AF'| = 4, \ |BF - BF'| = 4$$

図より $AF' - AF = 4$, $BF' - BF = 4$
よって $AF = AF' - 4$, $BF = BF' - 4$
ゆえに
$$\begin{aligned} AB &= AF + BF \\ &= (AF' - 4) + (BF' - 4) \\ &= F'A + F'B - 8 \end{aligned}$$

$F'A + F'B = 12$ であるから，$AB = 12 - 8 = \mathbf{4}$

A, B の x 座標を $x = x_1, x_2$ とすると，AB の傾きが k であることから
$$AB = \sqrt{k^2 + 1}\,|x_1 - x_2|$$
$$\therefore \ AB^2 = (k^2 + 1)(x_1 - x_2)^2$$

となる．また l の式は，$y = k(x - \sqrt{5})$ であるから，C と連立すると
$$x^2 - 4k^2(x - \sqrt{5})^2 = 4$$
$$(4k^2 - 1)x^2 - 8\sqrt{5}k^2 x + 20k^2 + 4 = 0 \qquad \cdots\cdots ②$$

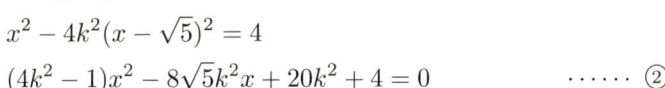

(2) より，$k > \dfrac{1}{2}$ であるから，$4k^2 - 1 > 0$

x_1, x_2 は x の 2 次方程式 ② の 2 解であるから，解と係数の関係より
$$x_1 + x_2 = \frac{8\sqrt{5}k^2}{4k^2 - 1}, \ x_1 x_2 = \frac{20k^2 + 4}{4k^2 - 1}$$

よって，
$$\begin{aligned} (x_2 - x_1)^2 &= (x_1 + x_2)^2 - 4x_1 x_2 \\ &= \left(\frac{8\sqrt{5}k^2}{4k^2 - 1}\right)^2 - 4 \cdot \frac{20k^2 + 4}{4k^2 - 1} = \frac{16(k^2 + 1)}{(4k^2 - 1)^2} \end{aligned}$$

$AB = 4$ を代入して，整理すると，$(4k^2 - 1)^2 = (k^2 + 1)^2$
$4k^2 - 1 > 0$, $k^2 + 1 > 0$ であるから
$$4k^2 - 1 = k^2 + 1 \qquad \therefore \ k^2 = \frac{2}{3}$$

$k > \dfrac{1}{2}$ であるから，$k = \dfrac{\sqrt{6}}{3}$

問題 37   ▶▶▶ 設問 P38

(1) 双曲線 $\dfrac{x^2}{a^2} - \dfrac{y^2}{b^2} = 1\ (a > 0,\ b > 0)$ 上の点 $P(p, q)$ における接線の方程式は $\dfrac{px}{a^2} - \dfrac{qy}{b^2} = 1$ …… ① である．これと漸近線 $y = \dfrac{b}{a}x$ との交点 Q の座標は連立して，

$$\left(\dfrac{p}{a^2} - \dfrac{q}{ab}\right)x = 1 \text{ より } x = \dfrac{a^2 b}{bp - aq},\ y = \dfrac{ab^2}{bp - aq}$$

$$\therefore\quad Q\left(\dfrac{a^2 b}{bp - aq},\ \dfrac{ab^2}{bp - aq}\right)$$

同様にして，接線 ① と漸近線 $y = -\dfrac{b}{a}x$ との交点 R の座標は

$$R\left(\dfrac{a^2 b}{bp + aq},\ -\dfrac{ab^2}{bp + aq}\right)$$

また，点 $P(p, q)$ は双曲線上にあるから

$$b^2 p^2 - a^2 q^2 = a^2 b^2$$

が成立する．よって，線分 QR の中点の x 座標は

$$\dfrac{1}{2}\left(\dfrac{a^2 b}{bp - aq} + \dfrac{a^2 b}{bp + aq}\right) = \dfrac{a^2 b}{2} \cdot \dfrac{bp + aq + bp - aq}{(bp - aq)(bp + aq)}$$
$$= \dfrac{a^2 b}{2} \cdot \dfrac{2bp}{b^2 p^2 - a^2 q^2}$$
$$= a^2 b \cdot \dfrac{bp}{a^2 b^2} = p$$

ゆえに，この中点は点 P に一致するから，点 P は線分 QR の中点である．

(2) 求める $\triangle OQR$ の面積 S は

$$S = \dfrac{1}{2}\left|\dfrac{a^2 b}{bp - aq} \cdot \left(-\dfrac{ab^2}{bp + aq}\right) - \dfrac{ab^2}{bp - aq} \cdot \dfrac{a^2 b}{bp + aq}\right|$$
$$= \dfrac{a^3 b^3}{2}\left|-\dfrac{2}{b^2 p^2 - a^2 q^2}\right| = \dfrac{a^3 b^3}{2} \cdot \dfrac{2}{a^2 b^2} = \boldsymbol{ab}$$

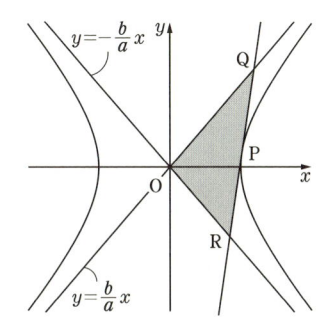

参考

$1 + \tan^2\theta = \dfrac{1}{\cos^2\theta}$ より，$\dfrac{1}{\cos^2\theta} - \tan^2\theta = 1$ となるから，

$$\dfrac{\left(\dfrac{a}{\cos\theta}\right)^2}{a^2} - \dfrac{(b\tan\theta)^2}{b^2} = 1$$

よって，双曲線 $\dfrac{x^2}{a^2} - \dfrac{y^2}{b^2} = 1$ 上の点は，$(x,\ y) = \left(\dfrac{a}{\cos\theta},\ b\tan\theta\right)$ と表せます．これを利用すると，以下のような解答も可能です．

別解 ●●●

$p = \dfrac{a}{\cos\theta}$，$q = b\tan\theta$ とすると，点 P における接線の方程式は

$$\dfrac{p}{a^2}x - \dfrac{q}{b^2}y = 1$$

$$\dfrac{1}{a\cos\theta}x - \dfrac{\tan\theta}{b}y = 1$$

これと $y = \dfrac{b}{a}x$ を連立して，

$$\dfrac{1}{a\cos\theta}x - \dfrac{\tan\theta}{b}\cdot\dfrac{b}{a}x = 1$$

$$\left(\dfrac{1}{a\cos\theta} - \dfrac{\tan\theta}{a}\right)x = 1$$

$x = \dfrac{1}{\dfrac{1}{a\cos\theta} - \dfrac{\tan\theta}{a}} = \dfrac{a}{\dfrac{1}{\cos\theta} - \tan\theta}$，$y = \dfrac{b}{\dfrac{1}{\cos\theta} - \tan\theta}$

同様に，$y = -\dfrac{b}{a}x$ と連立すると，$x = \dfrac{a}{\dfrac{1}{\cos\theta} + \tan\theta}$，$y = \dfrac{-b}{\dfrac{1}{\cos\theta} + \tan\theta}$

よって △OQR の面積は

$$\frac{1}{2}\left|\frac{a}{\frac{1}{\cos\theta}-\tan\theta}\cdot\frac{-b}{\frac{1}{\cos\theta}+\tan\theta}-\frac{b}{\frac{1}{\cos\theta}-\tan\theta}\cdot\frac{a}{\frac{1}{\cos\theta}+\tan\theta}\right|$$

$$=\frac{1}{2}\left|\frac{-ab}{\frac{1}{\cos^2\theta}-\tan^2\theta}-\frac{ab}{\frac{1}{\cos^2\theta}-\tan^2\theta}\right|$$

$$=\frac{1}{2}\left|\frac{-2ab}{\frac{1}{\cos^2\theta}-\frac{\sin^2\theta}{\cos^2\theta}}\right|$$

$$=\frac{1}{2}\left|\frac{-2ab\cos^2\theta}{1-\sin^2\theta}\right|$$

$$=\frac{1}{2}\left|\frac{-2ab\cos^2\theta}{\cos^2\theta}\right|$$

$$=\frac{1}{2}|-2ab|=\boldsymbol{ab}$$

問題 38

▶▶▶ 設問 P39

(1) 与えられた放物線の方程式は，$y^2 = 4\cdot 2\cdot x$ とかけるから，
   焦点 $\mathbf{F(2,\ 0)}$，準線 $\boldsymbol{l : x = -2}$
   概形は図 1 のようになる．

(2) 与えられた放物線の方程式は，$y^2 = 4\cdot\left(-\dfrac{1}{2}\right)\cdot x$ とかけるから，
   焦点 $\mathbf{F\left(-\dfrac{1}{2},\ 0\right)}$，準線 $\boldsymbol{l : x = \dfrac{1}{2}}$
   概形は図 2 のようになる．

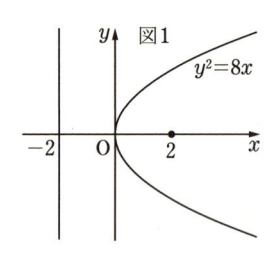

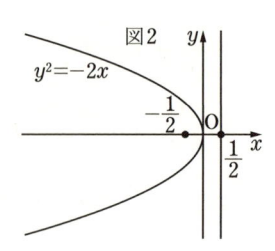

(3) 与えられた放物線の方程式は，$x^2 = 4 \cdot \dfrac{3}{2} \cdot y$ とかけるから，

焦点 $\mathrm{F}\left(0, \dfrac{3}{2}\right)$，準線 $l : y = -\dfrac{3}{2}$

概形は図3のようになる．

(4) 与えられた放物線の方程式は，$x^2 = 4 \cdot (-1) \cdot y$ とかけるから，

焦点 $\mathrm{F}(0, -1)$，準線 $l : y = 1$

概形は図4のようになる．

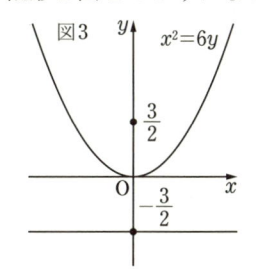

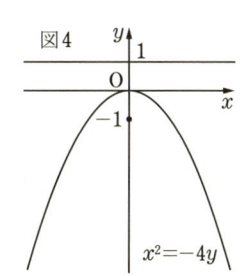

問題 39 ▶▶▶ 設問 P39

(1) 焦点が $(0, 2)$，準線が $y = -2$ であるから，求める放物線の方程式は，
$x^2 = 4 \cdot 2 \cdot y$　∴　$x^2 = 8y$

概形は図1のようになる．

(2) 焦点が $\left(0, -\dfrac{1}{2}\right)$，準線が $y = \dfrac{1}{2}$ であるから，求める放物線の方程式は，
$x^2 = 4 \cdot \left(-\dfrac{1}{2}\right) \cdot y$　∴　$x^2 = -2y$

概形は図2のようになる．

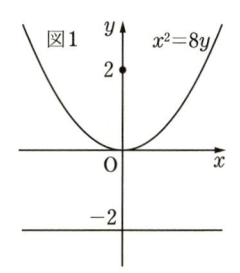

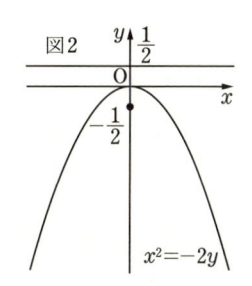

問題 40

準線の方程式を $x = q$ $(q \neq 1)$ とすると，求める放物線は定義より
$$\sqrt{(x-1)^2 + y^2} = |x - q|$$
$$(x-1)^2 + y^2 = (x-q)^2 \quad \therefore \quad y^2 = 2(1-q)x + q^2 - 1$$

とおける．これが $y = x + k$ と接するとき，連立した
$$(x+k)^2 = 2(1-q)x + q^2 - 1$$
$$x^2 + 2kx + k^2 = 2(1-q)x + q^2 - 1$$
$$x^2 + 2(k+q-1)x + k^2 - q^2 + 1 = 0$$

が重解をもつ．判別式を D とすると
$$\frac{D}{4} = (k+q-1)^2 - (k^2 - q^2 + 1)$$
$$= k^2 + q^2 + 1 + 2kq - 2q - 2k - k^2 + q^2 - 1$$
$$= 2q^2 + 2(k-1)q - 2k$$
$$= 2\{q^2 + (k-1)q - k\} = 0 \quad \therefore \quad (q+k)(q-1) = 0$$

$q \neq 1$ より $q = -k$

以上から求める方程式は，$\boldsymbol{x = -k}$

問題 41

(1) 条件 (A) より，C_1 の方程式は $\boldsymbol{x^2 = 4y}$
(2) 条件 (B) より，C_2 の方程式は $\boldsymbol{y^2 = 4px}$
(3) 放物線 $x^2 = 4y$ と直線 $y = -2x$ の交点の座標は
$$x^2 = -8x \qquad x(x+8) = 0 \quad \therefore \quad x = 0, -8$$

よって，交点の座標は $(x, y) = (0, 0), (-8, 16)$ となる．

条件 (C) より，放物線 $y^2 = 4px$ は $(-8, 16)$ を通るから
$$16^2 = 4p \cdot (-8) \quad \therefore \quad p = -8$$

したがって，C_2 の方程式は $y^2 = -32x = 4 \cdot (-8) \cdot x$ となるから，準線の方程式は $\boldsymbol{x = 8}$

問題 42

(1) 与えられた条件を満たして動く円の中心をBとすると，2点A，B間の距離は点Bと直線 $x=-2$ の距離に等しい．よって，点Bの軌跡は焦点の座標が $(2, 0)$，準線の方程式が $x=-2$ の放物線である．ゆえに，この放物線の方程式は

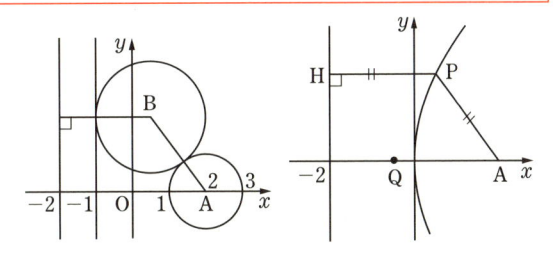

$$y^2 = 4 \cdot 2 \cdot x \quad \therefore \quad \boldsymbol{y^2 = 8x}$$

(2) Pから準線に下ろした垂線の足をHとする．放物線の定義から AP = PH

また，条件から AP = AQ であるから PH = AQ

$AQ = 2-(-a) = a+2$ より P の x 座標は $-2+(a+2) = a$

よって，Pの座標は $(a, \pm 2\sqrt{2a})$ となるから，求める方程式は

$$y = \frac{\pm 2\sqrt{2a}}{a-(-a)}(x+a) \quad \therefore \quad \boldsymbol{y = \pm\sqrt{\frac{2}{a}}(x+a)}$$

問題 43

点 $P(x_0, y_0)$ における接線の方程式は
$y_0 y = 2p(x+x_0)$
$y=0$ とすると $x=-x_0$
よって，接線と x 軸の交点をAとすると
$A(-x_0, 0)$ である． 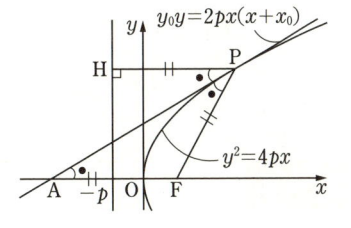
このとき，FA // PH より
　　$\angle FAP = \angle HPA$ (錯角)　……①
また，放物線の定義より $PF = PH = |x_0-(-p)| = |x_0+p|$
さらに，$AF = |p-(-x_0)| = |x_0+p|$ となるから $PF = AF$
　　$\therefore \quad \angle FAP = \angle FPA$　……②
①，②より $\angle FPA = \angle HPA$ となるから，接線は $\angle FPH$ を二等分する．

問題 44 ▶▶▶ 設問 P43

$x = 2\cos t$ ……① $-1 \leqq \cos t \leqq 1$ (t は実数) であるから，$-2 \leqq x \leqq 2$
①より，$\cos t = \dfrac{x}{2}$ として，$y = -\sin^2 t = -(1-\cos^2 t) = \cos^2 t - 1$ に代入すれば，

$$y = \left(\dfrac{x}{2}\right)^2 - 1 = \dfrac{1}{4}x^2 - 1$$

よって，求める曲線の方程式は $\boldsymbol{y = \dfrac{1}{4}x^2 - 1 \ (-2 \leqq x \leqq 2)}$

問題 45 ▶▶▶ 設問 P43

$\dfrac{x-1}{3} = t + \dfrac{1}{t}$ ……①, $y = t - \dfrac{1}{t}$ ……②

①＋② より $\dfrac{x-1}{3} + y = 2t$, ①－② より $\dfrac{x-1}{3} - y = \dfrac{2}{t}$

辺々かけて，

$$\left(\dfrac{x-1}{3} + y\right)\left(\dfrac{x-1}{3} - y\right) = 2t \cdot \dfrac{2}{t}$$

$$\left(\dfrac{x-1}{3}\right)^2 - y^2 = 4 \quad \therefore \quad \dfrac{(x-1)^2}{36} - \dfrac{y^2}{4} = 1$$

また，双曲線 $\dfrac{x^2}{36} - \dfrac{y^2}{4} = 1$ の中心の座標は $(0, 0)$，頂点の座標は $(-6, 0)$，$(6, 0)$，漸近線の方程式は $y = \pm\dfrac{1}{3}x$ で，求める中心の座標，頂点の座標，漸近線の方程式は，これらを x 軸方向へ 1 だけ平行移動したものだから，

中心の座標は $\boldsymbol{(1, 0)}$，頂点の座標は $\boldsymbol{(-5, 0), (7, 0)}$

漸近線の方程式は $\boldsymbol{y = \pm\dfrac{1}{3}(x-1)}$

問題 46 ▶▶▶ 設問 P44

(1) A は次頁の図 1 の位置にあるから，A の極座標は $\boldsymbol{(3, 0)}$
概形は図 1 のようになる．

(2) B は次頁の図 2 の位置にある．OB $= 2\sqrt{2}$ であるから B の極座標は $\boldsymbol{\left(2\sqrt{2}, \dfrac{\pi}{4}\right)}$ である．概形は図 2 のようになる．

(3) Cは下右の図3の位置にある．OC = 2 であるからCの極座標は $\left(2, \dfrac{5}{6}\pi\right)$ である．概形は図3のようになる．

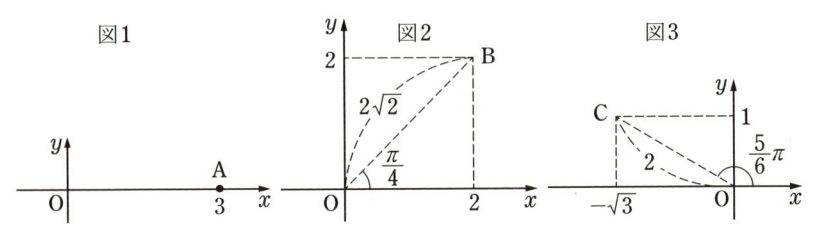

図1　図2　図3

問題 47　　　▶▶▶設問 P44

(1) $x = 3\cos\dfrac{\pi}{3} = \dfrac{3}{2}$, $y = 3\sin\dfrac{\pi}{3} = \dfrac{3\sqrt{3}}{2}$ より，$\left(\dfrac{\bm{3}}{\bm{2}}, \dfrac{\bm{3\sqrt{3}}}{\bm{2}}\right)$

概形は図1のようになる．

(2) $x = 4\cos\dfrac{13}{4}\pi = -2\sqrt{2}$, $y = 4\sin\dfrac{13}{4}\pi = -2\sqrt{2}$ より

$(\bm{-2\sqrt{2},\ -2\sqrt{2}})$

概形は図2のようになる．

(3) $x = 2\cos\left(-\dfrac{5}{6}\pi\right) = -\sqrt{3}$, $y = 2\sin\left(-\dfrac{5}{6}\pi\right) = -1$ より $(\bm{-\sqrt{3},\ -1})$

概形は図3のようになる．

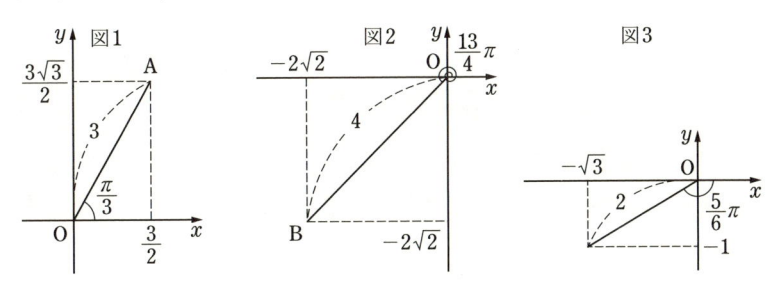

図1　図2　図3

問題 48 ▶▶▶ 設問 P44

$r = 4\cos\theta,\ r = \dfrac{a}{\cos\theta}$ より r を消去して，
$$4\cos\theta = \dfrac{a}{\cos\theta} \quad \therefore\quad \cos^2\theta = \dfrac{a}{4}$$
これが解をもたないとき共有点をもたないから，求める正の定数 a の範囲は，
$$\dfrac{a}{4} > 1 \quad \therefore\quad \boldsymbol{a > 4}$$

問題 49 ▶▶▶ 設問 P45

(1) $\mathrm{P}(r,\ \theta)$ とする．$\triangle\mathrm{OAP}$ に余弦定理を用いて
$$\mathrm{AP}^2 = r^2 + 1 - 2r\cos\theta$$
$\triangle\mathrm{OBP}$ に余弦定理を用いて
$$\mathrm{BP}^2 = r^2 + 1 - 2r\cos(\pi - \theta)$$
$$= r^2 + 1 + 2r\cos\theta$$
これを $\mathrm{AP}\cdot\mathrm{BP} = 1$ つまり $\mathrm{AP}^2\cdot\mathrm{BP}^2 = 1$ に代入して
$$(r^2 + 1)^2 - 4r^2\cos^2\theta = 1$$
$$r^4 - 2r^2(2\cos^2\theta - 1) + 1 = 1$$
$$r^4 - 2r^2\cos 2\theta = 0$$
$$r^2(r^2 - 2\cos 2\theta) = 0 \quad \therefore\quad r = 0 \text{ または } r^2 = 2\cos 2\theta$$
$r = 0$ は $r^2 = 2\cos 2\theta$ を満たすから，曲線 C の極方程式は $r = \sqrt{2\cos 2\theta}$
以上から $\boldsymbol{f(\theta) = \sqrt{2\cos 2\theta}}$ となる．

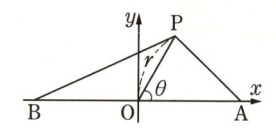

(2) $f(\theta) = \sqrt{2\cos 2\theta}$ において，$f(-\theta) = f(\theta),\ f(\pi - \theta) = f(\theta)$ より，曲線 C は両座標軸に関して対称である．よって第 1 象限で考える．また，$\cos 2\theta \geqq 0$ より $0 \leqq \theta \leqq \dfrac{\pi}{4}$ で考えればよい．

θ	0	$\dfrac{\pi}{12}$	$\dfrac{\pi}{8}$	$\dfrac{\pi}{6}$	$\dfrac{\pi}{4}$
2θ	0	$\dfrac{\pi}{6}$	$\dfrac{\pi}{4}$	$\dfrac{\pi}{3}$	$\dfrac{\pi}{2}$
r	$\sqrt{2}$	$\sqrt[4]{3}$	$\sqrt[4]{2}$	1	0

上表と対称性から概形は下のようになる.

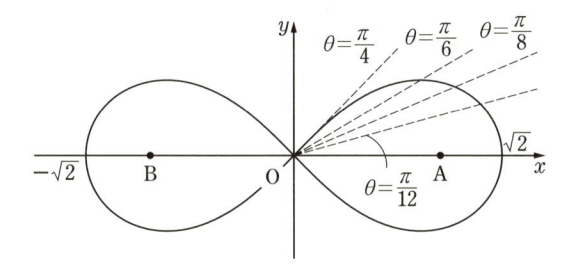

別解

直交座標で求めると，次のようになります．
$P(x, y)$ とする．$AP^2 \cdot BP^2 = 1$ より
$$\{(x+1)^2 + y^2\}\{(x-1)^2 + y^2\} = 1$$
$$(x^2 + y^2 + 1 + 2x)(x^2 + y^2 + 1 - 2x) = 1$$
$$(x^2 + y^2 + 1)^2 - 4x^2 = 1$$
$$(x^2 + y^2)^2 + 2(x^2 + y^2) + 1 - 4x^2 = 1 \quad \therefore \quad (x^2 + y^2)^2 = 2(x^2 - y^2)$$

これに $x = r\cos\theta,\ y = r\sin\theta$ を代入します．（以下略）

問題 50 ▶▶▶ 設問 P45

(1) 円上の点を P とし，P の極座標を (r, θ) とおく．点 $B(2, 0)$ を考えると，$P \neq O$, $P \neq B$ のとき，$\triangle OPB$ は直角三角形となり
$$OB\cos\theta = OP \quad \therefore \quad r = 2\cos\theta$$
これは，$P = O$, $P = B$ のときも成立するから，求める極方程式は
$$r = 2\cos\theta$$

(2) 点 Q の極座標を (r', θ') とおくと，$r' = r^2$, $\theta' = 2\theta$ …… ① である．
(1) より $r = 2\cos\theta$ となるから，両辺 2 乗すると
$$r^2 = 4\cos^2\theta = 2(2\cos^2\theta - 1) + 2 = 2\cos 2\theta + 2$$
を得る．①を用いて，$r' = 2\cos\theta' + 2$ となるから，点 Q の軌跡は，
$$r = 2\cos\theta + 2$$

(3) 点 Q の極座標を (r, θ) とおく．$\triangle OAQ$ に余弦定理を用いると
$$AQ^2 = OA^2 + OQ^2 - 2OA \cdot OQ\cos\theta$$

$$= 16 + r^2 - 8r\cos\theta$$

ここで，(2) より
$$r = 2\cos\theta + 2$$
$$r^2 = 4\cos^2\theta + 8\cos\theta + 4$$

となるから
$$\mathrm{AQ}^2 = 16 + 4\cos^2\theta + 8\cos\theta + 4 - 8(2\cos\theta + 2)\cos\theta$$
$$= -12\cos^2\theta - 8\cos\theta + 20$$
$$= -12\left(\cos\theta + \frac{1}{3}\right)^2 + \frac{64}{3}$$

よって，$-1 \leqq \cos\theta \leqq 1$ より，$\cos\theta = -\dfrac{1}{3}$ のとき，AQ^2 は最大値 $\dfrac{64}{3}$ をとるから，AQ の最大値は $\sqrt{\dfrac{64}{3}} = \dfrac{\boldsymbol{8}}{\boldsymbol{3}}\boldsymbol{\sqrt{3}}$

別解

(1) 円の中心を直交座標で表すと $(1, 0)$ であり，半径は 1 なので，円 C の方程式を直交座標で表すと
$$(x-1)^2 + y^2 = 1 \cdots\cdots (*)$$

である．ここで，円 C 上の点 $\mathrm{P}(x, y)$ を原点 O を極，x 軸正方向を始線とする極座標を用いて (r, θ) と表すと，$x = r\cos\theta$，$y = r\sin\theta$ であるから，$(*)$ に代入して
$$(r\cos\theta - 1)^2 + (r\sin\theta)^2 = 1$$
$$r^2\cos^2\theta - 2r\cos\theta + 1 + r^2\sin^2\theta = 1$$
$$r^2 - 2r\cos\theta = 0$$
$$r(r - 2\cos\theta) = 0$$
$$r = 0 \text{ または } r = 2\cos\theta$$

を得る．$r = 2\cos\theta$ は $r = 0$ を含むから，求める極方程式は $r = 2\cos\theta$

(3) Q, A を直交座標に直すと，$\mathrm{Q}(r\cos\theta, r\sin\theta)$, $\mathrm{A}(4, 0)$ となるから，
$$\mathrm{AQ}^2 = (r\cos\theta - 4)^2 + (r\sin\theta)^2$$
$$= r^2 - 8r\cos\theta + 16$$

に $r = 2\cos\theta + 2$ を代入してもよいでしょう．

問題 51

(1) 条件より，

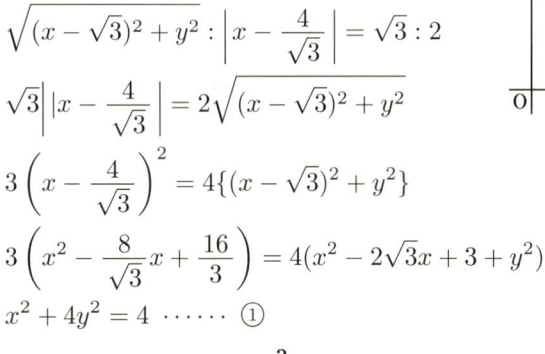

$$\sqrt{(x-\sqrt{3})^2+y^2} : \left|x-\frac{4}{\sqrt{3}}\right| = \sqrt{3} : 2$$

$$\sqrt{3}\left|x-\frac{4}{\sqrt{3}}\right| = 2\sqrt{(x-\sqrt{3})^2+y^2}$$

$$3\left(x-\frac{4}{\sqrt{3}}\right)^2 = 4\{(x-\sqrt{3})^2+y^2\}$$

$$3\left(x^2-\frac{8}{\sqrt{3}}x+\frac{16}{3}\right) = 4(x^2-2\sqrt{3}x+3+y^2)$$

$$x^2+4y^2 = 4 \quad \cdots\cdots ①$$

よって，求める軌跡は $\dfrac{x^2}{4}+y^2=1$

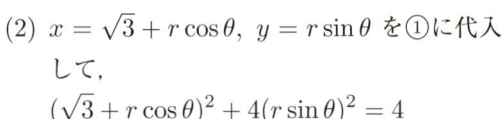

(2) $x=\sqrt{3}+r\cos\theta,\ y=r\sin\theta$ を①に代入して，

$$(\sqrt{3}+r\cos\theta)^2+4(r\sin\theta)^2 = 4$$

$$3+2\sqrt{3}r\cos\theta+r^2\cos^2\theta+4r^2\sin^2\theta = 4$$

$$\{\cos^2\theta+4(1-\cos^2\theta)\}r^2+2\sqrt{3}r\cos\theta-1 = 0$$

$$(4-3\cos^2\theta)r^2+2\sqrt{3}r\cos\theta-1 = 0$$

$$\{(2-\sqrt{3}\cos\theta)r+1\}\{(2+\sqrt{3}\cos\theta)r-1\} = 0$$

$(2-\sqrt{3}\cos\theta)r+1>0$ であるから，

$$(2+\sqrt{3}\cos\theta)r-1 = 0 \quad \therefore\ r = \dfrac{1}{2+\sqrt{3}\cos\theta}$$

(3) A を極とする Q, R の極座標をそれぞれ
$r=\dfrac{1}{2+\sqrt{3}\cos\theta}$，
$r=\dfrac{1}{2+\sqrt{3}\cos(\theta+\pi)} = \dfrac{1}{2-\sqrt{3}\cos\theta}$
とおくと，

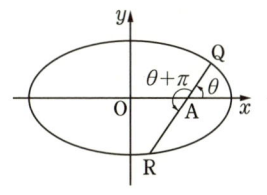

$$\frac{1}{\text{RA}}+\frac{1}{\text{QA}} = 2+\sqrt{3}\cos\theta+2-\sqrt{3}\cos\theta$$

$$= 4 \ (一定)$$

問題 52

▶▶▶設問 P47

(1) 図より $r = a\cos\theta$

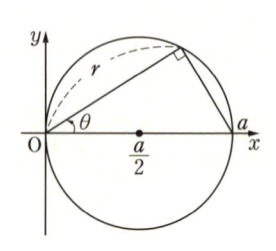

(2) $A(2a, 0)$, $\angle AOQ = \theta$ とする．このとき，
$$\begin{aligned} PQ &= OP - OQ \\ &= a(1+\cos\theta) - a\cos\theta \\ &= a \text{ (一定)} \end{aligned}$$

(3) C_a と S は x 軸に関して対称であるから，$0 \leqq \theta \leqq \pi$ の範囲で考えればよい．

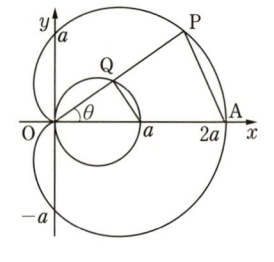

余弦定理より，
$$\begin{aligned} PA^2 &= OP^2 + OA^2 - 2OP \cdot OA\cos\theta \\ &= a^2(1+\cos\theta)^2 + 4a^2 \\ &\qquad - 2a(1+\cos\theta) \cdot 2a\cos\theta \\ &= a^2(-3\cos^2\theta - 2\cos\theta + 5) \\ &= a^2\left\{-3\left(\cos\theta + \frac{1}{3}\right)^2 + \frac{16}{3}\right\} \end{aligned}$$

よって，PA^2 は $\cos\theta = -\dfrac{1}{3}$ のとき最大値 $\dfrac{16}{3}a^2$ をとるから，求める最大値は $\dfrac{4}{\sqrt{3}}a$

問題 53

▶▶▶設問 P47

(1) 条件から，4点 A, B, C, D の位置関係は右の図のようになる．点 A の x 座標を a とすると，放物線の定義から 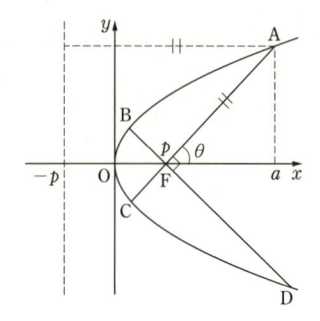
$$AF = a - (-p) = a + p$$
$$\therefore \quad a = AF - p \quad \cdots\cdots ①$$

$\cos\theta = \dfrac{a-p}{AF}$ であるから，① を代入して

$$\cos\theta = \frac{(\mathrm{AF}-p)-p}{\mathrm{AF}} = \frac{\mathrm{AF}-2p}{\mathrm{AF}}$$

ゆえに $\mathrm{AF} = \dfrac{2p}{1-\cos\theta}$ $(1-\cos\theta \neq 0)$

別解

F を極とする極座標で考えると，$x = p + r\cos\theta$, $y = r\sin\theta$ となる．よって $r = \mathrm{FA}$ とすると，$y^2 = 4px$ を満たすから

$$(r\sin\theta)^2 = 4p(p + r\cos\theta)$$
$$r^2 \sin^2\theta = 4p^2 + 4pr\cos\theta$$
$$r^2(1-\cos^2\theta) = 4p^2 + 4pr\cos\theta$$
$$(1-\cos^2\theta)r^2 - 4p\cdot\cos\theta\cdot r - 4p^2 = 0$$
$$\{(1-\cos\theta)r - 2p\}\{(1+\cos\theta)r + 2p\} = 0$$
$$\therefore \quad r = \frac{2p}{1-\cos\theta},\ -\frac{2p}{1+\cos\theta}$$

$r > 0$ に注意すると，$r = \dfrac{2p}{1-\cos\theta}$

(2) (1) と同様にして

$$\mathrm{BF} = \frac{2p}{1-\cos\left(\theta+\dfrac{\pi}{2}\right)} = \frac{2p}{1+\sin\theta},$$
$$\mathrm{CF} = \frac{2p}{1-\cos(\theta+\pi)} = \frac{2p}{1+\cos\theta},$$
$$\mathrm{DF} = \frac{2p}{1-\cos\left(\theta+\dfrac{3}{2}\pi\right)} = \frac{2p}{1-\sin\theta}$$

ゆえに

$$\frac{1}{\mathrm{AF}\cdot\mathrm{CF}} + \frac{1}{\mathrm{BF}\cdot\mathrm{DF}}$$
$$= \frac{1}{4p^2}\left\{(1-\cos\theta)(1+\cos\theta) + (1+\sin\theta)(1-\sin\theta)\right\}$$
$$= \frac{1}{4p^2}(1-\cos^2\theta + 1 - \sin^2\theta) = \frac{1}{4p^2}$$

これは θ の値によらず一定である．

問題 54

▶▶▶設問 P50

(1) $y = \dfrac{2}{x-1} + 3$ より漸近線は $x=1, y=3$　グラフは図1のようになる．

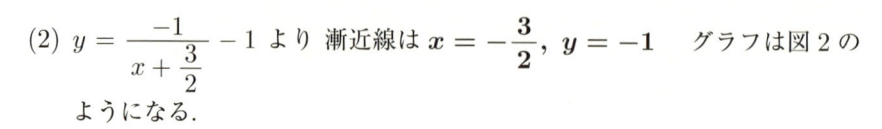

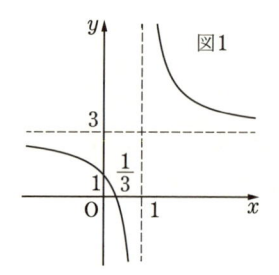

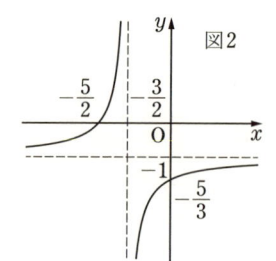

(2) $y = \dfrac{-1}{x+\dfrac{3}{2}} - 1$ より漸近線は $x=-\dfrac{3}{2}, y=-1$　グラフは図2のようになる．

問題 55

▶▶▶設問 P51

(1) $y = \dfrac{ax+b}{2x+1}$ が点 $(1, 0)$ を通るから，$0 = \dfrac{a+b}{3}$　　$\therefore \ b=-a$

このとき，$y = \dfrac{ax-a}{2x+1} = \dfrac{a}{2} - \dfrac{3a}{2(2x+1)}$

また，直線 $y=1$ を漸近線にもつから $\dfrac{a}{2} = 1$　　$\therefore \ a=2$

このとき，$b=-2$

(2) (1) から，① は $y = \dfrac{2x-2}{2x+1} = -\dfrac{3}{2x+1} + 1$

よって，グラフは右図のようになる．ここで，

$x - 2 = \dfrac{2x-2}{2x+1}$

$(2x+1)(x-2) = 2x-2$

$2x^2 - 5x = 0$

$x(2x-5) = 0$　　$\therefore \ x = 0, \dfrac{5}{2}$

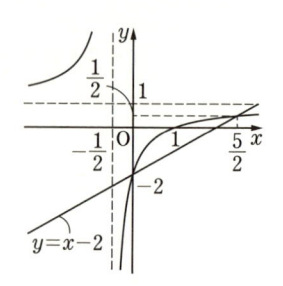

となるから，右図より求める解は $x < -\dfrac{1}{2}, \ 0 < x < \dfrac{5}{2}$

問題 56

(1) $y = f(x)$ のグラフが 2 点 A(1, 1), B(2, 4) を通るから
$$f(1) = \frac{b+c}{1-a} = 1, \ f(2) = \frac{2b+c}{2-a} = 4$$
$$\therefore \ \begin{cases} a+b+c = 1 & \cdots\cdots ① \\ 4a+2b+c = 8 & \cdots\cdots ② \end{cases}$$

① − ② より $-3a - b = -7$ $\therefore \ \boldsymbol{b = -3a + 7}$

これを ① に代入して $a + (-3a + 7) + c = 1$ $\therefore \ \boldsymbol{c = 2a - 6}$

(2) (1) の結果から $a = 3$ のとき,$b = -2$,$c = 0$ となるから
$$f(x) = \frac{-2x}{x-3} = \frac{-6}{x-3} - 2$$
これは $y = \dfrac{-6}{x}$ を x 軸方向に 3,y 軸方向に -2 だけ平行移動したものだから,右図のようになる.

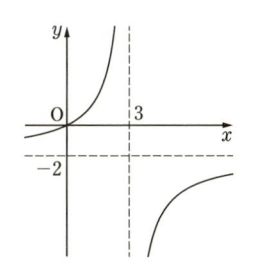

(3) (1) より $f(x) = \dfrac{(-3a+7)x + 2a - 6}{x - a}$ となるので,
$$f(3) = \frac{3(-3a+7) + 2a - 6}{3 - a}$$
$$= \frac{7a - 15}{a - 3} = \frac{6}{a - 3} + 7$$

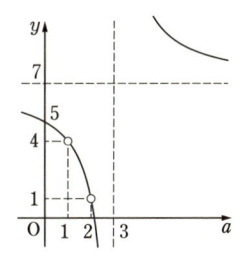

これを $g(a)$ とすると,$y = g(a)$ のグラフは右図のようになる.ただし,$a \neq 1$,$a \neq 2$ より 2 点 (1, 4), (2, 1) は除く.よって $a < 0$ のとき $5 < g(a) < 7$,すなわち $\boldsymbol{5 < f(3) < 7}$

問題 57

(1) 定義域は $x \geq 2$，グラフは図 1 のようになる．

(2) 定義域は $x \geq 0$，グラフは図 2 のようになる．

(3) $y = -\sqrt{3(x-2)} - 1$ より 定義域は $x \geq 2$，グラフは図 3 のようになる．

(4) 定義域は $x \leq 4$，グラフは図 4 のようになる．

(5) 定義域は $-x \geq 0$ $\therefore$ $x \geq 0$，グラフは図 5 のようになる．

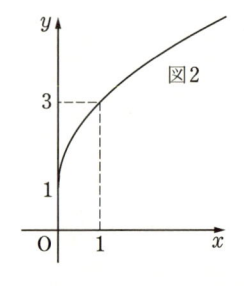

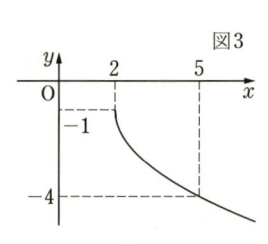

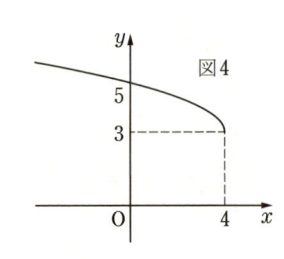

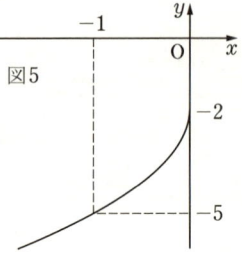

問題 58

(1) $y = 2\sqrt{x-1}$ と $y = \dfrac{1}{2}x + 1$ を連立して，
$$2\sqrt{x-1} = \dfrac{1}{2}x + 1 \text{ より } 4\sqrt{x-1} = x + 2 \cdots\cdots ①$$
左辺より，$x \geq 1$ であるから，このもとで両辺を 2 乗して
$$x^2 - 12x + 20 = 0$$
$$(x-10)(x-2) = 0 \quad \therefore \quad x = 2,\ 10$$

これらは①を満たす．したがって，グラフより，$2\sqrt{x-1} \geqq \dfrac{1}{2}x+1$ の解は，$\mathbf{2 \leqq x \leqq 10}$ である．

(2) $y = 2\sqrt{x-1}$ ……②，$y = \dfrac{1}{2}x + k$ ……③ を連立して，

$2\sqrt{x-1} = \dfrac{1}{2}x + k$ より $4\sqrt{x-1} = x + 2k$

左辺より，$x \geqq 1$ であるから，このもとで両辺を2乗して

$$x^2 + 2(2k-8)x + 4k^2 + 16 = 0$$

この判別式を D とすると

$$\dfrac{D}{4} = (2k-8)^2 - (4k^2 + 16)$$
$$= -32k + 48$$

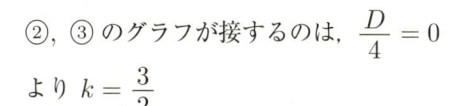

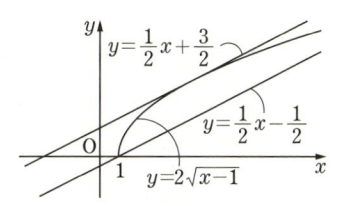

②，③のグラフが接するのは，$\dfrac{D}{4} = 0$ より $k = \dfrac{3}{2}$

③のグラフが②の端点 $(1, 0)$ を通るとき，$0 = \dfrac{1}{2} + k$ より $k = -\dfrac{1}{2}$

よって，求める範囲は②，③が異なる2点を共有するときであるから，グラフより $-\dfrac{1}{2} \leqq k < \dfrac{3}{2}$

問題 59 ▶▶▶設問 P53

(1) $y = 3x - 1$ より $x = \dfrac{y+1}{3}$　よって，求める逆関数は $\boldsymbol{y = \dfrac{x+1}{3}}$
定義域：$\boldsymbol{x}$ は全ての実数，値域：$\boldsymbol{y}$ は全ての実数

(2) $y = 2^x$ より $x = \log_2 y$　よって，求める逆関数は $\boldsymbol{y = \log_2 x}$
定義域：$\boldsymbol{x > 0}$，値域：$\boldsymbol{y}$ は全ての実数

(3) $y = \dfrac{2}{x+1}$ より $y(x+1) = 2$　よって $x + 1 = \dfrac{2}{y}$ から $x = \dfrac{2}{y} - 1$
よって，求める逆関数は $\boldsymbol{y = \dfrac{2}{x} - 1}$
定義域：$\boldsymbol{x \neq 0}$ を満たす全ての実数，
値域：$\boldsymbol{y \neq -1}$ を満たす全ての実数

(4) $y = -x^2$ より $x = \pm\sqrt{-y}$　$x \geqq 0$ であるから，$x = \sqrt{-y}$
よって，求める逆関数は $y = \sqrt{-x}$
定義域：$x \leqq 0$，値域：$y \geqq 0$

問題 60　　　▶▶▶ 設問 P53

(1) $f(-1) = \dfrac{-a+b}{-1+c}$, $f(0) = \dfrac{b}{c}$, $f(1) = \dfrac{a+b}{1+c}$ であるから

$\dfrac{-a+b}{-1+c} = 1$, $\dfrac{b}{c} = 4$, $\dfrac{a+b}{1+c} = 5$ (ただし $c \neq \pm 1, 0$)

整理して，$a - b + c = 1$, $b = 4c$, $a + b - 5c = 5$

連立して，$\boldsymbol{a = 7, b = 8, c = 2}$ ($c \neq \pm 1, 0$ を満たす)

(2) (1) の結果より，$f(x) = \dfrac{7x+8}{x+2}$

$y = \dfrac{7x+8}{x+2}$ …… ① とおくと，$y = -\dfrac{6}{x+2} + 7$ より，$y \neq 7$ である．
このとき，

$$y(x+2) = 7x + 8$$
$$(y-7)x = 8 - 2y \quad \therefore \quad x = \dfrac{8-2y}{y-7}$$

x と y を入れ替えると，求める逆関数は，$f^{-1}(x) = \dfrac{-2x+8}{x-7}$

(3) $(f \circ f)(x) = f(f(x)) = \dfrac{7 \cdot \dfrac{7x+8}{x+2} + 8}{\dfrac{7x+8}{x+2} + 2} = \dfrac{19x+24}{3x+4}$

問題 61　　　▶▶▶ 設問 P57

(1) $\displaystyle\lim_{n \to \infty} (n^3 - 2n) = \lim_{n \to \infty} n^3 \left(1 - \dfrac{2}{n^2}\right) = \infty$

(2) $\displaystyle\lim_{n \to \infty} \dfrac{n^2 - n}{n^5 + 9} = \lim_{n \to \infty} \dfrac{\dfrac{1}{n^3} - \dfrac{1}{n^4}}{1 + \dfrac{9}{n^5}} = 0$

(3) $\displaystyle\lim_{n\to\infty}\frac{3n^2}{5n^2-2n+1} = \lim_{n\to\infty}\frac{3}{5-\dfrac{2}{n}+\dfrac{1}{n^2}} = \boldsymbol{\dfrac{3}{5}}$

(4) $\displaystyle\lim_{n\to\infty}\frac{n^2+2n+3}{3n^2-2n+1} = \lim_{n\to\infty}\frac{1+\dfrac{2}{n}+\dfrac{3}{n^2}}{3-\dfrac{2}{n}+\dfrac{1}{n^2}} = \frac{1+0+0}{3-0+0} = \boldsymbol{\dfrac{1}{3}}$

(5) $\displaystyle\lim_{n\to\infty}\frac{n^3+5n^2}{n^2+4} = \lim_{n\to\infty}\frac{n+5}{1+\dfrac{4}{n^2}} = \frac{\infty+5}{1+0} = \boldsymbol{\infty}$

(6) $\displaystyle\lim_{n\to\infty}(n\sqrt{n}-n^2) = \lim_{n\to\infty}n^2\left(\frac{1}{\sqrt{n}}-1\right) = \boldsymbol{-\infty}$

(7) 与式を有理化して

$$\frac{1}{n-\sqrt{n^2-n}} = \frac{n+\sqrt{n^2-n}}{(n-\sqrt{n^2-n})(n+\sqrt{n^2-n})}$$
$$= \frac{n+\sqrt{n^2-n}}{n^2-(n^2-n)} = 1+\sqrt{1-\frac{1}{n}}$$

となるから,

$$\lim_{n\to\infty}\frac{1}{n-\sqrt{n^2-n}} = \lim_{n\to\infty}\left(1+\sqrt{1-\frac{1}{n}}\right) = 1+\sqrt{1} = \boldsymbol{2}$$

(8) $\displaystyle\lim_{n\to\infty}\frac{n}{n+\sqrt{n^2+2n}} = \lim_{n\to\infty}\frac{1}{1+\sqrt{1+\dfrac{2}{n}}} = \frac{1}{1+\sqrt{1+0}} = \boldsymbol{\dfrac{1}{2}}$

問題 62 ▶▶▶ 設問 P57

(1) $1+2+3+\cdots+n = \dfrac{1}{2}n(n+1)$ であるから,

$$与式 = \lim_{n\to\infty}\frac{\dfrac{1}{2}n(n+1)}{n^2} = \lim_{n\to\infty}\frac{1+\dfrac{1}{n}}{2} = \boldsymbol{\dfrac{1}{2}}$$

(2) 分子は

$$(1+n)^2+(2+n)^2+\cdots\cdots+(n+n)^2$$
$$= \sum_{k=1}^{n}(k+n)^2$$

$$= \sum_{k=1}^{n} k^2 + 2n \sum_{k=1}^{n} k + \sum_{k=1}^{n} n^2$$
$$= \frac{n(n+1)(2n+1)}{6} + 2n \cdot \frac{n(n+1)}{2} + n^3$$
$$= \frac{14n^3 + 9n^2 + n}{6}$$

となるから,

$$与式 = \lim_{n \to \infty} \frac{\frac{1}{6}(14n^3 + 9n^2 + n)}{n^3}$$
$$= \lim_{n \to \infty} \left(\frac{7}{3} + \frac{3}{2n} + \frac{1}{6n^2} \right) = \boldsymbol{\frac{7}{3}}$$

問題 63 ▶▶▶ 設問 P58

(1) $b_1 = a_2 - a_1 = 7$, $b_2 = a_3 - a_2 = 9$ より, $\{b_n\}$ は,初項 7,公差 2 の等差数列であるから,$b_n = 7 + 2(n-1) = \boldsymbol{2n+5}$

(2) $n \geqq 2$ のとき,(1) の結果を用いて,

$$a_n = 5 + \sum_{k=1}^{n-1} (2k+5)$$
$$= 5 + \frac{7 + \{2(n-1)+5\}}{2}(n-1) = n^2 + 4n$$

($n=1$ のとき,$a_1 = 5$ となり $n \geqq 1$ で成り立つ.)

よって,$a_n = \boldsymbol{n^2 + 4n}$

(3) $\lim_{n \to \infty} (\sqrt{a_n} - n) = \lim_{n \to \infty} (\sqrt{n^2 + 4n} - n) = \lim_{n \to \infty} \frac{4n}{\sqrt{n^2 + 4n} + n}$
$$= \lim_{n \to \infty} \frac{4}{\sqrt{1 + \frac{4}{n}} + 1} = \boldsymbol{2}$$

また,$\lim_{n \to \infty} \left(\sqrt{\frac{a_n}{n}} - \sqrt{n} \right) = \lim_{n \to \infty} (\sqrt{n+4} - \sqrt{n})$
$$= \lim_{n \to \infty} \frac{4}{\sqrt{n+4} + \sqrt{n}} = \boldsymbol{0}$$

問題 64

(1) $\displaystyle\lim_{n\to\infty}(5^n - 3^n) = \lim_{n\to\infty} 5^n\left\{1 - \left(\frac{3}{5}\right)^n\right\} = \infty$

(2) $\displaystyle\lim_{n\to\infty}\frac{3^n + 2^n}{9^n - 5^n} = \lim_{n\to\infty}\frac{\left(\frac{1}{3}\right)^n + \left(\frac{2}{9}\right)^n}{1 - \left(\frac{5}{9}\right)^n} = \mathbf{0}$

問題 65

(1) (i) $-1 < x < 1$ のとき，
$$\lim_{n\to\infty} f_n(x) = \lim_{n\to\infty}\frac{x^{2n+1} + 1}{x^{2n} + 1} = \frac{0 + 1}{0 + 1} = \mathbf{1}$$

(ii) $x = 1$ のとき，
$$\lim_{n\to\infty} f_n(1) = \lim_{n\to\infty}\frac{1^{2n+1} + 1}{1^{2n} + 1} = \frac{1 + 1}{1 + 1} = \mathbf{1}$$

(iii) $x = -1$ のとき，
$$\lim_{n\to\infty} f_n(-1) = \lim_{n\to\infty}\frac{(-1)^{2n+1} + 1}{(-1)^{2n} + 1} = \frac{-1 + 1}{1 + 1} = \mathbf{0}$$

(iv) $x < -1,\ 1 < x$ のとき，
$$\lim_{n\to\infty} f_n(x) = \lim_{n\to\infty}\frac{x^{2n+1} + 1}{x^{2n} + 1} = \lim_{n\to\infty}\frac{x + \dfrac{1}{x^{2n}}}{1 + \dfrac{1}{x^{2n}}} = \frac{x + 0}{1 + 0} = \boldsymbol{x}$$

(2) (1) の結果から，
$$f(x) = \begin{cases} 1\ (-1 < x \leqq 1) \\ 0\ (x = -1) \\ x\ (x < -1,\ 1 < x) \end{cases}$$

であるから，$y = f(x)$ のグラフは右図のとおり．

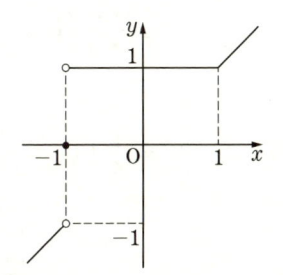

問題 66

▶▶▶ 設問 P60

(1) (i) $r = 1$ のとき, $a_n = c$ であるから,
$$\lim_{n \to \infty} \frac{a_2 + a_4 + \cdots + a_{2n}}{a_1 + a_2 + \cdots + a_n} = \lim_{n \to \infty} \frac{cn}{cn} = \mathbf{1}$$

(ii) $r \neq 1$ のとき, 分子と分母はそれぞれ
$$a_2 + a_4 + \cdots + a_{2n} = \sum_{k=1}^{n} cr^{2k} = \frac{cr^2(1-r^{2n})}{1-r^2},$$
$$a_1 + a_2 + \cdots + a_n = \sum_{k=1}^{n} cr^k = \frac{cr(1-r^n)}{1-r}$$

であるから, $\displaystyle\lim_{n \to \infty} \frac{a_2 + a_4 + \cdots + a_{2n}}{a_1 + a_2 + \cdots + a_n} = \lim_{n \to \infty} \dfrac{\dfrac{cr^2(1-r^{2n})}{1-r^2}}{\dfrac{cr(1-r^n)}{1-r}}$

$$= \lim_{n \to \infty} \frac{r(1+r^n)}{1+r} = \lim_{n \to \infty} \left(\frac{r}{1+r} + \frac{r^{n+1}}{1+r} \right)$$

よって, $0 < r < 1$ のとき, $\displaystyle\lim_{n \to \infty} \frac{a_2 + a_4 + \cdots + a_{2n}}{a_1 + a_2 + \cdots + a_n} = \boldsymbol{\dfrac{r}{1+r}}$

$r > 1$ のとき, $\displaystyle\lim_{n \to \infty} \frac{a_2 + a_4 + \cdots + a_{2n}}{a_1 + a_2 + \cdots + a_n} = \infty$

(2) $a_n = \dfrac{1}{n(n+2)} = \dfrac{1}{2}\left(\dfrac{1}{n} - \dfrac{1}{n+2}\right)$ であるから, 分子と分母はそれぞれ

$$a_2 + a_4 + \cdots + a_{2n} = \sum_{k=1}^{n} a_{2k} = \sum_{k=1}^{n} \frac{1}{2}\left(\frac{1}{2k} - \frac{1}{2k+2}\right)$$
$$= \frac{1}{4}\left(\sum_{k=1}^{n} \frac{1}{k} - \sum_{k=1}^{n} \frac{1}{k+1}\right)$$
$$= \frac{1}{4}\left\{\left(1 + \frac{1}{2} + \frac{1}{3} + \cdots + \frac{1}{n}\right) \right.$$
$$\left. - \left(\frac{1}{2} + \frac{1}{3} + \cdots + \frac{1}{n} + \frac{1}{n+1}\right)\right\}$$
$$= \frac{1}{4}\left(1 - \frac{1}{n+1}\right)$$

$$a_1 + a_2 + \cdots + a_n = \sum_{k=1}^{n} a_k = \sum_{k=1}^{n} \frac{1}{2}\left(\frac{1}{k} - \frac{1}{k+2}\right)$$

$$= \frac{1}{2}\left(\sum_{k=1}^{n}\frac{1}{k} - \sum_{k=1}^{n}\frac{1}{k+2}\right)$$

$$= \frac{1}{2}\left\{\left(1 + \frac{1}{2} + \frac{1}{3} + \frac{1}{4} + \cdots + \frac{1}{n}\right)\right.$$
$$\left. - \left(\frac{1}{3} + \frac{1}{4} + \cdots + \frac{1}{n} + \frac{1}{n+1} + \frac{1}{n+2}\right)\right\}$$

$$= \frac{1}{2}\left(1 + \frac{1}{2} - \frac{1}{n+1} - \frac{1}{n+2}\right)$$

よって，求める極限は，

$$\lim_{n\to\infty}\frac{a_2 + a_4 + \cdots + a_{2n}}{a_1 + a_2 + \cdots + a_n} = \lim_{n\to\infty}\frac{\frac{1}{4}\left(1 - \frac{1}{n+1}\right)}{\frac{1}{2}\left(1 + \frac{1}{2} - \frac{1}{n+1} - \frac{1}{n+2}\right)}$$

$$= \frac{\frac{1}{4}}{\frac{1}{2}\cdot\left(1 + \frac{1}{2}\right)} = \boldsymbol{\frac{1}{3}}$$

問題 67 ▶▶▶ 設問 P61

$a_1 > 0$ と与えられた漸化式よりすべての自然数 n について，帰納的に $a_n > 0$ が成立する．

このとき，両辺に自然対数をとれば，

$$\log a_{n+1} = \log 2 + \frac{1}{2}\log a_n$$

$$\log a_{n+1} - 2\log 2 = \frac{1}{2}(\log a_n - 2\log 2)$$

$\{\log a_n - 2\log 2\}$ は，初項 $\log a_1 - 2\log 2$，公比 $\frac{1}{2}$ の等比数列であるから，

$$\log a_n - 2\log 2 = \left(\frac{1}{2}\right)^{n-1}\cdot(\log a_1 - 2\log 2)$$

$$\log a_n = 2\log 2 + \left(\frac{1}{2}\right)^{n-1}\cdot(\log a_1 - 2\log 2)$$

よって，$\lim_{n\to\infty}\log a_n = \lim_{n\to\infty}\left\{2\log 2 + \left(\frac{1}{2}\right)^{n-1}\cdot(\log a_1 - 2\log 2)\right\} = 2\log 2 = \log 4$ であるから，$f(x) = \log x$ は，正の数 x に対し，1 対 1 にすることに注意すると，$\lim_{n\to\infty}a_n = \boldsymbol{4}$

問題 68　　　　　　　　　　　　　　　　　　　▶▶▶ 設問 P61

(1) 右図で C と C_n, C_n と C_{n+1} が外接するから

$$\begin{cases} a_n^2 + (1-b_n)^2 = (1+b_n)^2 \\ (b_n - b_{n+1})^2 + (a_n - a_{n+1})^2 = (b_n + b_{n+1})^2 \end{cases}$$

が成立する．これらより，$\begin{cases} a_n^2 = 4b_n \cdots\cdots ① \\ (a_n - a_{n+1})^2 = 4b_n b_{n+1} \cdots\cdots ② \end{cases}$

①を②に用いて，

$$(a_n - a_{n+1})^2 = \frac{1}{4} a_n^2 a_{n+1}^2$$

$a_n - a_{n+1} > 0$, $a_n a_{n+1} > 0$ であるから，

$$a_n - a_{n+1} = \frac{1}{2} a_n a_{n+1}$$

$$\therefore \frac{1}{a_{n+1}} - \frac{1}{a_n} = \frac{1}{2}$$

数列 $\left\{ \dfrac{1}{a_n} \right\}$ は，初項 $\dfrac{1}{a_1} = \dfrac{2}{3}$，公差 $\dfrac{1}{2}$ の等差数列であるから，

$$\frac{1}{a_n} = \frac{2}{3} + \frac{1}{2}(n-1) = \frac{n}{2} + \frac{1}{6} = \frac{3n+1}{6}$$

したがって，$a_n = \dfrac{\mathbf{6}}{\mathbf{3n+1}}$, $b_n = \dfrac{1}{4} a_n^2 = \dfrac{\mathbf{9}}{\mathbf{(3n+1)^2}}$

(2) (1) の結果を用いて，

$$\lim_{n \to \infty} \frac{b_n}{a_n a_{n+1}} = \lim_{n \to \infty} \frac{\dfrac{9}{(3n+1)^2}}{\dfrac{6}{3n+1} \cdot \dfrac{6}{3n+4}} = \frac{\mathbf{1}}{\mathbf{4}}$$

問題 69 ▶▶▶設問 P63

(1) $-1 \leqq (-1)^n \leqq 1$ より，$-\dfrac{1}{n} \leqq \dfrac{(-1)^n}{n} \leqq \dfrac{1}{n}$

$\displaystyle\lim_{n\to\infty}\left(\pm\dfrac{1}{n}\right)=0$ とはさみうちの原理より，$\displaystyle\lim_{n\to\infty}\dfrac{(-1)^n}{n}=\mathbf{0}$

(2) $-1 \leqq \cos 2n\theta \leqq 1$ より，$-\dfrac{1}{3^n} \leqq \dfrac{\cos 2n\theta}{3^n} \leqq \dfrac{1}{3^n}$

$\displaystyle\lim_{n\to\infty}\left(\pm\dfrac{1}{3^n}\right)=0$ とはさみうちの原理より，$\displaystyle\lim_{n\to\infty}\dfrac{\cos 2n\theta}{3^n}=\mathbf{0}$

問題 70 ▶▶▶設問 P63

(1) $h>0$ であるから，二項定理より
$$(1+h)^n = {}_nC_0 + {}_nC_1 h + {}_nC_2 h^2 + \cdots + {}_nC_n h^n$$
$$\geqq {}_nC_0 + {}_nC_1 h + {}_nC_2 h^2$$
$$= 1 + nh + \dfrac{n(n-1)}{2}h^2$$

(2) $0<|r|<1$ より，$\dfrac{1}{|r|}=1+h\;(h>0)$ とおけるから，$n \geqq 2$ のとき (1) から
$$\left(\dfrac{1}{|r|}\right)^n = (1+h)^n \geqq \dfrac{n(n-1)}{2}h^2$$
$$\therefore\;\; 0 \leqq |nr^n| = \dfrac{n}{\left(\dfrac{1}{|r|}\right)^n} \leqq \dfrac{n}{\dfrac{n(n-1)}{2}h^2} = \dfrac{2}{(n-1)h^2}$$

$\displaystyle\lim_{n\to\infty}\dfrac{2}{(n-1)h^2}=0$ とはさみうちの原理より，$\displaystyle\lim_{n\to\infty}nr^n=0$

問題 71 ▶▶▶設問 P64

(1) 数学的帰納法で示す．

(i) $n=2$ のとき，$a_1 > 4$ より $a_2 - 4 = \sqrt{a_1+12} - 4 > 0$

よって，$a_2 > 4$ となり，このとき $a_n > 4$ は成立する．

(ii) $n = k \ (\geqq 2)$ のとき，$a_k > 4$ が成立すると仮定すると，
$$a_{k+1} - 4 = \sqrt{a_k + 12} - 4 > 0 \quad (仮定より)$$

よって $a_{k+1} > 4$ となり，これは $n = k+1$ のときも $a_n > 4$ が成立することを意味する．

以上 (i), (ii) から，題意は示された．

(2) (1) から $a_n > 4 \ (n = 2, 3, \cdots)$ であり，条件から $a_1 > 4$ と合わせて，$a_n > 4 \ (n = 1, 2, \cdots)$ である．このもとで，
$$a_{n+1} - 4 = \sqrt{a_n + 12} - 4 = \frac{1}{\sqrt{a_n + 12} + 4} \cdot (a_n - 4)$$
$$< \frac{1}{\sqrt{4 + 12} + 4} \cdot (a_n - 4) = \frac{1}{8}(a_n - 4)$$

よって，$a_{n+1} - 4 < \dfrac{1}{8}(a_n - 4)$ $\cdots\cdots$ ① が成立することが示された．

(3) ① の不等式を繰り返し用いると，
$$0 < a_n - 4 < \frac{1}{8}(a_{n-1} - 4) < \left(\frac{1}{8}\right)^2 (a_{n-2} - 4) < \cdots < \left(\frac{1}{8}\right)^{n-1} (a_1 - 4)$$

より，$0 < a_n - 4 < \left(\dfrac{1}{8}\right)^{n-1} (a_1 - 4)$ である．

$\displaystyle\lim_{n \to \infty} \left(\frac{1}{8}\right)^{n-1} (a_1 - 4) = 0$ と，はさみうちの原理により，

$\displaystyle\lim_{n \to \infty} (a_n - 4) = 0 \quad \therefore \quad \lim_{n \to \infty} a_n = \mathbf{4}$

問題 72　　　　　　　　　　　　　　　　　　　　　▶▶▶設問 P68

(1) 第 n 項までの部分和を S_n とすると，
$$S_n = \sum_{k=1}^{n} \frac{1}{k(k+1)}$$
$$= \sum_{k=1}^{n} \left(\frac{1}{k} - \frac{1}{k+1}\right)$$
$$= 1 - \frac{1}{n+1}$$

より，求める無限級数の和は
$$\lim_{n\to\infty} S_n = \lim_{n\to\infty}\left(1 - \frac{1}{n+1}\right) = 1 \quad \therefore \ \textbf{1 に収束する}$$

(2) 第 n 項までの部分和を S_n とすると，
$$\begin{aligned}
S_n &= \sum_{k=1}^{n} \frac{1}{k(k+2)} \\
&= \sum_{k=1}^{n} \frac{1}{2}\left(\frac{1}{k} - \frac{1}{k+2}\right) \\
&= \frac{1}{2}\left\{\left(\frac{1}{1} - \frac{1}{3}\right) + \left(\frac{1}{2} - \frac{1}{4}\right) + \left(\frac{1}{3} - \frac{1}{5}\right) + \cdots \right. \\
&\qquad \left. + \left(\frac{1}{n-1} - \frac{1}{n+1}\right) + \left(\frac{1}{n} - \frac{1}{n+2}\right)\right\} \\
&= \frac{1}{2}\left(\frac{1}{1} + \frac{1}{2} - \frac{1}{n+1} - \frac{1}{n+2}\right)
\end{aligned}$$

より，求める無限級数の和は
$$\begin{aligned}
\lim_{n\to\infty} S_n &= \lim_{n\to\infty} \frac{1}{2}\left(\frac{1}{1} + \frac{1}{2} - \frac{1}{n+1} - \frac{1}{n+2}\right) \\
&= \frac{1}{2} \cdot \frac{3}{2} = \frac{3}{4} \quad \therefore \ \frac{\textbf{3}}{\textbf{4}} \text{に収束する}
\end{aligned}$$

(3) 第 n 項までの部分和を S_n とすると，
$$\begin{aligned}
S_n &= \sum_{k=1}^{n} \frac{1}{k(k+1)(k+2)} \\
&= \sum_{k=1}^{n} \frac{1}{2}\left\{\frac{1}{k(k+1)} - \frac{1}{(k+1)(k+2)}\right\} \\
&= \frac{1}{2}\left\{\left(\frac{1}{1\cdot 2} - \frac{1}{2\cdot 3}\right) + \left(\frac{1}{2\cdot 3} - \frac{1}{3\cdot 4}\right) + \cdots \right. \\
&\qquad \left. + \left(\frac{1}{n(n+1)} - \frac{1}{(n+1)(n+2)}\right)\right\} \\
&= \frac{1}{2}\left\{\frac{1}{1\cdot 2} - \frac{1}{(n+1)(n+2)}\right\}
\end{aligned}$$

より，求める無限級数の和は
$$\lim_{n\to\infty} S_n = \lim_{n\to\infty} \frac{1}{2}\left\{\frac{1}{2} - \frac{1}{(n+1)(n+2)}\right\} = \frac{1}{4} \quad \therefore \ \frac{\textbf{1}}{\textbf{4}} \text{に収束する}$$

(4) 第 n 項までの部分和を S_n とすると，
$$S_n = \sum_{k=1}^{n} \frac{1}{\sqrt{k} + \sqrt{k+1}}$$

$$= \sum_{k=1}^{n}(\sqrt{k+1}-\sqrt{k}) = \sqrt{n+1}-1$$

より，求める無限級数は

$$\lim_{n\to\infty} S_n = \lim_{n\to\infty}(\sqrt{n+1}-1) = \infty \quad \therefore \text{正の無限大に発散する}$$

(5) $\displaystyle\lim_{n\to\infty}\frac{n}{n+1} = \lim_{n\to\infty}\frac{1}{1+\dfrac{1}{n}} = 1 \neq 0$ より，$\displaystyle\sum_{n=1}^{\infty}\frac{n}{n+1}$ は 発散する．

問題 73 ▶▶▶ 設問 P68

第 n 項までの部分和を S_n とおくと

$$S_n = \frac{1}{3} + \frac{2}{3^2} + \frac{3}{3^2} + \cdots\cdots + \frac{n}{3^n}$$
$$-)\ \frac{1}{3}S_n = \qquad \frac{1}{3^2} + \frac{2}{3^3} + \cdots\cdots + \frac{n-1}{3^n} + \frac{n}{3^{n+1}}$$
$$\overline{\frac{2}{3}S_n = \frac{1}{3} + \frac{1}{3^2} + \frac{1}{3^3} + \cdots\cdots + \frac{1}{3^n} \quad - \frac{n}{3^{n+1}}}$$

$$= \frac{\dfrac{1}{3}\left\{1-\left(\dfrac{1}{3}\right)^n\right\}}{1-\dfrac{1}{3}} - \frac{n}{3^{n+1}}$$

$$= \frac{1}{2}\left\{1-\left(\frac{1}{3}\right)^n\right\} - \frac{1}{3}\cdot\frac{n}{3^n}$$

よって，

$$S_n = \frac{3}{4}\left\{1-\left(\frac{1}{3}\right)^n\right\} - \frac{1}{2}\cdot\frac{n}{3^n}$$

を得る．$\displaystyle\lim_{n\to\infty}\left(\frac{1}{3}\right)^n = 0$，$\displaystyle\lim_{n\to\infty}\frac{n}{3^n} = 0$ であるから，求める和は，

$$\lim_{n\to\infty} S_n = \boldsymbol{\frac{3}{4}}$$

問題 74 ▶▶▶ 設問 P69

(1) この無限級数の第 n 項までの部分和を S_n とすると

$$S_n = \left(1 + \frac{1}{3} + \frac{1}{3^2} + \cdots + \frac{1}{3^{n-1}}\right) - \left(\frac{1}{2} + \frac{1}{2^2} + \cdots + \frac{1}{2^n}\right)$$

$$= \frac{1 - \left(\frac{1}{3}\right)^n}{1 - \frac{1}{3}} - \frac{\frac{1}{2}\left\{1 - \left(\frac{1}{2}\right)^n\right\}}{1 - \frac{1}{2}}$$

$$= \frac{3}{2}\left\{1 - \left(\frac{1}{3}\right)^n\right\} - \left\{1 - \left(\frac{1}{2}\right)^n\right\}$$

$$\therefore \lim_{n \to \infty} S_n = \frac{3}{2} \cdot 1 - 1 = \frac{1}{2}$$

よって，求める和は $\boldsymbol{\dfrac{1}{2}}$

別解 ……………………………………………………………

$$\left(1 - \frac{1}{2}\right) + \left(\frac{1}{3} - \frac{1}{2^2}\right) + \left(\frac{1}{3^2} - \frac{1}{2^3}\right) + \cdots$$

$$= \sum_{n=1}^{\infty}\left(\frac{1}{3^{n-1}} - \frac{1}{2^n}\right) = \sum_{n=1}^{\infty}\frac{1}{3^{n-1}} - \sum_{n=1}^{\infty}\frac{1}{2^n}$$

$\displaystyle\sum_{n=1}^{\infty}\frac{1}{3^{n-1}}$ は初項 1, 公比 $\dfrac{1}{3}$ の無限等比級数, $\displaystyle\sum_{n=1}^{\infty}\frac{1}{2^n}$ は初項 $\dfrac{1}{2}$, 公比 $\dfrac{1}{2}$ の無限等比級数であるから，求める和は $\dfrac{1}{1-\frac{1}{3}} - \dfrac{\frac{1}{2}}{1-\frac{1}{2}} = \dfrac{3}{2} - 1 = \boldsymbol{\dfrac{1}{2}}$

(2) この無限級数の第 n 項までの部分和を S_n とすると

$$S_{2n} = 1 - \frac{1}{3} + \frac{1}{2} - \frac{1}{3^2} + \frac{1}{2^2} - \frac{1}{3^3} + \cdots + \frac{1}{2^{n-1}} - \frac{1}{3^n}$$

$$= \left(1 + \frac{1}{2} + \frac{1}{2^2} + \cdots + \frac{1}{2^{n-1}}\right) - \left(\frac{1}{3} + \frac{1}{3^2} + \frac{1}{3^3} + \cdots + \frac{1}{3^n}\right)$$

$$= \frac{1 - \left(\frac{1}{2}\right)^n}{1 - \frac{1}{2}} - \frac{\frac{1}{3}\left\{1 - \left(\frac{1}{3}\right)^n\right\}}{1 - \frac{1}{3}}$$

$$= 2\left(1 - \frac{1}{2^n}\right) - \frac{1}{2}\left(1 - \frac{1}{3^n}\right)$$

よって，$\displaystyle\lim_{n \to \infty} S_{2n} = 2 \cdot 1 - \frac{1}{2} \cdot 1 = \frac{3}{2}$

また $S_{2n-1} = S_{2n} - a_{2n}$ より

$$\lim_{n \to \infty} S_{2n-1} = \lim_{n \to \infty}\left\{S_{2n} - \left(-\frac{1}{3^n}\right)\right\}$$

$$= \lim_{n \to \infty} S_{2n} + \lim_{n \to \infty}\frac{1}{3^n} = \frac{3}{2} + 0 = \frac{3}{2}$$

$\lim_{n \to \infty} S_{2n-1} = \lim_{n \to \infty} S_{2n} = \dfrac{3}{2}$ より，求める和は $\dfrac{3}{2}$

問題 75 ▶▶▶ 設問 P69

(1) 右の図のように，B_1，C_1 を定める。
S_1 の1辺の長さを x_1 とおく。
$\triangle ABC \backsim \triangle AB_1C_1$ であるから 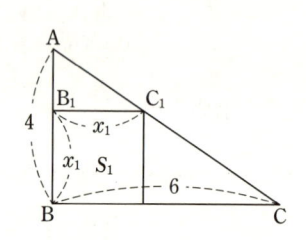
$$AB : AB_1 = BC : B_1C_1$$
$$4 : (4 - x_1) = 6 : x_1$$

これを解いて，$x_1 = \dfrac{12}{5}$

(2) 右の図のように C_n，B_{n+1}，C_{n+1} を定める。また，S_n，S_{n+1} の1辺の長さをそれぞれ x_n，x_{n+1} とする。
$\triangle ABC \backsim \triangle C_n B_{n+1} C_{n+1}$ であるから 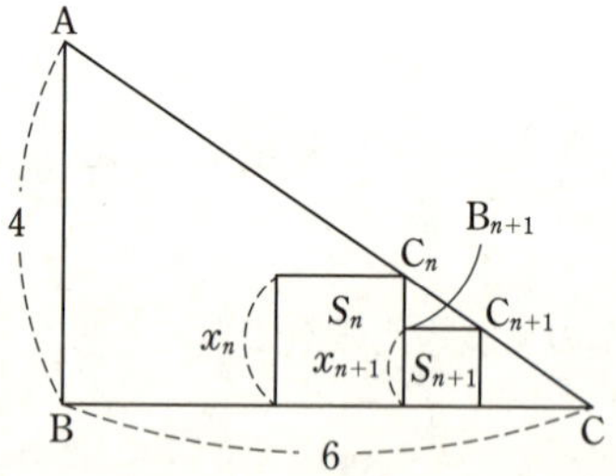
$$AB : C_n B_{n+1} = BC : B_{n+1} C_{n+1}$$
$$4 : (x_n - x_{n+1}) = 6 : x_{n+1}$$

よって $x_{n+1} = \dfrac{3}{5} x_n$

数列 $\{x_n\}$ は，初項 $x_1 = \dfrac{12}{5}$，公比 $\dfrac{3}{5}$ の等比数列であるから
$$x_n = \dfrac{12}{5} \left(\dfrac{3}{5}\right)^{n-1} = 4 \left(\dfrac{3}{5}\right)^n$$
よって，$a_n = x_n{}^2 = \left\{ 4 \left(\dfrac{3}{5}\right)^n \right\}^2 = \mathbf{16 \left(\dfrac{9}{25}\right)^n}$

(3) $\lim_{n \to \infty} \sum_{k=1}^{n} a_k = \sum_{k=1}^{\infty} a_k$ は初項が $16 \cdot \dfrac{9}{25}$，公比が $\dfrac{9}{25}$ の無限等比級数を表すから，求める値は $\dfrac{16 \cdot \dfrac{9}{25}}{1 - \dfrac{9}{25}} = \mathbf{9}$

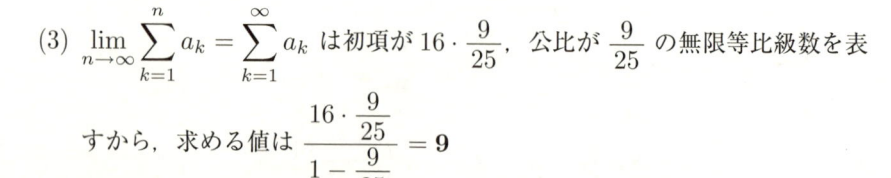

問題 76

(1) 中心が $y = x$ 上に存在する．右図の三角形は直角二等辺三角形であるから，
$$1 + a_2 = \sqrt{2}(1 - a_2)$$
$$a_2 = \frac{\sqrt{2}-1}{\sqrt{2}+1} = \bm{3 - 2\sqrt{2}}$$

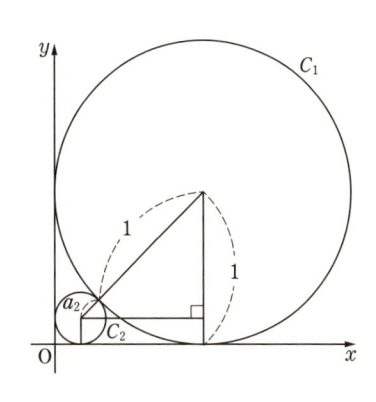

(2) (1) と同様に考えて，
$$a_n + a_{n+1} = \sqrt{2}(a_n - a_{n+1})$$
$$a_{n+1} = \frac{\sqrt{2}-1}{\sqrt{2}+1}a_n = (3 - 2\sqrt{2})a_n$$
$$\therefore \ \bm{a_{n+1} = (3 - 2\sqrt{2})a_n}$$

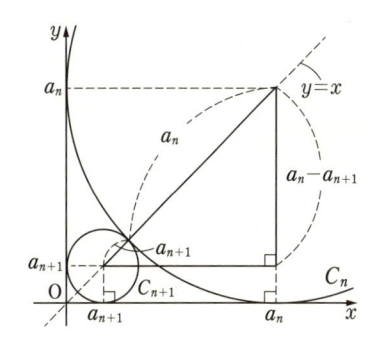

(3) $a_{n+1} = (3 - 2\sqrt{2})a_n$ より，数列 $\{a_n\}$ は初項 $a_1 = 1$，公比 $3 - 2\sqrt{2}$ の等比数列であるから，$a_n = \bm{(3 - 2\sqrt{2})^{n-1}}$

(4) $S_n = \pi a_n{}^2 = \pi\{(3-2\sqrt{2})^{n-1}\}^2 = \pi(17-12\sqrt{2})^{n-1}$ より $\sum_{n=1}^{\infty} S_n$ は初項 $S_1 = \pi$，公比 $17 - 12\sqrt{2}$ の無限等比級数を表す．$0 < 17 - 12\sqrt{2} < 1$ に注意すると，
$$\sum_{n=1}^{\infty} S_n = \frac{\pi}{1 - (17 - 12\sqrt{2})} = \frac{\pi}{12\sqrt{2} - 16}$$
$$= \frac{\pi}{4(3\sqrt{2} - 4)} = \bm{\frac{1}{8}(3\sqrt{2} + 4)\pi}$$

問題 77

(1) $\displaystyle\lim_{x\to -2}\frac{x^2+8x+12}{x^2+5x+6} = \lim_{x\to -2}\frac{(x+2)(x+6)}{(x+2)(x+3)}$
$\displaystyle\phantom{\lim_{x\to -2}\frac{x^2+8x+12}{x^2+5x+6}} = \lim_{x\to -2}\frac{x+6}{x+3} = \frac{-2+6}{-2+3} = \mathbf{4}$

(2) $\displaystyle\lim_{x\to\infty}\sqrt{x}(\sqrt{x+1}-\sqrt{x-1}) = \lim_{x\to\infty}\frac{2\sqrt{x}}{\sqrt{x+1}+\sqrt{x-1}}$
$\displaystyle\phantom{\lim_{x\to\infty}\sqrt{x}(\sqrt{x+1}-\sqrt{x-1})} = \lim_{x\to\infty}\frac{2}{\sqrt{1+\dfrac{1}{x}}+\sqrt{1-\dfrac{1}{x}}} = \mathbf{1}$

(3) $\displaystyle\lim_{x\to\infty}\frac{2x^3-8x^2+7x+1}{x^3+5x} = \lim_{x\to\infty}\frac{2-\dfrac{8}{x}+\dfrac{7}{x^2}+\dfrac{1}{x^3}}{1+\dfrac{5}{x^2}} = \mathbf{2}$

問題 78

(1) $x=-t$ とおくと，$x\to -\infty$ は $t\to\infty$ に対応するから
$$\lim_{x\to -\infty}(3x^3+x^2) = \lim_{t\to\infty}(-3t^3+t^2)$$
$$\phantom{\lim_{x\to -\infty}(3x^3+x^2)} = \lim_{t\to\infty}t^3\left(-3+\frac{1}{t}\right) = \mathbf{-\infty}$$

(2) $x=-t$ とおくと，$x\to -\infty$ は $t\to\infty$ に対応するから
$$\lim_{x\to -\infty}\frac{x+2}{\sqrt{x^2+4}} = \lim_{t\to\infty}\frac{-t+2}{\sqrt{t^2+4}} = \lim_{t\to\infty}\frac{-1+\dfrac{2}{t}}{\sqrt{1+\dfrac{4}{t^2}}} = \mathbf{-1}$$

(3) $x=-t$ とおくと，$x\to\infty$ は $t\to\infty$ に対応するから
$$与式 = \lim_{t\to\infty}(-2t+\sqrt{4t^2+9t+5})$$
$$= \lim_{t\to\infty}\frac{(-2t+\sqrt{4t^2+9t+5})(-2t-\sqrt{4t^2+9t+5})}{-2t-\sqrt{4t^2+9t+5}}$$
$$= \lim_{t\to\infty}\frac{4t^2-(4t^2+9t+5)}{-2t-\sqrt{4t^2+9t+5}}$$

$$= \lim_{t \to \infty} \frac{-9t - 5}{-2t - \sqrt{4t^2 + 9t + 5}}$$

$$= \lim_{t \to \infty} \frac{9t + 5}{2t + \sqrt{4t^2 + 9t + 5}}$$

$$= \lim_{t \to \infty} \frac{9 + \dfrac{5}{t}}{2 + \sqrt{4 + \dfrac{9}{t} + \dfrac{5}{t^2}}} = \frac{9}{4}$$

参考

(1) は $x = -t$ と置き換えなくても，

$$\lim_{x \to -\infty} (3x^3 + x^2) = \lim_{x \to -\infty} x^3 \left(3 + \frac{1}{x}\right) = -\infty$$ とすることもできます．

(3) を置き換えないで計算すると以下のようになります．

$$与式 = \lim_{x \to -\infty} (2x + \sqrt{4x^2 - 9x + 5})$$

$$= \lim_{x \to -\infty} \frac{(2x + \sqrt{4x^2 - 9x + 5})(2x - \sqrt{4x^2 - 9x + 5})}{2x - \sqrt{4x^2 - 9x + 5}}$$

$$= \lim_{x \to -\infty} \frac{4x^2 - (4x^2 - 9x + 5)}{2x - \sqrt{4x^2 - 9x + 5}}$$

$$= \lim_{x \to -\infty} \frac{9x - 5}{2x - \sqrt{4x^2 - 9x + 5}}$$

$$= \lim_{x \to -\infty} \frac{\dfrac{9x - 5}{\sqrt{x^2}}}{\dfrac{2x - \sqrt{4x^2 - 9x + 5}}{\sqrt{x^2}}}$$

$$= \lim_{x \to -\infty} \frac{\dfrac{9x - 5}{\sqrt{x^2}}}{\dfrac{2x}{\sqrt{x^2}} - \dfrac{\sqrt{4x^2 - 9x + 5}}{\sqrt{x^2}}}$$

$$= \lim_{x \to -\infty} \frac{\dfrac{9x - 5}{-x}}{\dfrac{2x}{-x} - \sqrt{\dfrac{4x^2 - 9x + 5}{x^2}}}$$

$$= \lim_{x \to -\infty} \frac{-9 + \dfrac{5}{x}}{-2 - \sqrt{4 - \dfrac{9}{x} + \dfrac{5}{x^2}}} = \frac{9}{4}$$

分母の最高次 $\sqrt{x^2}$ で割りますが，$x<0$ だから $\sqrt{x^2}=|x|=-x$ で割らなければならないのです．ケアレスミスをしたらもったいないです．$x=-t$ とするクセをつけましょう．

問題 79 　　　　　　　　　　　　　　　　　　　▶▶▶ 設問 P73

(1) $x \geqq 1$ のとき，$|x^2-1|=x^2-1=(x+1)(x-1)$ であるから
$$\lim_{x\to 1+0}\frac{|x^2-1|}{x-1}=\lim_{x\to 1+0}\frac{(x+1)(x-1)}{x-1}=\lim_{x\to 1+0}(x+1)=\mathbf{2}$$

(2) $0\leqq x<1$ のとき，$|x^2-1|=-(x^2-1)=-(x+1)(x-1)$ であるから
$$\lim_{x\to 1-0}\frac{|x^2-1|}{x-1}=\lim_{x\to 1-0}\frac{-(x+1)(x-1)}{x-1}=\lim_{x\to 1-0}\{-(x+1)\}=\mathbf{-2}$$

(3) $1\leqq x<2$ のとき $[x]=1$ より，$\displaystyle\lim_{x\to 1+0}[x]=\mathbf{1}$

(4) $0\leqq x<1$ のとき $[x]=0$ より，$\displaystyle\lim_{x\to 1-0}[x]=\mathbf{0}$

問題 80 　　　　　　　　　　　　　　　　　　　▶▶▶ 設問 P75

(1) $\displaystyle\lim_{x\to 2}(x^2-5x+6)=0$ より，与式が有限の値になるためには，
$\displaystyle\lim_{x\to 2}(\sqrt{x+a}-3)=0$ が必要である．よって，$\sqrt{2+a}-3=0$ より，$a=7$
逆に $a=7$ のとき，
$$\lim_{x\to 2}\frac{\sqrt{x+7}-3}{(x-2)(x-3)}=\lim_{x\to 2}\frac{x-2}{(x-2)(x-3)(\sqrt{x+7}+3)}$$
$$=\lim_{x\to 2}\frac{1}{(x-3)(\sqrt{x+7}+3)}=-\frac{\mathbf{1}}{\mathbf{6}}$$

(2) $a\leqq 0$ のとき，$\displaystyle\lim_{x\to\infty}\{\sqrt{x^2-1}-(ax+b)\}=\infty$ となり，有限の値をとらず不適．よって，$a>0$ の下で左辺は
$$\lim_{x\to\infty}\{\sqrt{x^2-1}-(ax+b)\}=\lim_{x\to\infty}\frac{(x^2-1)-(ax+b)^2}{\sqrt{x^2-1}+ax+b}$$
$$=\lim_{x\to\infty}\frac{(1-a^2)x^2-2abx-b^2-1}{\sqrt{x^2-1}+ax+b}$$

$$= \lim_{x \to \infty} \frac{(1-a^2)x - 2ab - \dfrac{b^2+1}{x}}{\sqrt{1-\dfrac{1}{x^2}} + a + \dfrac{b}{x}}$$

これが有限の値2に収束するための条件は，まず $1-a^2 = 0$ が必要で，このとき，

$$(与式) = \lim_{x \to \infty} \frac{-2ab - \dfrac{b^2+1}{x}}{\sqrt{1-\dfrac{1}{x^2}} + a + \dfrac{b}{x}}$$

$$= \frac{-2ab}{1+a} = 2$$

が成り立てばよい．$a > 0$ より，$a=1,\ b=-2$
逆に，このとき

$$\lim_{x \to \infty} \{\sqrt{x^2-1} - (x-2)\} = \lim_{x \to \infty} \frac{(x^2-1) - (x-2)^2}{\sqrt{x^2-1} + x - 2}$$

$$= \lim_{x \to \infty} \frac{4 - \dfrac{5}{x}}{\sqrt{1-\dfrac{1}{x^2}} + 1 - \dfrac{2}{x}} = 2$$

となり，確かに成立する．

以上から，$(a,\ b) = \mathbf{(1,\ -2)}$

問題 81 ▶▶▶ 設問 P78

(1) $\displaystyle\lim_{x \to 0} \frac{\sin 3x}{x} = \lim_{x \to 0} \frac{\sin 3x}{3x} \times 3 = \mathbf{3}$

(2) $\displaystyle\lim_{x \to 0} \frac{\sin 5x}{\sin 3x} = \lim_{x \to 0} \frac{\sin 5x}{5x} \cdot \frac{3x}{\sin 3x} \cdot \frac{5}{3} = \mathbf{\dfrac{5}{3}}$

(3) $\displaystyle\lim_{x \to 0} \frac{x \sin x}{1 - \cos x} = \lim_{x \to 0} \frac{x \sin x (1 + \cos x)}{(1 - \cos x)(1 + \cos x)}$

$$= \lim_{x \to 0} \frac{x \sin x (1 + \cos x)}{1 - \cos^2 x}$$

$$= \lim_{x \to 0} \frac{x \sin x (1 + \cos x)}{\sin^2 x}$$

$$= \lim_{x \to 0} \underbrace{\frac{x}{\sin x}}_{\to 1} \cdot \underbrace{(1 + \cos x)}_{\to 2} = \mathbf{2}$$

(4) $x - \dfrac{\pi}{2} = t$ とおくと，$x = t + \dfrac{\pi}{2}$ であるから，

$$2x - \pi = 2\left(t + \dfrac{\pi}{2}\right) - \pi = 2t, \ \cos x = \cos\left(t + \dfrac{\pi}{2}\right) = -\sin t$$

$x \to \dfrac{\pi}{2}$ は $t \to 0$ に対応するから，求める極限値は，

$$\lim_{x \to \frac{\pi}{2}} \dfrac{2x - \pi}{\cos x} = \lim_{t \to 0} \dfrac{2t}{-\sin t} = \lim_{t \to 0} \left(-2 \cdot \dfrac{t}{\sin t}\right)$$
$$= -2 \cdot 1 = \boldsymbol{-2}$$

(5) $x - 1 = t$ とおくと，$x = t + 1$ であるから

$$\sin \pi x = \sin \pi(t + 1) = \sin(\pi t + \pi) = -\sin \pi t$$

$x \to 1$ は $t \to 0$ に対応するから，求める極限値は，

$$\lim_{x \to 1} \dfrac{\sin \pi x}{x - 1} = \lim_{t \to 0} \dfrac{-\sin \pi t}{t} = \lim_{t \to 0} \left(-\dfrac{\sin \pi t}{\pi t} \cdot \pi\right)$$
$$= -1 \cdot \pi = \boldsymbol{-\pi}$$

(6) $x - \dfrac{\pi}{4} = t$ とおくと，$x = t + \dfrac{\pi}{4}$ であるから，

$$\sin x - \cos x = \sin\left(t + \dfrac{\pi}{4}\right) - \cos\left(t + \dfrac{\pi}{4}\right)$$
$$= \sin t \cos \dfrac{\pi}{4} + \cos t \sin \dfrac{\pi}{4} - \left(\cos t \cos \dfrac{\pi}{4} - \sin t \sin \dfrac{\pi}{4}\right)$$
$$= \dfrac{1}{\sqrt{2}} \sin t + \dfrac{1}{\sqrt{2}} \cos t - \left(\dfrac{1}{\sqrt{2}} \cos t - \dfrac{1}{\sqrt{2}} \sin t\right) = \sqrt{2} \sin t$$

$x \to \dfrac{\pi}{4}$ は $t \to 0$ に対応するから，求める極限値は，

$$\lim_{x \to \frac{\pi}{4}} \dfrac{\sin x - \cos x}{x - \dfrac{\pi}{4}} = \lim_{t \to 0} \dfrac{\sqrt{2} \sin t}{t} = \boldsymbol{\sqrt{2}}$$

別解

$$\sin x - \cos x = \sqrt{2} \sin\left(x - \dfrac{\pi}{4}\right)$$

$x - \dfrac{\pi}{4} = t$ とすると，$x \to \dfrac{\pi}{4}$ は $t \to 0$ に対応するから

$$(与式) = \lim_{t \to 0} \dfrac{\sqrt{2} \sin t}{t} = \boldsymbol{\sqrt{2}}$$

問題 82

▶▶▶ 設問 P79

(1) $\displaystyle\lim_{x\to 0}\frac{(1-\cos x)\tan x}{x^3} = \lim_{x\to 0}\frac{(1-\cos x)(1+\cos x)}{x^3(1+\cos x)}\cdot\frac{\sin x}{\cos x}$

$\displaystyle\qquad\qquad\qquad\qquad = \lim_{x\to 0}\left(\frac{\sin x}{x}\right)^3\cdot\frac{1}{(1+\cos x)\cos x} = \boldsymbol{\frac{1}{2}}$

(2) $\displaystyle\lim_{x\to 0}\frac{\sin(1-\cos x)}{x^2} = \lim_{x\to 0}\left\{\frac{\sin(1-\cos x)}{1-\cos x}\cdot\frac{1-\cos x}{x^2}\right\}$

ここで，$1-\cos x = u$ とおくと，$x\to 0$ は $u\to 0$ に対応するから，

$\displaystyle\lim_{x\to 0}\frac{\sin(1-\cos x)}{1-\cos x} = \lim_{u\to 0}\frac{\sin u}{u} = 1$

また，

$\displaystyle\qquad\lim_{x\to 0}\frac{1-\cos x}{x^2} = \lim_{x\to 0}\frac{1-\cos^2 x}{x^2(1+\cos x)}$

$\displaystyle\qquad\qquad\qquad = \lim_{x\to 0}\left\{\left(\frac{\sin x}{x}\right)^2\cdot\frac{1}{1+\cos x}\right\}$

$\displaystyle\qquad\qquad\qquad = 1^2\cdot\frac{1}{2} = \frac{1}{2}$

以上から，$\displaystyle\lim_{x\to 0}\left\{\frac{\sin(1-\cos x)}{1-\cos x}\cdot\frac{1-\cos x}{x^2}\right\} = 1\cdot\frac{1}{2} = \boldsymbol{\frac{1}{2}}$

(3) $x-\pi = u$ とおくと，$x\to\pi$ は $u\to 0$ に対応するから，

$\displaystyle\qquad\lim_{x\to\pi}\frac{x-\pi}{\sin x} = \lim_{u\to 0}\frac{u}{\sin(\pi+u)} = \lim_{u\to 0}\frac{u}{-\sin u}$

$\displaystyle\qquad\qquad\qquad = \lim_{u\to 0}\frac{-1}{\left(\dfrac{\sin u}{u}\right)} = \boldsymbol{-1}$

(4) $x-\dfrac{1}{4} = u$ とおくと，$x\to\dfrac{1}{4}$ は $u\to 0$ に対応するから，

$\displaystyle\lim_{x\to\frac{1}{4}}\frac{\tan\pi x - 1}{4x-1} = \lim_{u\to 0}\frac{\tan\pi\left(u+\dfrac{1}{4}\right)-1}{4u}$

$\displaystyle\qquad\qquad = \lim_{u\to 0}\frac{1}{4u}\left(\frac{\tan\pi u + \tan\dfrac{\pi}{4}}{1-\tan\pi u\cdot\tan\dfrac{\pi}{4}}-1\right)$

$\displaystyle\qquad\qquad = \lim_{u\to 0}\frac{1}{4u}\left(\frac{\tan\pi u + 1}{1-\tan\pi u}-1\right) = \lim_{u\to 0}\frac{\tan\pi u}{2u(1-\tan\pi u)}$

$\displaystyle\qquad\qquad = \lim_{u\to 0}\frac{1}{2}\cdot\frac{\sin\pi u}{\pi u}\cdot\frac{\pi}{\cos\pi u}\cdot\frac{1}{1-\tan\pi u}$

$$= \frac{1}{2} \cdot 1 \cdot \frac{\pi}{1} \cdot \frac{1}{1} = \frac{\pi}{2}$$

別解 ••

$\lim_{x \to 0} \dfrac{\tan x}{x} = 1$ を用いると

$$\lim_{u \to 0} \frac{\tan \pi u}{2u(1 - \tan \pi u)} = \lim_{u \to 0} \frac{1}{2} \cdot \frac{\tan \pi u}{\pi u} \cdot \frac{\pi}{1 - \tan \pi u}$$
$$= \frac{1}{2} \cdot 1 \cdot \pi = \frac{\pi}{2}$$

とすることもできます．

問題 83　　　　　　　　　　　　　　　　　　　▶▶▶ 設問 P79

$S_n = \dfrac{1}{2} \cdot 1^2 \sin \dfrac{2\pi}{n} \times n = \dfrac{1}{2} n \sin \dfrac{2\pi}{n}$,

$T_n = 2 \cdot \dfrac{1}{2} \cdot 1 \cdot \tan \dfrac{\pi}{n} \times n = n \tan \dfrac{\pi}{n}$

であるから，

$$n^2(T_n - S_n) = n^2 \left(n \tan \frac{\pi}{n} - \frac{1}{2} n \sin \frac{2\pi}{n} \right)$$
$$= n^3 \sin \frac{\pi}{n} \left(\frac{1}{\cos \dfrac{\pi}{n}} - \cos \frac{\pi}{n} \right)$$
$$= \frac{\sin \dfrac{\pi}{n}}{\left(\dfrac{1}{n}\right)^3} \cdot \frac{1 - \cos^2 \dfrac{\pi}{n}}{\cos \dfrac{\pi}{n}}$$
$$= \pi^3 \left(\frac{\sin \dfrac{\pi}{n}}{\dfrac{\pi}{n}} \right)^3 \cdot \frac{1}{\cos \dfrac{\pi}{n}}$$

よって，求める極限は $\lim_{n \to \infty} n^2(T_n - S_n) = \boldsymbol{\pi^3}$

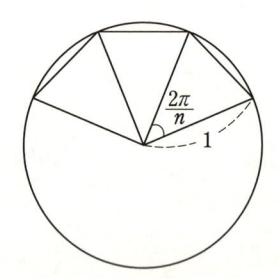

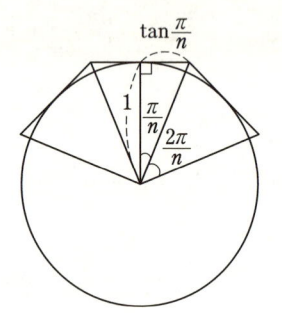

問題 84　　　　　　　　　　　　　　　　　　　▶▶▶ 設問 P80

(1) $\lim_{x \to \infty} 2^x = \infty$　　(2) $\lim_{x \to -\infty} 2^x = \boldsymbol{0}$　　(3) $\lim_{x \to \infty} 3^{-x^2} = \boldsymbol{0}$

(4) $\displaystyle\lim_{x\to\infty}\log_2\frac{1}{x} = \lim_{x\to\infty}(-\log_2 x) = -\infty$

(5) $\displaystyle\lim_{x\to 2+0}\{\log_2(x^2-4) - \log_2(x-2)\}$

$\displaystyle = \lim_{x\to 2+0}\log_2\frac{x^2-4}{x-2} = \lim_{x\to 2+0}\log_2(x+2) = \log_2 4 = 2$

(6) $\displaystyle\lim_{x\to\infty}\frac{4^x-3^x}{4^x+3^x} = \lim_{x\to\infty}\frac{1-\left(\frac{3}{4}\right)^x}{1+\left(\frac{3}{4}\right)^x} = \frac{1-0}{1+0} = 1$

問題 85　　　▶▶▶ 設問 P82

(1) $\displaystyle\lim_{x\to 0}(1+2x)^{\frac{1}{x}} = \lim_{x\to 0}\{(1+2x)^{\frac{1}{2x}}\}^2 = e^2$

(2) $\displaystyle\lim_{x\to 0}\left(1-\frac{x}{3}\right)^{\frac{1}{x}} = \lim_{x\to 0}\left\{\left(1-\frac{x}{3}\right)^{-\frac{3}{x}}\right\}^{-\frac{1}{3}} = e^{-\frac{1}{3}}$

(3) $\displaystyle\lim_{x\to\infty}\left(1+\frac{4}{x}\right)^x = \lim_{x\to\infty}\left\{\left(1+\frac{4}{x}\right)^{\frac{x}{4}}\right\}^4 = e^4$

(4) $\displaystyle\lim_{x\to\infty}\left(\frac{x}{x+2}\right)^x = \lim_{x\to\infty}\left(\frac{x+2}{x}\right)^{-x} = \lim_{x\to\infty}\left\{\left(1+\frac{2}{x}\right)^{\frac{x}{2}}\right\}^{-2} = \frac{1}{e^2}$

(5) $\displaystyle\lim_{x\to 0}\frac{e^{2x}-1}{x} = \lim_{x\to 0}\frac{e^{2x}-1}{2x}\cdot 2 = 1\cdot 2 = 2$

(6) $\displaystyle\lim_{x\to 0}\frac{e^x-e^{-x}}{x} = \lim_{x\to 0}\frac{e^x-1-e^{-x}+1}{x}$

$\displaystyle = \lim_{x\to 0}\left(\frac{e^x-1}{x}+\frac{e^{-x}-1}{-x}\right) = 1+1 = 2$

(7) $\displaystyle\lim_{x\to 0}\frac{\log(1+x)}{\log(1-x)} = \lim_{x\to 0}\frac{\log(1+x)}{x}\cdot\frac{-x}{\log(1-x)}(-1) = 1\cdot 1\cdot(-1) = -1$

(8) $\displaystyle\lim_{x\to\infty}x\{\log(x+3)-\log x\} = \lim_{x\to\infty}x\log\frac{x+3}{x}$

$\displaystyle = \lim_{x\to\infty}\log\left(1+\frac{3}{x}\right)^x$

$\displaystyle = \lim_{x\to\infty}\log\left\{\left(1+\frac{3}{x}\right)^{\frac{x}{3}}\right\}^3 = \log e^3 = 3$

別解

$\dfrac{1}{x} = t$ とおくと，$x \to \infty$ は $t \to 0$ に対応するから

$$(与式) = \lim_{t \to 0} \dfrac{1}{t} \log(1+3t) = \lim_{t \to 0} \dfrac{\log(1+3t)}{3t} \cdot 3 = 1 \cdot 3 = \mathbf{3}$$

問題 86　▶▶▶ 設問 P85

$$\begin{aligned}
y' &= \lim_{h \to 0} \dfrac{\sqrt{(x+h)^2+1} - \sqrt{x^2+1}}{h} \\
&= \lim_{h \to 0} \dfrac{2xh + h^2}{h(\sqrt{(x+h)^2+1} + \sqrt{x^2+1})} \\
&= \lim_{h \to 0} \dfrac{2x+h}{\sqrt{(x+h)^2+1} + \sqrt{x^2+1}} = \dfrac{\boldsymbol{x}}{\sqrt{\boldsymbol{x^2+1}}}
\end{aligned}$$

問題 87　▶▶▶ 設問 P85

$$\begin{aligned}
\{f(x)g(x)\}' &= \lim_{h \to 0} \dfrac{f(x+h)g(x+h) - f(x)g(x)}{h} \\
&= \lim_{h \to 0} \dfrac{f(x+h)g(x+h) - f(x)g(x+h) + f(x)g(x+h) - f(x)g(x)}{h} \\
&= \lim_{h \to 0} \left\{ \dfrac{f(x+h) - f(x)}{h} \cdot g(x+h) + f(x) \cdot \dfrac{g(x+h) - g(x)}{h} \right\} \\
&= \lim_{h \to 0} \dfrac{f(x+h) - f(x)}{h} g(x+h) + f(x) \lim_{h \to 0} \dfrac{g(x+h) - g(x)}{h}
\end{aligned}$$

$\lim\limits_{h \to 0} \dfrac{f(x+h) - f(x)}{h} = f'(x)$, $\lim\limits_{h \to 0} \dfrac{g(x+h) - g(x)}{h} = g'(x)$ であるから
$\{f(x)g(x)\}' = f'(x)g(x) + f(x)g'(x)$

問題 88　▶▶▶ 設問 P86

(1) $y' = (2x-3)'(x-2) + (2x-3)(x-2)'$
　　　$= 2(x-2) + (2x-3) \cdot 1 = \mathbf{4x-7}$

(2) $y' = (x^2 + 2x - 3)'(2x^2 - 5) + (x^2 + 2x - 3)(2x^2 - 5)'$

$= (2x + 2)(2x^2 - 5) + (x^2 + 2x - 3) \cdot 4x$

$= \boldsymbol{8x^3 + 12x^2 - 22x - 10}$

(3) $y' = \dfrac{(3x - 2)'(x^2 + 1) - (3x - 2)(x^2 + 1)'}{(x^2 + 1)^2}$

$= \dfrac{3(x^2 + 1) - (3x - 2) \cdot 2x}{(x^2 + 1)^2}$

$= \dfrac{3x^2 + 3 - 6x^2 + 4x}{(x^2 + 1)^2} = \dfrac{\boldsymbol{-3x^2 + 4x + 3}}{\boldsymbol{(x^2 + 1)^2}}$

(4) $y' = \dfrac{(1 - x^3)'(1 + x^6) - (1 - x^3)(1 + x^6)'}{(1 + x^6)^2}$

$= \dfrac{-3x^2(1 + x^6) - (1 - x^3) \cdot 6x^5}{(1 + x^6)^2}$

$= \dfrac{3x^2\{-(1 + x^6) - 2x^3(1 - x^3)\}}{(1 + x^6)^2} = \dfrac{\boldsymbol{3x^2(x^6 - 2x^3 - 1)}}{\boldsymbol{(1 + x^6)^2}}$

問題 89　　　　　　　　　　　　　　　　　　　▶▶▶ 設問 P92

(1) $y' = 2(x^2 + 2x + 3)(x^2 + 2x + 3)'$

$= 2(x^2 + 2x + 3)(2x + 2) = \boldsymbol{4(x + 1)(x^2 + 2x + 3)}$

(2) $y' = 3\left(\dfrac{x}{x-1}\right)^2 \cdot \dfrac{1 \cdot (x - 1) - x \cdot 1}{(x - 1)^2}$

$= 3\left(\dfrac{x}{x-1}\right)^2 \cdot \dfrac{-1}{(x-1)^2} = -\dfrac{\boldsymbol{3x^2}}{\boldsymbol{(x-1)^4}}$

問題 90　　　　　　　　　　　　　　　　　　　▶▶▶ 設問 P92

(1) $y^2 = x$ の両辺を x で微分すると $2y\dfrac{dy}{dx} = 1$　よって，$y \neq 0$ のとき

$\dfrac{dy}{dx} = \dfrac{\boldsymbol{1}}{\boldsymbol{2y}}$

(2) $(x+1)^2 + y^2 = 4$ の両辺を x で微分すると $2(x+1) + 2y\dfrac{dy}{dx} = 0$

よって，$y \neq 0$ のとき $\dfrac{dy}{dx} = -\dfrac{\boldsymbol{x+1}}{\boldsymbol{y}}$

(3) $x^3 - xy + y^3 = 0$ の両辺を x で微分すると

$$3x^2 - \left(1 \cdot y + x\dfrac{dy}{dx}\right) + 3y^2\dfrac{dy}{dx} = 0$$

$$3x^2 - y - (x - 3y^2)\dfrac{dy}{dx} = 0$$

よって，$x - 3y^2 \neq 0$ のとき $\dfrac{dy}{dx} = \dfrac{\boldsymbol{3x^2 - y}}{\boldsymbol{x - 3y^2}}$

問題 91 ▶▶▶ 設問 P92

(1) $\dfrac{dx}{dt} = 3t^2$, $\dfrac{dy}{dt} = 2t$　よって，$t \neq 0$ のとき $\dfrac{dy}{dx} = \dfrac{2t}{3t^2} = \dfrac{\boldsymbol{2}}{\boldsymbol{3t}}$

(2) $\dfrac{dx}{dt} = -e^{-t} + (3+t)e^{-t} = (2+t)e^{-t}$

$\dfrac{dy}{dt} = \dfrac{-(2+t) - (2-t)}{(2+t)^2}e^{2t} + \dfrac{2-t}{2+t} \cdot 2e^{2t} = \dfrac{4 - 2t^2}{(2+t)^2}e^{2t}$

であるから，

$$\dfrac{dy}{dx} = \dfrac{\dfrac{dy}{dt}}{\dfrac{dx}{dt}} = \dfrac{4 - 2t^2}{(2+t)^2}e^{2t} \times \dfrac{1}{(2+t)e^{-t}} = \dfrac{\boldsymbol{4 - 2t^2}}{\boldsymbol{(2+t)^3}}\boldsymbol{e^{3t}}$$

問題 92 ▶▶▶ 設問 P93

$\dfrac{dx}{d\theta} = \sin\theta$, $\dfrac{dy}{d\theta} = 1 - \cos\theta$ より，

$$\dfrac{dy}{dx} = \dfrac{\dfrac{dy}{d\theta}}{\dfrac{dx}{d\theta}} = \dfrac{\boldsymbol{1 - \cos\theta}}{\boldsymbol{\sin\theta}}$$

また，

$$\dfrac{d^2y}{dx^2} = \dfrac{d}{dx}\left(\dfrac{dy}{dx}\right) = \dfrac{d}{dx}\left(\dfrac{1 - \cos\theta}{\sin\theta}\right)$$

$$= \frac{d}{d\theta}\left(\frac{1-\cos\theta}{\sin\theta}\right) \cdot \frac{d\theta}{dx}$$
$$= \frac{\sin\theta\sin\theta - (1-\cos\theta)\cos\theta}{\sin^2\theta} \cdot \frac{1}{\sin\theta}$$
$$= \boldsymbol{\frac{1-\cos\theta}{\sin^3\theta}}$$

問題 93   ▶▶▶ 設問 P93

(1) $y = x^3$ の逆関数は，$x = y^3$ を満たす．よって $\dfrac{dx}{dy} = 3y^2$ より

$$\frac{dy}{dx} = \frac{1}{\frac{dx}{dy}} = \frac{1}{3y^2} = \frac{1}{3(x^{\frac{1}{3}})^2} = \boldsymbol{\frac{1}{3}x^{-\frac{2}{3}}}$$

別解

$y = x^3$ の逆関数は $y = x^{\frac{1}{3}}$ で，$\dfrac{dy}{dx} = (x^{\frac{1}{3}})' = \boldsymbol{\dfrac{1}{3}x^{-\frac{2}{3}}}$ としてもよいでしょう．

(2) $y = g(x)$ とすると，条件から $x = y^3 + 2y \cdots\cdots$ ①

①から $g'(x) = \dfrac{dy}{dx} = \dfrac{1}{\frac{dx}{dy}} = \dfrac{1}{3y^2+2}$

$x = 0$ のとき $y^3 + 2y = 0 \iff y(y^2+2) = 0$

$y^2 + 2 > 0$ であるから $y = 0$ したがって，$g'(0) = \dfrac{1}{3 \cdot 0^2 + 2} = \boldsymbol{\dfrac{1}{2}}$

問題 94   ▶▶▶ 設問 P93

(1) $y' = (\sin x)' \cos x + \sin x (\cos x)'$
$= \cos x \cos x + \sin x (-\sin x)$
$= \cos^2 x - \sin^2 x = \boldsymbol{\cos 2x}$

(2) $y' = \dfrac{(\tan x)' \cdot x - \tan x \cdot (x)'}{x^2}$

$= \dfrac{\dfrac{1}{\cos^2 x} \cdot x - \tan x \cdot 1}{x^2}$

$= \boldsymbol{\dfrac{1}{x\cos^2 x} - \dfrac{\tan x}{x^2}}$

(3) $y' = (x^2)' \sin 3x^2 + x^2 (\sin 3x^2)'$

$= 2x \sin 3x^2 + x^2 (\cos 3x^2)(3x^2)'$

$= \boldsymbol{2x \sin 3x^2 + 6x^3 \cos 3x^2}$

(4) $y' = \dfrac{1}{\cos^2(\sin x)} (\sin x)' = \boldsymbol{\dfrac{\cos x}{\cos^2(\sin x)}}$

問題 95   ▶▶▶ 設問 P94

(1) $y' = \dfrac{(x^2+2)'}{x^2+2} = \boldsymbol{\dfrac{2x}{x^2+2}}$

(2) $y' = \dfrac{(\tan x)'}{\tan x} = \dfrac{1}{\tan x \cos^2 x} = \boldsymbol{\dfrac{1}{\sin x \cos x}}$

(3) $y = \dfrac{1}{2} \log_2(x+1)$ であるから

$$y' = \dfrac{1}{2} \cdot \dfrac{(x+1)'}{(x+1)\log 2} = \boldsymbol{\dfrac{1}{2(x+1)\log 2}}$$

(4) $y = \log(1+\sin x) - \log(\cos x)$ であるから

$$y' = \dfrac{1}{1+\sin x}(1+\sin x)' - \dfrac{1}{\cos x}(\cos x)'$$

$$= \dfrac{\cos x}{1+\sin x} + \dfrac{\sin x}{\cos x}$$

$$= \dfrac{\cos^2 x + \sin x + \sin^2 x}{(1+\sin x)\cos x}$$

$$= \dfrac{1+\sin x}{(1+\sin x)\cos x} = \boldsymbol{\dfrac{1}{\cos x}}$$

問題 96

(1) $y' = e^{5x} \cdot (5x)' = \boldsymbol{5e^{5x}}$

(2) $y' = 2^{-x^2} \log 2 \cdot (-x^2)' = 2^{-x^2} \log 2 \cdot (-2x) = \boldsymbol{-2^{1-x^2} x \log 2}$

(3) $y' = (x)' e^{\frac{x}{2}} + x \left(e^{\frac{x}{2}}\right)'$

$= e^{\frac{x}{2}} + x \cdot \frac{1}{2} e^{\frac{x}{2}} = \boldsymbol{\frac{1}{2}(x+2)e^{\frac{x}{2}}}$

(4) $y' = \dfrac{(e^{2x})'(1+\log x) - e^{2x}(1+\log x)'}{(1+\log x)^2}$

$= \dfrac{2e^{2x}(1+\log x) - e^{2x} \cdot \frac{1}{x}}{(1+\log x)^2} = \boldsymbol{\dfrac{e^{2x}(2x + 2x\log x - 1)}{x(1+\log x)^2}}$

問題 97

(1) $x > 0$ から $f(x) = x^{\sin x} > 0$ であるから，両辺の自然対数をとると

$\log f(x) = \sin x \log x$

両辺を x で微分すると

$\dfrac{f'(x)}{f(x)} = \cos x \log x + \dfrac{\sin x}{x}$ $\therefore$ $f'(x) = \boldsymbol{x^{\sin x} \left(\cos x \log x + \dfrac{\sin x}{x}\right)}$

(2) $x > 0$ から $f(x) = x^{\log x} > 0$ であるから，両辺の自然対数をとると

$$\log f(x) = \log x^{\log x} = (\log x)^2$$

両辺を x で微分すると

$$\dfrac{f'(x)}{f(x)} = 2\log x (\log x)' = \dfrac{2}{x} \log x$$

$\therefore$ $f'(x) = \boldsymbol{2x^{\log x - 1} \log x}$

問題 98

▶▶▶ 設問 P95

(1) $\lim_{h \to 0} \dfrac{f(a+3h) - f(a-2h)}{h}$

$= \lim_{h \to 0} \dfrac{f(a+3h) - f(a-2h) + f(a) - f(a)}{h}$

$= \lim_{h \to 0} \dfrac{\{f(a+3h) - f(a)\} - \{f(a-2h) - f(a)\}}{h}$

$= \lim_{h \to 0} \dfrac{f(a+3h) - f(a)}{3h} \times 3 + \dfrac{f(a-2h) - f(a)}{-2h} \times 2$

$= f'(a) \times 3 + f'(a) \times 2 = \boldsymbol{5f'(a)}$

(2) $\lim_{x \to a} \dfrac{x^2 f(x) - a^2 f(a)}{x^2 - a^2}$

$= \lim_{x \to a} \dfrac{x^2 f(x) - a^2 f(a) + x^2 f(a) - x^2 f(a)}{x^2 - a^2}$

$= \lim_{x \to a} \dfrac{x^2 \{f(x) - f(a)\} + (x^2 - a^2) f(a)}{x^2 - a^2}$

$= \lim_{x \to a} \left\{ \dfrac{x^2}{x+a} \cdot \dfrac{f(x) - f(a)}{x - a} \right\} + f(a) = \boldsymbol{\dfrac{a}{2} f'(a) + f(a)}$

問題 99

▶▶▶ 設問 P98

(ⅰ) $-1 < x < 1$ のとき

$\lim_{n \to \infty} x^n = 0$ より $f(x) = -x^2 + bx + c$

(ⅱ) $x = -1$ のとき

$f(-1) = \dfrac{-a - 1 - b + c}{2}$

(ⅲ) $x = 1$ のとき

$f(1) = \dfrac{a - 1 + b + c}{2}$

(ⅳ) $|x| > 1$ のとき

$f(x) = \lim_{n \to \infty} \dfrac{\dfrac{a}{x} - \dfrac{1}{x^{2n-2}} + \dfrac{b}{x^{2n-1}} + \dfrac{c}{x^{2n}}}{1 + \dfrac{1}{x^{2n}}} = \dfrac{a}{x}$

$f(x)$ は $|x|>1$ および $|x|<1$ のとき，それぞれ連続であるから，$f(x)$ が x の連続関数となるための条件は，$x=-1, 1$ で連続であることである．$x=-1$ で連続であるための条件は，

$$\lim_{x \to -1-0} f(x) = \lim_{x \to -1+0} f(x) = f(-1)$$

$$-a = -1-b+c = \frac{-a-1-b+c}{2}$$

$$\therefore\ a-b+c=1 \cdots\cdots ①$$

$x=1$ で連続であるための条件は，

$$\lim_{x \to 1-0} f(x) = \lim_{x \to 1+0} f(x) = f(1)$$

$$-1+b+c = a = \frac{a-1+b+c}{2}$$

$$\therefore\ -a+b+c=1 \cdots\cdots ②$$

①，② より $a=b$, $c=1$

問題 100　　　▶▶▶設問 P99

$f(x) = \begin{cases} x(x+2) & (x \geqq 0 \text{ のとき}) \\ -x(x+2) & (x < 0 \text{ のとき}) \end{cases}$ であるから，

$$\lim_{x \to +0} f(x) = \lim_{x \to +0} x(x+2) = 0,$$

$$\lim_{x \to -0} f(x) = \lim_{x \to -0} \{-x(x+2)\} = 0$$

よって $\lim_{x \to 0} f(x) = 0$ が成立する．$f(0)=0$ とあわせると $\lim_{x \to 0} f(x) = f(0)$ となるから $f(x)$ は $x=0$ で連続である．

次に $h \neq 0$ のとき

$$\lim_{h \to +0} \frac{f(0+h)-f(0)}{h} = \lim_{h \to +0} \frac{h(h+2)-0}{h} = \lim_{h \to +0}(h+2) = 2$$

$$\lim_{h \to -0} \frac{f(0+h)-f(0)}{h} = \lim_{h \to -0} \frac{-h(h+2)-0}{h} = \lim_{h \to -0}\{-(h+2)\} = -2$$

$$\lim_{h \to +0} \frac{f(0+h)-f(0)}{h} \neq \lim_{h \to -0} \frac{f(0+h)-f(0)}{h}$$ より $f'(0)$ は存在しない．

よって $f(x)$ は $x=0$ で微分可能ではない．

問題 101

(1) $\lim_{x \to \frac{\pi}{2}-0} f(x) = \lim_{x \to \frac{\pi}{2}-0} (a\sin x + \cos x) = a$

$\lim_{x \to \frac{\pi}{2}+0} f(x) = \lim_{x \to \frac{\pi}{2}+0} (x - \pi) = -\frac{\pi}{2}$

であるから，$f(x)$ が $x = \frac{\pi}{2}$ で連続となる a の値は $a = -\dfrac{\pi}{2}$

(2) $h > 0$ のとき $f\left(\frac{\pi}{2} + h\right) - f\left(\frac{\pi}{2}\right) = \left(\frac{\pi}{2} + h\right) - \pi - \left(-\frac{\pi}{2}\right) = h$ であるから，

$$\lim_{h \to +0} \frac{f\left(\frac{\pi}{2} + h\right) - f\left(\frac{\pi}{2}\right)}{h} = \lim_{h \to 0} \frac{h}{h} = 1$$

また，$h < 0$ のとき

$f\left(\frac{\pi}{2} + h\right) - f\left(\frac{\pi}{2}\right) = -\frac{\pi}{2} \sin\left(\frac{\pi}{2} + h\right) + \cos\left(\frac{\pi}{2} + h\right) - \left(-\frac{\pi}{2}\right)$

$\qquad = -\frac{\pi}{2}(\cos h - 1) - \sin h$

であるから，

$$\lim_{h \to -0} \frac{f\left(\frac{\pi}{2} + h\right) - f\left(\frac{\pi}{2}\right)}{h} = \frac{\pi}{2} \lim_{h \to -0} \frac{1 - \cos h}{h} - \lim_{h \to -0} \frac{\sin h}{h}$$

$$= \frac{\pi}{2} \lim_{h \to -0} \frac{\sin^2 h}{h^2} \cdot \frac{h}{1 + \cos h} - 1$$

$$= 0 - 1 = -1$$

よって，$\displaystyle\lim_{h \to +0} \frac{f\left(\frac{\pi}{2} + h\right) - f\left(\frac{\pi}{2}\right)}{h} \neq \lim_{h \to -0} \frac{f\left(\frac{\pi}{2} + h\right) - f\left(\frac{\pi}{2}\right)}{h}$

ゆえに，$x = \dfrac{\pi}{2}$ で $f(x)$ は微分可能でない．

問題 102

(1) $f(s + t) = f(s)e^t + f(t)e^s$

$s = t = 0$ とおくと $f(0) = 2f(0)$ ゆえに $f(0) = \mathbf{0}$

(2) (1) の結果より，$\displaystyle\lim_{h \to 0} \frac{f(h)}{h} = \lim_{h \to 0} \frac{f(h) - f(0)}{h} = f'(0) = \mathbf{1}$

(3) $\lim\limits_{h \to 0} \dfrac{e^h - 1}{h} = 1$ と (2) の結果より

$$\lim_{h \to 0} \frac{f(x+h) - f(x)}{h} = \lim_{h \to 0} \frac{f(x)e^h + f(h)e^x - f(x)}{h}$$
$$= f(x) \lim_{h \to 0} \frac{e^h - 1}{h} + e^x \lim_{h \to 0} \frac{f(h)}{h}$$
$$= f(x) + e^x$$

よって，$f(x)$ はすべての x で微分可能であり，$f'(x) = f(x) + e^x$

(4) $g(x) = f(x)e^{-x}$ から

$$g'(x) = f'(x)e^{-x} - f(x)e^{-x} = \{f'(x) - f(x)\}e^{-x} = e^x \cdot e^{-x} = 1$$

ゆえに $g(0) = f(0) = 0$ から $g(x) = x$

よって $f(x)e^{-x} = x$ から $\boldsymbol{f(x) = xe^x}$

問題 103　　　　　　　　　　　　　　　　　　　▶▶▶設問 P104

(1) $f(x) = 2x \sin 2x$ から，
$$f'(x) = 2(\sin 2x + x \cdot 2 \cos 2x) = 2(\sin 2x + 2x \cos 2x)$$

このとき，
$$f\left(\frac{\pi}{4}\right) = 2 \cdot \frac{\pi}{4} \sin \frac{\pi}{2} = \frac{\pi}{2},$$
$$f'\left(\frac{\pi}{4}\right) = 2\left(\sin \frac{\pi}{2} + 2 \cdot \frac{\pi}{4} \cos \frac{\pi}{2}\right) = 2$$

よって，求める接線の方程式は
$$y = 2\left(x - \frac{\pi}{4}\right) + \frac{\pi}{2} \qquad \therefore \quad \boldsymbol{y = 2x}$$

(2) $y = \cos 2x$ から $y' = -2 \sin 2x$　点 $\mathrm{P}(t, \cos 2t)$ における法線の方程式は
$$y = \frac{1}{2 \sin 2t}(x - t) + \cos 2t$$
$$= \frac{1}{2 \sin 2t} x - \frac{t}{2 \sin 2t} + \cos 2t$$

である．y 切片が $f(t)$ であるから $\boldsymbol{f(t) = -\dfrac{t}{2 \sin 2t} + \cos 2t}$

したがって
$$\lim_{t \to +0} f(t) = \lim_{t \to +0} \left(-\frac{1}{4} \cdot \frac{2t}{\sin 2t} + \cos 2t\right) = \boldsymbol{\frac{3}{4}}$$

問題 104

P $(a, \log(2a))$ とする. $y' = \dfrac{1}{x}$ より l の方程式は
$y = \dfrac{1}{a}(x - a) + \log(2a) \cdots\cdots ①$
これが点 $(0, 1)$ を通るので, $1 = -1 + \log(2a)$ $\quad \therefore \quad \log(2a) = 2$
よって $a = \dfrac{e^2}{2}$ となるので, P $\left(\dfrac{e^2}{2}, 2\right)$
このとき, ①より l の方程式は $y = \dfrac{2}{e^2}x + 1$

問題 105

$2x^2 - 2xy + y^2 = 5$ の両辺を x で微分すると
$$4x - 2(y + xy') + 2yy' = 0$$
$$y'(y - x) + 2x - y = 0$$
$x = 1$, $y = 3$ のとき $y' = \dfrac{1}{2}$ よって, 求める接線の方程式は
$$y = \dfrac{1}{2}(x - 1) + 3 \quad \therefore \quad y = \dfrac{1}{2}x + \dfrac{5}{2}$$

問題 106

(1) $\dfrac{dy}{dx} = \dfrac{\dfrac{dy}{dt}}{\dfrac{dx}{dt}} = \dfrac{e^t \sin \pi t + e^t \cdot \pi \cos \pi t}{e^t \cos \pi t - e^t \cdot \pi \sin \pi t} = \dfrac{\sin \pi t + \pi \cos \pi t}{\cos \pi t - \pi \sin \pi t}$

(2) (1) の結果に $t = 2$ を代入すると, $t = 2$ における接線の傾きは
$$\dfrac{\sin 2\pi + \pi \cos 2\pi}{\cos 2\pi - \pi \sin 2\pi} = \pi$$
よって, 曲線 C 上の点 Q $(e^2, 0)$ における接線の方程式は
$y = \pi(x - e^2)$

問題 107

$y = -x^2$ ……① を微分すると $y' = -2x$ より，曲線①上の点 $(s, -s^2)$ における接線の方程式は
$$y = -2s(x-s) - s^2 = -2sx + s^2 \quad \cdots\cdots ③$$

また，$y = \dfrac{1}{x}$ ……② を微分すると $y' = -\dfrac{1}{x^2}$ より，曲線②上の点 $\left(t, \dfrac{1}{t}\right)$ における接線の方程式は
$$y = -\dfrac{1}{t^2}(x-t) + \dfrac{1}{t} = -\dfrac{1}{t^2}x + \dfrac{2}{t} \quad \cdots\cdots ④$$

2接線③，④ が一致するための条件は $\begin{cases} -2s = -\dfrac{1}{t^2} \quad \cdots\cdots ⑤ \\ s^2 = \dfrac{2}{t} \quad \cdots\cdots ⑥ \end{cases}$

⑤から $s = \dfrac{1}{2t^2}$　これを⑥に代入して
$$\dfrac{1}{4t^4} = \dfrac{2}{t}$$
$$8t^3 - 1 = 0 \qquad \therefore \quad (2t-1)(4t^2 + 2t + 1) = 0$$

t は実数であるから $t = \dfrac{1}{2}$
④に代入して，求める接線の方程式は **$y = -4x + 4$**

別解

曲線②上の点 $\left(t, \dfrac{1}{t}\right)$ における接線の方程式は
$$y = -\dfrac{1}{t^2}(x-t) + \dfrac{1}{t} = -\dfrac{1}{t^2}x + \dfrac{2}{t} \quad \cdots\cdots ①$$

①と $y = -x^2$ を連立して，$x^2 - \dfrac{1}{t^2}x + \dfrac{2}{t} = 0$
これが重解をもつので，判別式を D とすると
$$D = \left(-\dfrac{1}{t^2}\right)^2 - 4 \cdot \dfrac{2}{t} = \dfrac{1}{t^4} - \dfrac{8}{t} = 0 \qquad \therefore \quad t = \dfrac{1}{2}$$

①に代入して，求める接線の方程式は $y = -4x + 4$

問題 108

$f(x) = ax^3$, $g(x) = 3\log x$ とおくと, $f'(x) = 3ax^2$, $g'(x) = \dfrac{3}{x}$

2曲線の共有点の x 座標を p とすると, $f(p) = g(p)$ より
$$ap^3 = 3\log p \cdots\cdots ①$$

また, $f'(p) = g'(p)$ より, $3ap^2 = \dfrac{3}{p}$ ∴ $ap^3 = 1 \cdots\cdots ②$

①, ②から, $3\log p = 1$ ∴ $p = e^{\frac{1}{3}}$

これを②に代入して, $ae = 1$ ∴ $a = \dfrac{1}{e}$

共有点の座標は $(e^{\frac{1}{3}}, 1)$ であるから, 求める接線の方程式は
$$y = \dfrac{3}{e^{\frac{1}{3}}}\left(x - e^{\frac{1}{3}}\right) + 1 = \dfrac{\boldsymbol{3}}{\sqrt[3]{\boldsymbol{e}}}\boldsymbol{x} - \boldsymbol{2}$$

問題 109

$f(u) = \log u$ とおくと $f'(u) = \dfrac{1}{u}$

(ⅰ) $x > y > 0$ のとき, $f(u)$ は任意の正数 u に対して連続かつ微分可能より, 平均値の定理から, $\dfrac{\log x - \log y}{x - y} = f'(c)$ を満たす c $(0 < y < c < x)$ が少なくとも1つ存在する. すなわち
$$\dfrac{\log x - \log y}{x - y} = \dfrac{1}{c}$$

ここで $\dfrac{1}{x} < \dfrac{1}{c} < \dfrac{1}{y}$ であるから, $\dfrac{\log x - \log y}{x - y} > \dfrac{1}{x}$

$x - y > 0$, $x > 0$ であるから $x(\log x - \log y) > x - y$ が成立する.

(ⅱ) $y > x > 0$ のとき,

(ⅰ) と同様にして $\dfrac{\log x - \log y}{x - y} < \dfrac{1}{x}$

$x - y < 0$, $x > 0$ であるから $x(\log x - \log y) > x - y$ が成立する.

(ⅲ) $x = y > 0$ のとき, $x(\log x - \log y) = x - y = 0$ が成立する.

よって, すべての正の数 x, y に対して $x(\log x - \log y) \geqq x - y$ が成立する. 等号は, $x = y$ のときにおいてのみ成立する.

問題 110

$f(x) = \sin x$ とおくと, $f'(x) = \cos x$

$f(x)$ は任意の実数 x に対して, 連続かつ微分可能であるから, 平均値の定理により

$$\frac{f(x) - f(\sin x)}{x - \sin x} = f'(c)$$

を満たす実数 c が $\sin x < c < x$ または $x < c < \sin x$ の範囲に少なくとも1つ存在する.

$x \to 0$ のとき, $\sin x \to 0$ であるから, はさみうちの原理により $\lim_{x \to 0} c = 0$

よって,

$$\begin{aligned}
(与式) &= \lim_{x \to 0} \left\{ -\frac{f(x) - f(\sin x)}{x - \sin x} \right\} \\
&= \lim_{x \to 0} \{-f'(c)\} \\
&= \lim_{x \to 0} (-\cos c) = -\cos 0 = \boldsymbol{-1}
\end{aligned}$$

問題 111

(1) $f(x) = 3x^4 - 4x^3 - 12x^2$ とおくと

$f'(x) = 12x^3 - 12x^2 - 24x = 12x(x^2 - x - 2) = 12x(x-2)(x+1)$

$f'(x) = 0$ とすると $x = -1, 0, 2$

よって $f(x)$ の増減表は下のようになる.

x	$\cdots$	-1	$\cdots$	0	$\cdots$	2	$\cdots$
$f'(x)$	$-$	0	$+$	0	$-$	0	$+$
$f(x)$	$\searrow$	-5	$\nearrow$	0	$\searrow$	-32	$\nearrow$

よって $f(x)$ は $\boldsymbol{x = 0}$ で極大値 $\boldsymbol{0}$, $\boldsymbol{x = -1, 2}$ でそれぞれ極小値 $\boldsymbol{-5, -32}$ をとる.

(2) $f(x) = e^x \sin x$ とおくと

$f'(x) = e^x \sin x + e^x \cos x$

$$= e^x(\sin x + \cos x) = \sqrt{2}e^x \sin\left(x + \frac{\pi}{4}\right)$$

$f'(x) = 0$ とすると，$\sin\left(x + \frac{\pi}{4}\right) = 0$ から $x = -\frac{\pi}{4}, \frac{3}{4}\pi$ よって $f(x)$ の増減表は次のようになる．

x	π	$\cdots$	$-\frac{\pi}{4}$	$\cdots$	$\frac{3}{4}\pi$	$\cdots$	π
$f'(x)$		$-$	0	$+$	0	$-$	
$f(x)$		↘		↗		↘	

よって，$f(x)$ は $x = -\dfrac{\pi}{4}$ で極小値 $-\dfrac{e^{-\frac{\pi}{4}}}{\sqrt{2}}$，$\dfrac{3}{4}\pi$ で極大値 $\dfrac{e^{\frac{3}{4}\pi}}{\sqrt{2}}$ をとる．

問題 112   ▶▶▶ 設問 P117

(1) $f'(x) = \dfrac{3 \cdot (x^2 + 1) - (3x + a) \cdot 2x}{(x^2 + 1)^2} = \dfrac{-3x^2 - 2ax + 3}{(x^2 + 1)^2}$

(2) $f(x)$ が $x = 3$ で極値をとる必要条件は $f'(3) = 0$

よって，$\dfrac{-3 \cdot 3^2 - 2a \cdot 3 + 3}{(3^2 + 1)^2} = 0$ ∴ $a = -4$

逆に，$a = -4$ のとき，$f'(x) = \dfrac{-(3x+1)(x-3)}{(x^2+1)^2}$ であり，

増減表から $f(x)$ は $x = 3$ で極値をとり十分．したがって，求める a の値は $a = -4$

x	$\cdots$	$-\frac{1}{3}$	$\cdots$	3	$\cdots$
$f'(x)$	$-$	0	$+$	0	$-$
$f(x)$	↘		↗		↘

問題 113   ▶▶▶ 設問 P118

(1) $g'(x) = \dfrac{3(x+1)^2 x^2 - (x+1)^3 \cdot 2x}{x^4} = \dfrac{(x+1)^2(x-2)}{x^3}$

$g'(x) = 0$ とすると,$x > 0$ から $g(x)$ の増減表は右のようになる.

よって,$g(x)$ は $0 < x \leqq 2$ で単調に減少し,$x \geqq 2$ で単調に増加する.

x	0	$\cdots$	2	$\cdots$
$g'(x)$		$-$	0	$+$
$g(x)$		$\searrow$	$\dfrac{27}{4}$	$\nearrow$

(2) $f'(x) = -\dfrac{1}{x^2} + \dfrac{2k}{(x+1)^3} = -\dfrac{1}{(x+1)^3}\{g(x) - 2k\}$

$f(x)$ が極値をもつための必要十分条件は,$f'(x)$ が符号変化することである.ここで $\lim\limits_{x \to +0} g(x) = \infty$, $\lim\limits_{x \to \infty} g(x) = \infty$ と,$g(x)$ の増減表から,求める条件は $2k > \dfrac{27}{4}$ $\quad \therefore \quad \boldsymbol{k > \dfrac{27}{8}}$

問題 114 　　　　　　　　　　　　　　　　　　　　　▶▶▶ 設問 P118

$f'(x) = e^{(x+\alpha)} \sin(x+\alpha) + e^{(x+\alpha)} \cos(x+\alpha)$
$\quad = e^{(x+\alpha)}\{\sin(x+\alpha) + \cos(x+\alpha)\}$

$f''(x) = e^{(x+\alpha)}\{\sin(x+\alpha) + \cos(x+\alpha)\}$
$\qquad\quad + e^{(x+\alpha)}\{\cos(x+\alpha) - \sin(x+\alpha)\}$
$\quad = 2e^{(x+\alpha)} \cos(x+\alpha)$

$f''\left(\dfrac{\pi}{2}\right) = 2e^{\left(\frac{\pi}{2}+\alpha\right)} \cos\left(\dfrac{\pi}{2}+\alpha\right) < 0$ $\left(0 < \alpha < \dfrac{\pi}{2}\right)$ より $f'\left(\dfrac{\pi}{2}\right) = 0$ かつ $f''\left(\dfrac{\pi}{2}\right) < 0$ となるから,$x = \dfrac{\pi}{2}$ で極大値 $\boldsymbol{f\left(\dfrac{\pi}{2}\right) = e^{\frac{\pi}{2}+\alpha} \sin\left(\dfrac{\pi}{2}+\alpha\right)}$ をとる.

問題 115 　　　　　　　　　　　　　　　　　　　　　▶▶▶ 設問 P119

根号内は 0 以上であるから定義域は $x \geqq 0$

$$f(x) = x - 2\sqrt{x}, \ f'(x) = 1 - \dfrac{1}{\sqrt{x}}$$

$f'(x) = 0$ とすると $x = 1$　よって,$f(x)$ の増減表は次のようになる.

x	0	$\cdots$	1	$\cdots$
$f'(x)$		$-$	0	$+$
$f(x)$	0	$\searrow$	-1	$\nearrow$

また，曲線 $y = f(x)$ と x 軸との共有点の x 座標を求めると $x - 2\sqrt{x} = 0$ から $x = 2\sqrt{x}$ 両辺を平方して $x^2 = 4x$ よって $x = 0, 4$
以上から，$y = f(x)$ のグラフは右のようになる．

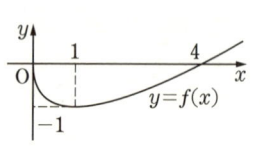

問題 116　　　　　　　　　　　　　▶▶▶設問 P119

$4 - x^2 \geqq 0$ から定義域は $-2 \leqq x \leqq 2$　$y^2 = x^2(4 - x^2)$ から $y = \pm x\sqrt{4 - x^2}$
したがって $y = x\sqrt{4 - x^2}$ ……① のグラフを考える．
$f(x) = x\sqrt{4 - x^2}$ とすると，$f(-x) = -f(x)$ より ①は奇関数であるから $x \geqq 0$ で考える．
$$f'(x) = 1 \cdot \sqrt{4 - x^2} + x \cdot \frac{-2x}{2\sqrt{4 - x^2}} = \frac{2(2 - x^2)}{\sqrt{4 - x^2}}$$
よって $f(x)$ の増減は，次の表のようになる

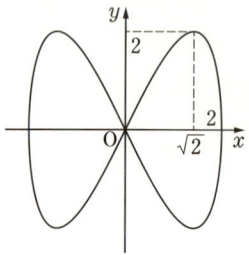

x	0	$\cdots$	$\sqrt{2}$	$\cdots$	2
$f'(x)$		$+$	0	$-$	
$f(x)$	0	$\nearrow$	2	$\searrow$	0

対称性を考えてグラフは右図のようになる．

問題 117　　　　　　　　　　　　　▶▶▶設問 P119

$y = f(x)$ とすると，$f(-x) = f(x)$ であるから，$y = f(x)$ は偶関数である．
$$f'(x) = -4\sin x - 2\sin 2x$$
$$= -4\sin x - 2 \cdot 2\sin x \cos x$$
$$= -4\sin x(\cos x + 1)$$

$0 < x < 2\pi$ において，$f'(x) = 0$ とすると $\sin x = 0$ または $\cos x + 1 = 0$ から $x = \pi$

よって，$0 \leqq x \leqq 2\pi$ における $f(x)$ の増減表は次のようになる．

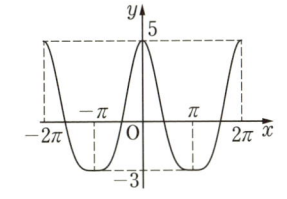

x	0	$\cdots$	π	$\cdots$	2π
$f'(x)$		$-$	0	$+$	
$f(x)$	5	$\searrow$	-3	$\nearrow$	5

対称性を考えて，グラフは右図のようになる．

問題 118   ▶▶▶ 設問 P120

$f(x) = \dfrac{\log x}{x}$ とおくと，$f'(x) = \dfrac{1 - \log x}{x^2}$，$f''(x) = \dfrac{2\log x - 3}{x^3}$

$f'(x) = 0$ とおくと $1 - \log x = 0$ から $x = e$，$f''(x) = 0$ とおくと $2\log x - 3 = 0$ から $x = e^{\frac{3}{2}}$

よって $f(x)$ の増減および凹凸は次の表のようになる．

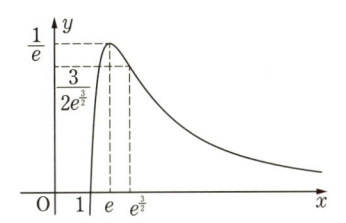

x	0	$\cdots$	e	$\cdots$	$e^{\frac{3}{2}}$	$\cdots$
$f'(x)$		$+$	0	$-$	$-$	$-$
$f''(x)$		$-$	$-$	$-$	0	$+$
$f(x)$		$\nearrow$	$\dfrac{1}{e}$	$\searrow$	$\dfrac{3}{2e^{\frac{3}{2}}}$	$\searrow$

$\lim\limits_{x \to +0} y = \lim\limits_{x \to +0} \dfrac{\log x}{x} = -\infty$，$\lim\limits_{x \to \infty} y = \lim\limits_{x \to \infty} \dfrac{\log x}{x} = 0$

よって，グラフは右図のようになる．

問題 119   ▶▶▶ 設問 P120

(1) $f(x) = \dfrac{(x+2)(x-2) + 9}{x - 2} = x + 2 + \dfrac{9}{x - 2}$

$f'(x) = 1 - \dfrac{9}{(x-2)^2} = \dfrac{(x-2)^2 - 9}{(x-2)^2} = \boldsymbol{\dfrac{x^2 - 4x - 5}{(x-2)^2}}$

$f''(x) = \dfrac{-9 \cdot (-2)}{(x-2)^3} = \boldsymbol{\dfrac{18}{(x-2)^3}}$

(2) 求める漸近線の 1 つに $x = 2$ が存在する．また，$x \to \pm\infty$ のときの漸近線を $y = ax + b$ とする．このとき，

$$a = \lim_{x \to \pm\infty} \frac{f(x)}{x} = \lim_{x \to \pm\infty} \frac{x^2 + 5}{x(x - 2)} = \lim_{x \to \pm\infty} \frac{1 + \dfrac{5}{x^2}}{1 - \dfrac{2}{x}} = 1$$

であるから，

$$b = \lim_{x \to \pm\infty} \{f(x) - x\} = \lim_{x \to \pm\infty} \left(\frac{x^2 + 5}{x - 2} - x \right)$$

$$= \lim_{x \to \pm\infty} \frac{2x + 5}{x - 2} = \lim_{x \to \pm\infty} \frac{2 + \dfrac{5}{x}}{1 - \dfrac{2}{x}} = 2$$

よって，$y = x + 2$ が $x \to \pm\infty$ のときの漸近線となる．
以上から漸近線の方程式は **$y = x + 2,\ x = 2$**

(3) (1) の結果から

$$f'(x) = \frac{(x - 5)(x + 1)}{(x - 2)^2}$$

$$f''(x) = \frac{18}{(x - 2)^3}$$

となるので，増減凹凸表は右のようになる．また，$\displaystyle\lim_{x \to 2 \pm 0} \frac{x^2 - 5}{x - 2} = \pm\infty$（複号同順）であることに注意すると，$y = f(x)$ のグラフは下のようになる．

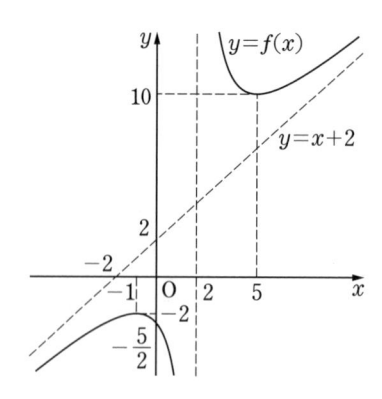

x	$\cdots$	-1	$\cdots$	2	$\cdots$	5	$\cdots$
$f'(x)$	$+$	0	$-$	/	$-$	0	$+$
$f''(x)$	$-$	$-$	$-$	/	$+$	$+$	$+$
$f(x)$	↗	-2	↘	/	↘	10	↗

問題 120

$y = 3\cos^3 x + 4\sin^3 x \ \left(0 \leq x \leq \dfrac{\pi}{2}\right)$ から

$$y' = 9\cos^2 x \cdot (-\sin x) + 12\sin^2 x \cdot \cos x$$
$$= 3\sin x \cos x(4\sin x - 3\cos x)$$

ここで $0 < x < \dfrac{\pi}{2}$ の範囲で

$$4\sin x - 3\cos x = 0$$

すなわち $\tan x = \dfrac{3}{4}$ となる x は存在して，これを α とおくと

$$\sin \alpha = \dfrac{3}{5}, \ \cos \alpha = \dfrac{4}{5}$$

であり，$x = \alpha$ のとき

$$y = 3\cos^3 \alpha + 4\sin^3 \alpha = 3\left(\dfrac{4}{5}\right)^3 + 4\left(\dfrac{3}{5}\right)^3 = \dfrac{12}{5}$$

よって，増減表は次のようになる．

x	0	$\cdots$	α	$\cdots$	$\dfrac{\pi}{2}$
y'		$-$	0	$+$	
y	3	↘	$\dfrac{12}{5}$	↗	4

以上から，

最大値 $x = \dfrac{\pi}{2}$ で **4**

最小値 $x = \alpha$ で $\dfrac{\mathbf{12}}{\mathbf{5}}$ $\quad \left(\text{ただし，}\alpha \text{は} \sin \alpha = \dfrac{3}{5}, \ \cos \alpha = \dfrac{4}{5} \text{を満たす角}\right)$

問題 121

$\mathrm{AC} = x$ とおくと，$x\sin 2\theta = 4$, $\mathrm{BC} = x\tan \theta$ から

$$S = \dfrac{1}{2}\mathrm{AC} \cdot \mathrm{BC}$$
$$= \dfrac{1}{2}x^2 \tan \theta = \dfrac{8\tan \theta}{\sin^2 2\theta}$$
$$= \dfrac{8\sin \theta}{(2\sin \theta \cos \theta)^2 \cos \theta} = \dfrac{2}{\sin \theta \cos^3 \theta}$$

$f(\theta) = \sin\theta \cos^3\theta$ とすると，$f(\theta)$ が最大のとき S は最小値をとる．

$$f'(\theta) = \cos\theta\cos^3\theta + \sin\theta \cdot 3\cos^2\theta \cdot (-\sin\theta)$$
$$= \cos^2\theta(\cos^2\theta - 3\sin^2\theta)$$
$$= \cos^2\theta(4\cos^2\theta - 3)$$

$f(\theta)$ の増減は次の表のようになる．

x	0	$\cdots$	$\dfrac{\pi}{6}$	$\cdots$	$\dfrac{\pi}{2}$
$f'(x)$		$+$	0	$-$	
$f(x)$		↗		↘	

よって $\theta = \dfrac{\pi}{6}$ のとき最大値 $f\left(\dfrac{\pi}{6}\right) = \dfrac{3\sqrt{3}}{16}$ をとる．このとき，S は最小となり，最小値は $\dfrac{2}{\frac{3\sqrt{3}}{16}} = \dfrac{\boldsymbol{32\sqrt{3}}}{\boldsymbol{9}}$

問題 122　　　　　　　　　　　　　　　　　　▶▶▶ 設問 P121

(1) 高さを h とする．右の図で，$\triangle \text{OCK} \backsim \triangle \text{OAH}$ であるから
$\text{OC}:\text{CK} = \text{OA}:\text{AH}$ より，$(h-a):a = \sqrt{x^2+h^2}:x$
よって $a^2(x^2+h^2) = (h-a)^2 x^2$ から，$(x^2-a^2)h^2 = 2ahx^2$
$x > a$ より，$h = \dfrac{\boldsymbol{2ax^2}}{\boldsymbol{x^2-a^2}}$

(2) 体積 V は $V = \dfrac{\pi}{3}x^2 h = \dfrac{2\pi a}{3} \cdot \dfrac{x^4}{x^2-a^2}$ $(x > a)$

$$V' = \dfrac{2\pi a}{3} \cdot \dfrac{4x^3(x^2-a^2) - x^4 \cdot 2x}{(x^2-a^2)^2}$$
$$= \dfrac{4\pi a}{3} \cdot \dfrac{x^3(x^2-2a^2)}{(x^2-a^2)^2}$$

x	a	$\cdots$	$\sqrt{2}a$	$\cdots$
V'		$-$	0	$+$
V		↘		↗

増減表から V は，$x = \sqrt{2}a$ のとき最小値 $\dfrac{\boldsymbol{8\pi}}{\boldsymbol{3}}\boldsymbol{a^3}$ をとる．

問題 123

▶▶▶ 設問 P122

Q$(x, 0)$ として，所要時間を $f(x)$ とする．このとき $0 \leqq x \leqq 2$ で考えれば十分．

$$f(x) = \frac{\text{AQ}}{\sqrt{2}} + \frac{\text{QB}}{1}$$
$$= \frac{\sqrt{(x-2)^2+1}}{\sqrt{2}} + \sqrt{x^2+3}$$

より $f'(x) = \dfrac{x-2}{\sqrt{2}\sqrt{(x-2)^2+1}} + \dfrac{x}{\sqrt{x^2+3}}$

$$= \frac{\sqrt{2}x\sqrt{(x-2)^2+1} - (2-x)\sqrt{x^2+3}}{\sqrt{2}\sqrt{(x-2)^2+1}\sqrt{x^2+3}}$$

分母，分子に $\sqrt{2}x\sqrt{(x-2)^2+1} + (2-x)\sqrt{x^2+3}$ をかけると，分母 >0 で

(分子)$= 2x^2\{(x-2)^2+1\} - (2-x)^2(x^2+3)$
$= x^4 - 4x^3 + 3x^2 + 12x - 12$
$= (x-1)(x^3 - 3x^2 + 12)$
$= (x-1)\{x^3 + 3(4-x^2)\}$

より増減表は，右のようになる．よって求める点は，**Q(1, 0)**

x	0	$\cdots$	1	$\cdots$	2
$f'(x)$		$-$	0	$+$	
$f(x)$		↘		↗	

問題 124

▶▶▶ 設問 P124

(1) $f(x) = \dfrac{(\log x)^2}{x}$ $(x>0)$

$f'(x)$
$= \dfrac{2\log x \cdot \frac{1}{x} \cdot x - (\log x)^2}{x^2}$
$= \dfrac{\log x(2 - \log x)}{x^2}$

x	0	$\cdots$	1	$\cdots$	e^2	$\cdots$
$f'(x)$		$-$	0	$+$	0	$-$
$f(x)$		↘		↗		↘

$f'(x) = 0$ とすると $\log x = 0, 2$ よって $x = 1, e^2$

$x = e^2$ のとき極大値 $\dfrac{4}{e^2}$，$x = 1$ のとき極小値 **0**

(2) $ax = (\log x)^2$ から $\dfrac{(\log x)^2}{x} = a$

$\displaystyle\lim_{x \to +0} \dfrac{(\log x)^2}{x} = \infty$, $\displaystyle\lim_{x \to \infty} \dfrac{(\log x)^2}{x} = 0$

よって，$y = f(x)$ のグラフは図のようになる．したがって，求める解の個数は下の表のようになる．

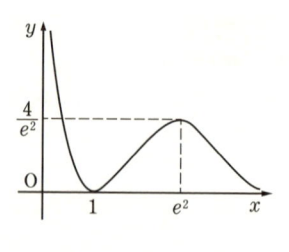

a の範囲	$a < 0$	$a = 0$	$0 < a < \dfrac{4}{e^2}$	$a = \dfrac{4}{e^2}$	$a > \dfrac{4}{e^2}$
解の個数	0	1	3	2	1

問題 125

▶▶▶ 設問 P124

(1) $f(x) = (1-x)e^x$ から，$f'(x) = -xe^x$, $f''(x) = -(x+1)e^x$

$f(x)$ の増減とグラフの凹凸は次のようになる．

x	$\cdots$	-1	$\cdots$	0	$\cdots$
$f'(x)$	$+$	$+$	$+$	0	$-$
$f''(x)$	$+$	0	$-$	$-$	$-$
$f(x)$	↗	$\dfrac{2}{e}$	↗	1	↘

増減表から，$x = 0$ で極大値 1 をとり，変曲点の座標は $\left(-1, \dfrac{2}{e}\right)$

さらに $\displaystyle\lim_{x \to -\infty} f(x) = 0$, $\displaystyle\lim_{x \to \infty} f(x) = -\infty$ よりグラフは右図．

(2) 曲線 $y = f(x)$ 上の点 $(t, f(t))$ における接線 l の方程式は
$$y = -te^t(x-t) + (1-t)e^t$$
$$= -te^t x + (t^2 - t + 1)e^t$$

l が点 $(a, 0)$ を通るとき，$-te^t a + (t^2 - t + 1)e^t = 0$ で，$t = 0$ は，この方程式の解ではないから，$t \neq 0$ としてよい．また，$e^t > 0$ より
$$a = t - 1 + \dfrac{1}{t}$$

$g(t) = t + \dfrac{1}{t} - 1$ とおくと，$g'(t) = 1 - \dfrac{1}{t^2} = \dfrac{t^2 - 1}{t^2}$ また

$$\lim_{t\to\infty}g(t)=\infty,\ \lim_{t\to-\infty}g(t)=-\infty,\ \lim_{t\to+0}g(t)=\infty,\ \lim_{t\to-0}g(t)=-\infty$$

よって，$y=g(t)$ のグラフの概形は図のようになる．

$a=g(t)$ を満たす実数 t の個数と接線の本数が一対一に対応するので，求める本数は

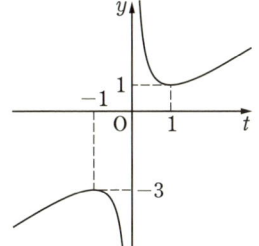

$$\begin{cases} a<-3,\ 1<a \text{ のとき } \textbf{2 本} \\ a=-3,\ 1 \text{ のとき } \textbf{1 本} \\ -3<a<1 \text{ のとき } \textbf{0 本} \end{cases}$$

問題 126　　　　　　　　　　　　　　　▶▶▶ 設問 P125

(1) $f(x)=e^x-x$ とすると，
$$f'(x)=e^x-1=e^x-e^0>0\ (\because\ x>0)$$
より，$f(x)$ は単調増加．

x	0	$\cdots$
$f'(x)$		$+$
$f(x)$	1	↗

増減表より $f(x)>0$ 　$\therefore\ e^x>x\ (x>0)$

(2) $f(x)=e^x-\left(\dfrac{1}{2}x^2+x\right)$ とおく．
$$f'(x)=e^x-(x+1)$$
$$f''(x)=e^x-1=e^x-e^0>0\ (\because\ x>0)$$

より $f'(x)$ は単調増加である．$f'(0)=0$ とあわせて $x>0$ で $f'(x)>0$ を得る．

よって，$f(x)$ は $x>0$ で単調増加となる．$f(0)=1$ とあわせると増減表は下のとおり．

x	0	$\cdots$
$f'(x)$		$+$
$f(x)$	1	↗

よって，
$$f(x)>0\quad\therefore\ e^x>\dfrac{1}{2}x^2+x\ (x>0)$$

問題 127

$f(x) = \sin x - \left(x - \dfrac{x^3}{6}\right)$ とおくと

$f'(x) = \cos x - 1 + \dfrac{x^2}{2},\ f''(x) = -\sin x + x,\ f'''(x) = -\cos x + 1$

よって，$x \geqq 0$ のとき $f'''(x) \geqq 0$ より，$f''(x)$ は単調に増加し，$f''(0) = 0$ であるから $f''(x) \geqq 0$　ゆえに，$x \geqq 0$ のとき $f'(x)$ は単調に増加し，$f'(0) = 1 - 1 = 0$ であるから $f'(x) \geqq 0$　したがって，$x \geqq 0$ のとき $f(x)$ は単調に増加し，$f(0) = 0$ であるから $f(x) \geqq 0$

以上より，$x \geqq 0$ のとき $\sin x \geqq x - \dfrac{x^3}{6}$ ……①

次に，$g(x) = x - \dfrac{x^3}{6} + \dfrac{x^5}{120} - \sin x$ とおくと

$g'(x) = 1 - \dfrac{x^2}{2} + \dfrac{x^4}{24} - \cos x,$

$g''(x) = -x + \dfrac{x^3}{6} + \sin x = \sin x - \left(x - \dfrac{x^3}{6}\right)$

$x \geqq 0$ のとき，①より $g''(x) \geqq 0$
よって，$x \geqq 0$ のとき $g'(x)$ は単調に増加し，
$g'(0) = 1 - 1 = 0$ であるから $g'(x) \geqq 0$
したがって，$x \geqq 0$ のとき $g(x)$ は単調に増加
し，$g(0) = 0$ であるから $g(x) \geqq 0$

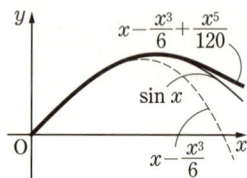

以上より，$x \geqq 0$ のとき $x - \dfrac{x^3}{6} + \dfrac{x^5}{120} \geqq \sin x$ ……②

①，②より $x - \dfrac{x^3}{6} \leqq \sin x \leqq x - \dfrac{x^3}{6} + \dfrac{x^5}{120}$

問題 128

$\sqrt{x+1} > 0$ より，与式は $\dfrac{\sqrt{x}+2}{\sqrt{x+1}} \leqq k$ と変形できる．

$f(x) = \dfrac{\sqrt{x}+2}{\sqrt{x+1}}\ (x > 0)$ とおくと

$f'(x) = \dfrac{\dfrac{1}{2\sqrt{x}} \cdot \sqrt{x+1} - (\sqrt{x}+2) \cdot \dfrac{1}{2\sqrt{x+1}}}{x+1}$

$$= \frac{(x+1)-(\sqrt{x}+2)\sqrt{x}}{2\sqrt{x(x+1)}(x+1)} = \frac{1-2\sqrt{x}}{2\sqrt{x(x+1)}(x+1)}$$

$f'(x)=0$ とすると $x=\dfrac{1}{4}$ であり，$x>0$ における $f(x)$ の増減表は右のようになる．よって，$f(x)$ の最大値は $f\left(\dfrac{1}{4}\right)=\sqrt{5}$　したがって，不等式が成り立つための条件は $\sqrt{5}\leqq k$
よって，k の最小値は $\boldsymbol{\sqrt{5}}$

x	0	$\cdots$	$\dfrac{1}{4}$	$\cdots$
$f'(x)$		$+$	0	$-$
$f(x)$		$\nearrow$		$\searrow$

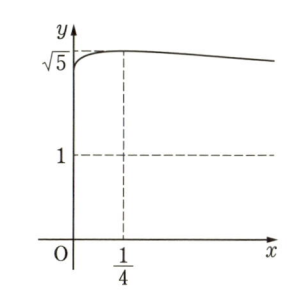

問題 129　▶▶▶ 設問 P127

自然対数をとって，その差を調べると
$$\log e^\pi - \log \pi^e = \pi\log e - e\log\pi = e\pi\left(\frac{\log e}{e} - \frac{\log \pi}{\pi}\right) \cdots\cdots ①$$

よって，関数 $f(x)=\dfrac{\log x}{x}$ の増減について調べればよい．

$$f'(x) = \frac{\dfrac{1}{x}\cdot x - \log x \cdot 1}{x^2} = \frac{1-\log x}{x^2}$$

$f'(x)=0$ とすると $x=e$　$f(x)$ の増減は右の表のようになる．表から，$f(x)$ は $x\geqq e$ で単調に減少する．$e<\pi$ であるから
$$f(e)>f(\pi)\quad \frac{\log e}{e}>\frac{\log \pi}{\pi}$$

x	0	$\cdots$	e	$\cdots$
$f'(x)$		$+$	0	$-$
$f(x)$		$\nearrow$		$\searrow$

よって，①より $\log e^\pi - \log \pi^e > 0$ すなわち $\log e^\pi > \log \pi^e$ となるから，$\boldsymbol{e^\pi > \pi^e}$

問題 130

(1) $\displaystyle\int_4^9 \sqrt{x}\, dx = \left[\frac{2}{3} x\sqrt{x}\right]_4^9 = \frac{2}{3}(27-8) = \frac{38}{3}$

(2) $\displaystyle\int_2^3 \frac{dx}{x^3} = \left[-\frac{1}{2x^2}\right]_2^3 = -\frac{1}{2}\left(\frac{1}{9} - \frac{1}{4}\right) = \frac{5}{72}$

(3) $\displaystyle\int_1^{e^2} \frac{dx}{x} = \left[\log x\right]_1^{e^2} = \mathbf{2}$

(4) $\displaystyle\int_0^\pi \sin\theta\, d\theta = \left[-\cos\theta\right]_0^\pi = \mathbf{2}$

(5) $\displaystyle\int_{-\pi}^\pi \cos\theta\, d\theta = \left[\sin\theta\right]_{-\pi}^\pi = \mathbf{0}$

(6) $\displaystyle\int_0^{\pi/3} \frac{dx}{\cos^2 x} = \left[\tan x\right]_0^{\pi/3} = \boldsymbol{\sqrt{3}}$

(7) $\displaystyle\int_0^2 e^x\, dx = \left[e^x\right]_0^2 = \boldsymbol{e^2 - 1}$

(8) $\displaystyle\int_0^1 2^x\, dx = \left[\frac{2^x}{\log 2}\right]_0^1 = \frac{2-1}{\log 2} = \boldsymbol{\frac{1}{\log 2}}$

問題 131

(1) $\displaystyle\int_{-1}^0 (3x+2)^5\, dx = \left[\frac{1}{6}(3x+2)^6 \cdot \frac{1}{3}\right]_{-1}^0 = \frac{1}{18}\{2^6 - (-1)^6\} = \boldsymbol{\frac{7}{2}}$

(2) $\displaystyle\int_0^\pi \cos 2x\, dx = \left[\frac{\sin 2x}{2}\right]_0^\pi = \mathbf{0}$

(3) $\displaystyle\int_{3/4}^1 e^{4x-3}\, dx = \left[\frac{e^{4x-3}}{4}\right]_{3/4}^1 = \boldsymbol{\frac{e-1}{4}}$

(4) $\displaystyle\int_2^4 \frac{1}{9-2x}\, dx = \left[\frac{\log|9-2x|}{-2}\right]_2^4 = -\frac{1}{2}(\log 1 - \log 5) = \boldsymbol{\frac{1}{2}\log 5}$

問題 132

(1) $\displaystyle\int_0^\pi \sin^2 x \cos x \, dx = \left[\dfrac{(\sin x)^3}{3}\right]_0^\pi = \mathbf{0}$

(2) $\displaystyle\int_1^{e\sqrt{e}} \dfrac{\log x}{x} \, dx = \int_1^{e\sqrt{e}} (\log x) \cdot \dfrac{1}{x} \, dx$

$\displaystyle\qquad\qquad\qquad = \left[\dfrac{1}{2}(\log x)^2\right]_1^{e\sqrt{e}} = \dfrac{1}{2}\cdot\left(\dfrac{3}{2}\right)^2 = \dfrac{\mathbf{9}}{\mathbf{8}}$

(3) $\displaystyle\int_0^1 xe^{x^2} dx = \int_0^1 e^{x^2} \cdot 2x \cdot \dfrac{1}{2} \, dx = \dfrac{1}{2}\left[e^{x^2}\right]_0^1 = \dfrac{\mathbf{e-1}}{\mathbf{2}}$

(4) $\displaystyle\int_0^1 \dfrac{x}{\sqrt{2-x^2}} \, dx = \int_0^1 (2-x^2)^{-\frac{1}{2}}(-2x)\cdot\dfrac{1}{-2} \, dx$

$\displaystyle\qquad\qquad\qquad = -\dfrac{1}{2}\left[2(2-x^2)^{\frac{1}{2}}\right]_0^1 = \boldsymbol{\sqrt{2}-1}$

問題 133

(1) $\displaystyle\int_1^2 \dfrac{x^2-4x}{x^3-6x^2+1} \, dx = \dfrac{1}{3}\int_1^2 \dfrac{3x^2-12x}{x^3-6x^2+1} \, dx$

$\displaystyle\qquad\qquad\qquad = \dfrac{1}{3}\left[\log|x^3-6x^2+1|\right]_1^2$

$\displaystyle\qquad\qquad\qquad = \dfrac{1}{3}(\log 15 - \log 4) = \dfrac{\mathbf{1}}{\mathbf{3}}\log\dfrac{\mathbf{15}}{\mathbf{4}}$

(2) $\displaystyle\int_0^{\frac{\pi}{4}} \tan x \, dx = \int_0^{\frac{\pi}{4}} \dfrac{\sin x}{\cos x} \, dx = -\int_0^{\frac{\pi}{4}} \dfrac{-\sin x}{\cos x} \, dx$

$\displaystyle\qquad\qquad\qquad = -\left[\log|\cos x|\right]_0^{\frac{\pi}{4}} = \dfrac{\mathbf{1}}{\mathbf{2}}\log\mathbf{2}$

(3) $\displaystyle\int_0^1 \dfrac{1}{1+e^{-x}} \, dx = \int_0^1 \dfrac{e^x}{e^x+1} \, dx = \left[\log|e^x+1|\right]_0^1 = \log\dfrac{\mathbf{e+1}}{\mathbf{2}}$

問題 134

(1) $\displaystyle\int_2^3 \frac{dx}{x(x+2)} = \int_2^3 \frac{1}{2}\left(\frac{1}{x} - \frac{1}{x+2}\right) dx$

$\displaystyle = \frac{1}{2}\Big[\log|x| - \log|x+2|\Big]_2^3 = \boldsymbol{\frac{1}{2}\log\frac{6}{5}}$

(2) $\displaystyle\int_0^\pi \sin^2 x\, dx = \int_0^\pi \frac{1-\cos 2x}{2} dx = \frac{1}{2}\left[x - \frac{1}{2}\sin 2x\right]_0^\pi = \boldsymbol{\frac{\pi}{2}}$

(3) $\displaystyle\int_0^\pi \cos^3 x\, dx = \int_0^\pi \cos^2 x \cos x\, dx = \int_0^\pi (1-\sin^2 x)\cos x\, dx$

$\displaystyle = \int_0^\pi (\cos x - \sin^2 x \cos x)\, dx = \left[\sin x - \frac{(\sin x)^3}{3}\right]_0^\pi = \boldsymbol{0}$

問題 135

(1) $\displaystyle I - J = \int_0^{\frac{\pi}{4}} \frac{\cos x - \sin x}{\sin x + \cos x} dx = \int_0^{\frac{\pi}{4}} \frac{(\sin x + \cos x)'}{\sin x + \cos x} dx$

$\displaystyle = \Big[\log|\sin x + \cos x|\Big]_0^{\frac{\pi}{4}}$

$\displaystyle = \log\left(\frac{1}{\sqrt{2}} + \frac{1}{\sqrt{2}}\right) - \log 1 = \boldsymbol{\frac{1}{2}\log 2}$ ……①

(2) $\displaystyle I + J = \int_0^{\frac{\pi}{4}} \frac{\sin x + \cos x}{\sin x + \cos x} dx = \int_0^{\frac{\pi}{4}} dx = \frac{\pi}{4}$ ……②

$\displaystyle \frac{①+②}{2}$ より $\boldsymbol{I = \frac{\pi}{8} + \frac{1}{4}\log 2}$, $\displaystyle \frac{②-①}{2}$ より $\boldsymbol{J = \frac{\pi}{8} - \frac{1}{4}\log 2}$

問題 136

(1) $\displaystyle\int_0^\pi x\cos x\, dx = \Big[x\sin x\Big]_0^\pi - \int_0^\pi \sin x\, dx = 0 - \Big[-\cos x\Big]_0^\pi = \boldsymbol{-2}$

(2) $\displaystyle\int_0^{\frac{\pi}{2}} x\sin 2x\, dx = \left[x\left(-\frac{\cos 2x}{2}\right)\right]_0^{\frac{\pi}{2}} + \frac{1}{2}\int_0^{\frac{\pi}{2}} \cos 2x\, dx$

$\displaystyle\qquad = \frac{\pi}{4} + \frac{1}{2}\left[\frac{\sin 2x}{2}\right]_0^{\frac{\pi}{2}} = \frac{\pi}{4}$

(3) $\displaystyle\int_1^2 x^3 \log x\, dx = \left[\frac{x^4}{4}\log x\right]_1^2 - \int_1^2 \frac{x^4}{4}\cdot\frac{1}{x}\, dx$

$\displaystyle\qquad = 4\log 2 - \frac{1}{4}\int_1^2 x^3\, dx$

$\displaystyle\qquad = 4\log 2 - \frac{1}{4}\left[\frac{x^4}{4}\right]_1^2 = \boldsymbol{4\log 2 - \frac{15}{16}}$

(4) $\displaystyle\int_0^2 xe^x\, dx = \left[xe^x\right]_0^2 - \int_0^2 e^x\, dx = 2e^2 - \left[e^x\right]_0^2$

$\displaystyle\qquad = 2e^2 - (e^2 - 1) = \boldsymbol{e^2 + 1}$

(5) $\displaystyle\int_1^e (\log x)^2\, dx = \int_1^e 1\cdot(\log x)^2\, dx = \left[x(\log x)^2\right]_1^e - 2\int_1^e \log x\, dx$

$\displaystyle\qquad = e - 2\left[x\log x - x\right]_1^e = e - 2\{e - (e-1)\} = \boldsymbol{e - 2}$

問題 137 ▶▶▶ 設問 P137

(1) $\displaystyle\int_0^{\pi} x^2 \cos x\, dx = \left[x^2\sin x\right]_0^{\pi} - \int_0^{\pi} 2x\sin x\, dx = -2\int_0^{\pi} x\sin x\, dx$

$\displaystyle\qquad = -2\left\{\left[-x\cos x\right]_0^{\pi} - \int_0^{\pi}(-1)\cdot\cos x\, dx\right\}$

$\displaystyle\qquad = -2\left(\pi + \left[\sin x\right]_0^{\pi}\right) = \boldsymbol{-2\pi}$

(2) $\displaystyle\int_0^{\pi} e^x \sin x\, dx = \left[e^x\sin x\right]_0^{\pi} - \int_0^{\pi} e^x\cos x\, dx = -\int_0^{\pi} e^x\cos x\, dx$

$\displaystyle\qquad = -\left\{\left[e^x\cos x\right]_0^{\pi} - \int_0^{\pi} e^x(-\sin x)\, dx\right\}$

$\displaystyle\qquad = e^{\pi} + 1 - \int_0^{\pi} e^x\sin x\, dx$

よって $2\int_0^\pi e^x \sin x \, dx = e^\pi + 1$ $\quad \therefore \quad \int_0^\pi e^x \sin x \, dx = \dfrac{e^\pi + 1}{2}$

別解

$$(e^x \sin x)' = e^x \sin x + e^x \cos x \quad \cdots\cdots ①$$
$$(e^x \cos x)' = e^x \cos x - e^x \sin x \quad \cdots\cdots ②$$

$(① - ②) \div 2$ より $e^x \sin x = \dfrac{1}{2}(e^x \sin x - e^x \cos x)'$

両辺を積分して
$$\int_0^\pi e^x \sin x \, dx = \dfrac{1}{2}\Big[e^x(\sin x - \cos x)\Big]_0^\pi = \dfrac{e^\pi + 1}{2}$$

問題 138 ▶▶▶ 設問 P140

(1) $\sqrt{5-x} = t$ とおくと，$x = 5 - t^2$ から

$\dfrac{dx}{dt} = -2t$

x	1	→	4
t	2	→	1

よって
$$\int_1^4 \dfrac{x}{\sqrt{5-x}} \, dx = \int_2^1 \dfrac{5-t^2}{t} \dfrac{dx}{dt} \, dt = 2\int_1^2 (5 - t^2) \, dt$$
$$= 2\left[5t - \dfrac{t^3}{3}\right]_1^2 = 2\left\{\left(10 - \dfrac{8}{3}\right) - \left(5 - \dfrac{1}{3}\right)\right\} = \dfrac{\mathbf{16}}{\mathbf{3}}$$

(2) $\sqrt{x+1} = t$ とおくと $x = t^2 - 1$ から

$\dfrac{dx}{dt} = 2t$

x	1	→	3
t	$\sqrt{2}$	→	2

よって
$$\int_1^3 \dfrac{dx}{x\sqrt{x+1}} = \int_{\sqrt{2}}^2 \dfrac{1}{(t^2-1)t} \dfrac{dx}{dt} \, dt = \int_{\sqrt{2}}^2 \left(\dfrac{1}{t-1} - \dfrac{1}{t+1}\right) dt$$
$$= \left[\log\left|\dfrac{t-1}{t+1}\right|\right]_{\sqrt{2}}^2 = \log\left(\dfrac{1}{3} \cdot \dfrac{\sqrt{2}+1}{\sqrt{2}-1}\right) = \mathbf{\log \dfrac{3 + 2\sqrt{2}}{3}}$$

(3) $1 + \sin x = t$ とおくと $\dfrac{dt}{dx} = \cos x$ より

$$\frac{dx}{dt} = \frac{1}{\cos x}$$

x	0	$\to$	$\frac{\pi}{2}$
t	1	$\to$	2

よって,

$$\int_0^{\frac{\pi}{2}} \frac{\sin 2x}{1+\sin x}\,dx = 2\int_0^{\frac{\pi}{2}} \frac{\sin x \cos x}{1+\sin x}\frac{dx}{dt}\,dt$$
$$= 2\int_1^2 \frac{t-1}{t}\,dt = 2\int_1^2 \left(1-\frac{1}{t}\right)\,dt$$
$$= 2\Bigl[t - \log t\Bigr]_1^2 = 2\{(2-\log 2) - 1\} = \mathbf{2 - 2\log 2}$$

問題 139 ▶▶▶ 設問 P140

(1) $\displaystyle\int_0^1 \sqrt{1-x^2}\,dx$ は右図網目部分の面積を表すから,

(与式) $= \dfrac{1}{2}\cdot 1^2 \cdot \dfrac{\pi}{2} = \dfrac{\boldsymbol{\pi}}{\mathbf{4}}$

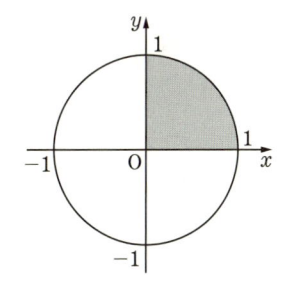

(2) $\displaystyle\int_{-2}^1 \sqrt{4-x^2}\,dx$ は右図網目部分の面積を表す. $A(1, \sqrt{3})$, $B(1, 0)$, $C(-2, 0)$ として, $\triangle OAB$ と 扇形 AOC の面積の合計と考える. 扇形 AOC は半径が 2, 中心角 $\dfrac{2}{3}\pi$ であるから,

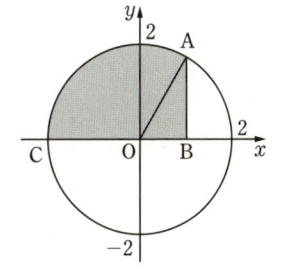

(与式) $= \dfrac{1}{2}\cdot 1\cdot\sqrt{3} + \dfrac{1}{2}\cdot 2^2 \cdot \dfrac{2}{3}\pi$
$= \dfrac{\mathbf{4\pi}}{\mathbf{3}} + \dfrac{\sqrt{\mathbf{3}}}{\mathbf{2}}$

問題 140

(1) $x = 2\sin\theta$ とおくと $\dfrac{dx}{d\theta} = 2\cos\theta$

x	0	$\to$	1
θ	0	$\to$	$\dfrac{\pi}{6}$

$0 \leqq \theta \leqq \dfrac{\pi}{6}$ のとき，$\cos\theta > 0$ であるから

$$\sqrt{4-x^2} = \sqrt{4(1-\sin^2\theta)} = \sqrt{4\cos^2\theta} = 2\cos\theta$$

よって

$$\int_0^1 \dfrac{dx}{\sqrt{4-x^2}} = \int_0^{\frac{\pi}{6}} \dfrac{1}{2\cos\theta} \dfrac{dx}{d\theta} \, d\theta = \int_0^{\frac{\pi}{6}} d\theta = \Big[\theta\Big]_0^{\frac{\pi}{6}} = \boldsymbol{\dfrac{\pi}{6}}$$

(2) $x = \tan\theta$ とおくと $\dfrac{dx}{d\theta} = \dfrac{1}{\cos^2\theta}$

x	1	$\to$	$\sqrt{3}$
θ	$\dfrac{\pi}{4}$	$\to$	$\dfrac{\pi}{3}$

よって

$$\int_1^{\sqrt{3}} \dfrac{dx}{x^2+1} = \int_{\frac{\pi}{4}}^{\frac{\pi}{3}} \dfrac{1}{\tan^2\theta+1} \dfrac{dx}{d\theta} \, d\theta$$

$$= \int_{\frac{\pi}{4}}^{\frac{\pi}{3}} \cos^2\theta \cdot \dfrac{1}{\cos^2\theta} \, d\theta$$

$$= \int_{\frac{\pi}{4}}^{\frac{\pi}{3}} d\theta = \Big[\theta\Big]_{\frac{\pi}{4}}^{\frac{\pi}{3}} = \dfrac{\pi}{3} - \dfrac{\pi}{4} = \boldsymbol{\dfrac{\pi}{12}}$$

問題 141

(1) $f(x) = x\sin 2x$ とする．このとき，

$$f(-x) = -x\sin(-2x) = -x \cdot (-\sin 2x) = x\sin 2x = f(x)$$

より，$f(x)$ は偶関数であるから

$$\int_{-\pi}^{\pi} x\sin 2x \, dx = 2\int_0^{\pi} x\sin 2x \, dx$$

$$= \Big[-x\cos 2x\Big]_0^{\pi} + \int_0^{\pi} \cos 2x \, dx$$

$$= -\pi + \Big[\dfrac{1}{2}\sin 2x\Big]_0^{\pi} = \boldsymbol{-\pi}$$

(2) $J = \displaystyle\int_{-\pi}^{\pi} \sin mx \sin nx \, dx$ とおく．また，$g(x) = \sin mx \sin nx$ とする．
このとき，
$$g(-x) = \sin(-mx)\sin(-nx)$$
$$= (-\sin mx)(-\sin nx) = \sin mx \sin nx = g(x)$$

より，$g(x)$ は偶関数であるから
$$J = 2\int_0^{\pi} \sin mx \sin nx \, dx = \int_0^{\pi} \{\cos(m-n)x - \cos(m+n)x\} \, dx$$

m, n は自然数であるから

(ⅰ) $m = n$ のとき
$$J = \int_0^{\pi}(1 - \cos 2mx)\,dx = \left[x - \frac{1}{2m}\sin 2mx\right]_0^{\pi} = \boldsymbol{\pi}$$

(ⅱ) $m \neq n$ のとき
$$J = \left[\frac{1}{m-n}\sin(m-n)x - \frac{1}{m+n}\sin(m+n)x\right]_0^{\pi} = \boldsymbol{0}$$

(3) $I = \displaystyle\int_{-\pi}^{\pi}(x^2 + a^2\sin^2 x + b^2\sin^2 2x - 2ax\sin x$
$$- 2bx\sin 2x + 2ab\sin x \sin 2x)dx$$

(2) の結果から
$$\int_{-\pi}^{\pi}\sin^2 x \, dx = \pi, \quad \int_{-\pi}^{\pi}\sin^2 2x \, dx = \pi, \quad \int_{-\pi}^{\pi}\sin x \sin 2x \, dx = 0$$

また
$$\int_{-\pi}^{\pi} x^2 \, dx = 2\left[\frac{1}{3}x^3\right]_0^{\pi} = \frac{2}{3}\pi^3$$
$$\int_{-\pi}^{\pi} x\sin x \, dx = 2\int_0^{\pi} x\sin x \, dx$$
$$= 2\left(\left[-x\cos x\right]_0^{\pi} + \int_0^{\pi}\cos x \, dx\right)$$
$$= 2\left(\pi + \left[\sin x\right]_0^{\pi}\right) = 2\pi$$

以上から，(1) の結果と合わせて
$$I = \frac{2}{3}\pi^3 + \pi a^2 + \pi b^2 - 4\pi a + 2\pi b$$

$$= \pi(a-2)^2 + \pi(b+1)^2 + \frac{2}{3}\pi^3 - 5\pi$$

したがって，$a = 2$, $b = -1$ のとき最小値 $\dfrac{2}{3}\pi^3 - 5\pi$

問題 142 ▶▶▶ 設問 P146

(1) $\displaystyle\int_0^1 f(t)\,dt = k$ (k は定数) とおくと $f(x) = e^x - k$

よって
$$k = \int_0^1 f(t)\,dt = \int_0^1 (e^t - k)\,dt = \Big[e^t - kt\Big]_0^1 = e - 1 - k$$

$$k = e - 1 - k \quad \therefore \quad k = \frac{e-1}{2}$$

したがって，$f(x) = e^x - \dfrac{e-1}{2}$

(2) $f(x) = x + 2\displaystyle\int_0^\pi (\sin x \cos t - \cos x \sin t) f(t)\,dt$

$$= x + 2\sin x \int_0^\pi f(t)\cos t\,dt - 2\cos x \int_0^\pi f(t)\sin t\,dt$$

いま，$2\displaystyle\int_0^\pi f(t)\cos t\,dt = A$, $-2\displaystyle\int_0^\pi f(t)\sin t\,dt = B$ (A, B は定数)

とおくと，$f(x) = x + A\sin x + B\cos x$ より

$$A = 2\int_0^\pi f(t)\cos t\,dt = 2\int_0^\pi (t + A\sin t + B\cos t)\cos t\,dt$$

$$= 2\int_0^\pi t\cos t\,dt + A\int_0^\pi 2\sin t\cos t\,dt + B\int_0^\pi 2\cos^2 t\,dt$$

$$= 2\left(\Big[t\sin t\Big]_0^\pi - \int_0^\pi \sin t\,dt\right) + A\int_0^\pi \sin 2t\,dt$$

$$\qquad\qquad\qquad\qquad\qquad + B\int_0^\pi (1 + \cos 2t)\,dt$$

$$= 2\Big[\cos t\Big]_0^\pi + A\left[-\frac{1}{2}\cos 2t\right]_0^\pi + B\left[t + \frac{1}{2}\sin 2t\right]_0^\pi$$

$$= 2(-1-1) - \frac{A}{2}(1-1) + B\pi = B\pi - 4$$

よって，$A = B\pi - 4 \cdots\cdots$ ①

$$B = -2\int_0^\pi f(t)\sin t\, dt = -2\int_0^\pi (t + A\sin t + B\cos t)\sin t\, dt$$
$$= -2\int_0^\pi t\sin t\, dt - A\int_0^\pi 2\sin^2 t\, dt - B\int_0^\pi 2\sin t\cos t\, dt$$
$$= 2\left(\Big[t\cos t\Big]_0^\pi - \int_0^\pi \cos t\, dt\right) - A\int_0^\pi (1-\cos 2t)dt$$
$$- B\int_0^\pi \sin 2t\, dt$$
$$= 2\left(-\pi - \Big[\sin t\Big]_0^\pi\right) - A\left[t - \frac{1}{2}\sin 2t\right]_0^\pi + B\left[\frac{1}{2}\cos 2t\right]_0^\pi$$
$$= -2\pi - A\pi$$

よって $B = -A\pi - 2\pi \cdots\cdots$ ②

①, ②を解いて, $A = \dfrac{-2\pi^2 - 4}{\pi^2 + 1}$, $B = \dfrac{2\pi}{\pi^2 + 1}$

したがって, $f(x) = \boldsymbol{x - \dfrac{2(\pi^2 + 2)}{\pi^2 + 1}\sin x + \dfrac{2\pi}{\pi^2 + 1}\cos x}$

問題 143　　　　　　　　　　　　　　　　　　▶▶▶設問 P146

(1) $f(x) = 2 - 2\displaystyle\int_0^x f(t)dt \cdots$ ① の両辺を x で微分して, $\boldsymbol{f'(x) = -2f(x)}$

(2) $g'(x) = 2e^{2x}\cdot f(x) + e^{2x}\cdot f'(x) = 2e^{2x}\cdot f(x) + e^{2x}\cdot\{-2f(x)\} = \boldsymbol{0}$

(3) $g'(x) = 0$ であるから $g(x)$ は定数である.

①から $f(0) = 2 - 2\displaystyle\int_0^0 f(t)dt = 2$　よって $g(0) = e^0\cdot f(0) = 2$

従って $g(x) = 2$, $2 = e^{2x}f(x)$ から $f(x) = \boldsymbol{2e^{-2x}}$

問題 144　　　　　　　　　　　　　　　　　　▶▶▶設問 P147

$$f'(x) = (2x\log 2x - 2x)\cdot(2x)' - (x\log x - x)\cdot x'$$
$$= 4x\log 2x - x\log x - 3x$$
$$= 4x(\log 2 + \log x) - x\log x - 3x$$
$$= x(3\log x + 4\log 2 - 3)$$

$x > 0$ において，$f'(x) = 0$ とすると
$$3\log x + 4\log 2 - 3 = 0$$
$$\log x = 1 - \frac{4}{3}\log 2 = \log \frac{e}{2^{\frac{4}{3}}} \quad \therefore \quad x = \frac{e}{2^{\frac{4}{3}}}$$

$f(x)$ の増減表は右のようになるから最小値を与える x は $x = \dfrac{e}{2^{\frac{4}{3}}}$

$\alpha = \dfrac{e}{2^{\frac{4}{3}}}$ とすると，求める最小値は

x	0	$\cdots$	$\dfrac{e}{2^{\frac{4}{3}}}$	$\cdots$
$f'(x)$		$-$	0	$+$
$f(x)$		↘		↗

$$f(\alpha) = \int_\alpha^{2\alpha} t(\log t - 1)\, dt$$
$$= \left[\frac{t^2}{2}(\log t - 1)\right]_\alpha^{2\alpha} - \int_\alpha^{2\alpha} \frac{t^2}{2} \cdot \frac{1}{t}\, dt$$
$$= \frac{\alpha^2}{2}\log 16\alpha^3 - \frac{3}{2}\alpha^2 - \left[\frac{t^2}{4}\right]_\alpha^{2\alpha}$$
$$= \frac{\alpha^2}{2}\log 16\alpha^3 - \frac{9}{4}\alpha^2$$
$$= \frac{e^2}{2^{\frac{11}{3}}}\log\left(16 \cdot \frac{e^3}{16}\right) - \frac{9}{4} \cdot \frac{e^2}{2^{\frac{8}{3}}} = -\frac{\boldsymbol{3e^2}}{\boldsymbol{2^{\frac{14}{3}}}}$$

問題 145　　　▶▶▶ 設問 P148

(1) $I_n = \displaystyle\int_0^{\frac{\pi}{2}} \sin^n x\, dx = \int_0^{\frac{\pi}{2}} \sin x \cdot \sin^{n-1} x\, dx$
$$= \left[(-\cos x) \cdot \sin^{n-1} x\right]_0^{\frac{\pi}{2}} - \int_0^{\frac{\pi}{2}} (-\cos x) \cdot (n-1)\sin^{n-2} x \cdot \cos x\, dx$$
$$= 0 - 0 + (n-1)\int_0^{\frac{\pi}{2}} \cos^2 x \sin^{n-2} x\, dx$$
$$= (n-1)\int_0^{\frac{\pi}{2}} (1 - \sin^2 x)\sin^{n-2} x\, dx$$
$$= (n-1)\int_0^{\frac{\pi}{2}} \sin^{n-2} x\, dx - (n-1)\int_0^{\frac{\pi}{2}} \sin^n x\, dx$$
$$= (n-1)I_{n-2} - (n-1)I_n$$

これを I_n について解いて，$I_n = \dfrac{n-1}{n}I_{n-2}$

(2) (1)の漸化式を繰り返し用いて，$I_6 = \dfrac{5}{6} \cdot \dfrac{3}{4} \cdot \dfrac{1}{2} I_0$，$I_7 = \dfrac{6}{7} \cdot \dfrac{4}{5} \cdot \dfrac{2}{3} I_1$ を得る．いま，$I_0 = \displaystyle\int_0^{\frac{\pi}{2}} \sin^0 x \, dx = \int_0^{\frac{\pi}{2}} 1 \, dx = \dfrac{\pi}{2}$ より，

$$I_6 = \dfrac{5}{6} \cdot \dfrac{3}{4} \cdot \dfrac{1}{2} I_0 = \dfrac{5}{6} \cdot \dfrac{3}{4} \cdot \dfrac{1}{2} \cdot \dfrac{\pi}{2} = \boldsymbol{\dfrac{5}{32}\pi}$$

また $I_1 = \displaystyle\int_0^{\frac{\pi}{2}} \sin^1 x \, dx = \Big[-\cos x\Big]_0^{\frac{\pi}{2}} = 1$ より，

$$I_7 = \dfrac{6}{7} \cdot \dfrac{4}{5} \cdot \dfrac{2}{3} \cdot 1 = \boldsymbol{\dfrac{16}{35}}$$

問題 146　　　▶▶▶設問 P149

(1) $\displaystyle\int_1^e \log x \, dx = \Big[x \log x - x\Big]_1^e = \boldsymbol{1}$

(2) $I_{n+1} = \displaystyle\int_1^e (\log x)^{n+1} \, dx$

$\qquad = \Big[x(\log x)^{n+1}\Big]_1^e - \displaystyle\int_1^e x(n+1)(\log x)^n \cdot \dfrac{1}{x} \, dx$

$\qquad = e - (n+1)\displaystyle\int_1^e (\log x)^n \, dx$

$\qquad = e - (n+1)I_n$

となるから $\boldsymbol{I_{n+1} = e - (n+1)I_n}$

(3) (2) の結果から

$$I_2 = e - 2I_1 = e - 2$$
$$I_3 = e - 3I_2 = e - 3(e-2) = \boldsymbol{-2e + 6}$$

問題 147　　　▶▶▶設問 P149

(1) $I_n = \displaystyle\int_0^{\frac{\pi}{4}} \tan^n x \, dx$ より，

$I_{n+2} + I_n = \displaystyle\int_0^{\frac{\pi}{4}} (\tan^{n+2} x + \tan^n x) dx = \int_0^{\frac{\pi}{4}} \tan^n x (\tan^2 x + 1) dx$

$$= \int_0^{\frac{\pi}{4}} \tan^n x \frac{1}{\cos^2 x} dx$$

$$= \int_0^{\frac{\pi}{4}} \tan^n x (\tan x)' dx$$

$$= \left[\frac{1}{n+1} (\tan x)^{n+1} \right]_0^{\frac{\pi}{4}} = \boldsymbol{\frac{1}{n+1}}$$

(2) $I_1 = \int_0^{\frac{\pi}{4}} \tan x \, dx = \int_0^{\frac{\pi}{4}} \frac{\sin x}{\cos x} dx = -\int_0^{\frac{\pi}{4}} \frac{(\cos x)'}{\cos x} dx$

$$= -\left[\log|\cos x| \right]_0^{\frac{\pi}{4}} = -\left(\log \frac{1}{\sqrt{2}} - \log 1 \right)$$

$$= \log \sqrt{2} = \frac{1}{2} \log 2$$

$I_2 = \int_0^{\frac{\pi}{4}} \tan^2 x \, dx = \int_0^{\frac{\pi}{4}} \left(\frac{1}{\cos^2 x} - 1 \right) dx$

$$= \left[\tan x - x \right]_0^{\frac{\pi}{4}} = 1 - \frac{\pi}{4}$$

(1) の漸化式で $n = 1, 2, 3$ とおくと,

$$I_3 = \frac{1}{2} - I_1 = \boldsymbol{\frac{1 - \log 2}{2}}$$

$$I_4 = \frac{1}{3} - I_2 = \frac{1}{3} - \left(1 - \frac{\pi}{4} \right) = \boldsymbol{\frac{\pi}{4} - \frac{2}{3}}$$

$$I_5 = \frac{1}{4} - I_3 = \frac{1}{4} - \frac{1 - \log 2}{2} = \boldsymbol{\frac{2 \log 2 - 1}{4}}$$

問題 148 ▶▶▶ 設問 P150

右図より

$$|\sin x| = \begin{cases} \sin x & (0 \leqq x \leqq \pi) \\ -\sin x & (\pi \leqq x \leqq \frac{3}{2}\pi) \end{cases}$$

であるから,

$$\int_0^{\frac{3}{2}\pi} |\sin x| dx$$

$$= \int_0^{\pi} \sin x \, dx + \int_{\pi}^{\frac{3}{2}\pi} (-\sin x) dx$$

$$= \Bigl[-\cos x\Bigr]_0^{\pi} + \Bigl[\cos x\Bigr]_{\pi}^{\frac{3}{2}\pi} = \boldsymbol{3}$$

問題 149　　　▶▶▶ 設問 P150

$0 \leqq t \leqq x$ のとき $t - x \leqq 0$

$x \leqq t \leqq 1$ のとき $t - x \geqq 0$

であるから

$$|t-x| = \begin{cases} -t+x & (0 \leqq t \leqq x) \\ t-x & (x \leqq t \leqq 1) \end{cases}$$

となる. よって,

$$f(x) = \int_0^x e^{-t+x}\,dt + \int_x^1 e^{t-x}\,dt = \Bigl[-e^{-t+x}\Bigr]_0^x + \Bigl[e^{t-x}\Bigr]_x^1$$
$$= e^x + e^{1-x} - 2$$

$f'(x) = e^x - e^{1-x}$

$f'(x) = 0$ とすると $e^x = e^{1-x}$　よって

$x = 1-x$ より $x = \dfrac{1}{2}$

$0 \leqq x \leqq 1$ における $f(x)$ の増減表は, 次のようになる.

x	0	$\cdots$	$\dfrac{1}{2}$	$\cdots$	1
$f'(x)$		$-$	0	$+$	
$f(x)$		↘		↗	

以上から, $f(x)$ は $x = \dfrac{1}{2}$ のとき最小で, その最小値は

$$f\Bigl(\dfrac{1}{2}\Bigr) = e^{\frac{1}{2}} + e^{\frac{1}{2}} - 2 = \boldsymbol{2(\sqrt{e}-1)}$$

問題 150　　　　　　　　　　　　　　　　　　　　▶▶▶ 設問 P151

右図より

$$\begin{cases} 0 \leqq x \leqq \log a \text{ のとき} & e^x - a \leqq 0 \\ \log a \leqq x \leqq 1 \text{ のとき} & e^x - a \geqq 0 \end{cases}$$

であるから

$$f(a) = \int_0^{\log a} \{-x(e^x - a)\}\, dx$$

$$\qquad\qquad + \int_{\log a}^1 \{x(e^x - a)\}\, dx$$

$$= \int_{\log a}^0 (xe^x - ax)\, dx + \int_{\log a}^1 (xe^x - ax)\, dx$$

ここで $\int xe^x\, dx = xe^x - \int e^x\, dx = xe^x - e^x + C$ (C は積分定数) であるから

$$f(a) = \left[xe^x - e^x - \frac{a}{2}x^2 \right]_{\log a}^0 + \left[xe^x - e^x - \frac{a}{2}x^2 \right]_{\log a}^1$$

$$= \Big[G(x) \Big]_{\log a}^0 + \Big[G(x) \Big]_{\log a}^1 \qquad \left(G(x) = xe^x - e^x - \frac{a}{2}x^2 \right)$$

$$= G(0) + G(1) - 2G(\log a)$$

$$= -1 + \left(-\frac{a}{2}\right) - 2\left\{ (\log a)a - a - \frac{a}{2}(\log a)^2 \right\}$$

$$= a(\log a)^2 - 2a \log a + \frac{3}{2}a - 1$$

を得る．よって，

$$f'(a) = 1 \cdot (\log a)^2 + a \cdot \left\{ 2(\log a) \cdot \frac{1}{a} \right\} - 2\left(\log a + a \cdot \frac{1}{a} \right) + \frac{3}{2}$$

$$= (\log a)^2 - \frac{1}{2}$$

$f'(a) = 0$ とすると，
$(\log a)^2 = \dfrac{1}{2}$

a	1	$\cdots$	$e^{\frac{1}{\sqrt{2}}}$	$\cdots$	e
$f'(a)$		$-$	0	$+$	
$f(a)$		↘		↗	

$\log a = \pm \dfrac{1}{\sqrt{2}}$ であるから，$1 \leqq a \leqq e$ における増減表は上のようになる．以上から，最小値は

$$f\left(e^{\frac{1}{\sqrt{2}}}\right) = e^{\frac{1}{\sqrt{2}}} \cdot \left(\frac{1}{\sqrt{2}}\right)^2 - 2e^{\frac{1}{\sqrt{2}}} \cdot \frac{1}{\sqrt{2}} + \frac{3}{2} \cdot e^{\frac{1}{\sqrt{2}}} - 1$$

$$= (2-\sqrt{2})e^{\frac{1}{\sqrt{2}}} - 1$$

また $f(1) = \dfrac{1}{2}$, $f(e) = \dfrac{e}{2} - 1 = \dfrac{e-2}{2} < \dfrac{1}{2}$ より，最大値は $f(1) = \dfrac{1}{2}$

問題 151   ▶▶▶ 設問 P152

(1) $\displaystyle\int e^{-x}\sin 2x\,dx$

$\displaystyle = \int \sin 2x (-e^{-x})' dx$

$\displaystyle = -e^{-x}\sin 2x + \int 2(\cos 2x)e^{-x} dx$

$\displaystyle = -e^{-x}\sin 2x + 2\int \cos 2x(-e^{-x})' dx$

$\displaystyle = -e^{-x}\sin 2x - 2e^{-x}\cos 2x - 4\int e^{-x}\sin 2x\,dx$

より，

$$5\int e^{-x}\sin 2x\,dx = -e^{-x}\sin 2x - 2e^{-x}\cos 2x$$

積分定数を C とすると，

$$\int e^{-x}\sin 2x\,dx = -\frac{e^{-x}}{5}(\sin 2x + 2\cos 2x) + C$$

別解

$(e^{-x}\sin 2x)' = -e^{-x}\sin 2x + 2e^{-x}\cos 2x$ ……①
$(e^{-x}\cos 2x)' = -e^{-x}\cos 2x - 2e^{-x}\sin 2x$ ……②

① + ② × 2 から

$(e^{-x}\sin 2x)' + 2(e^{-x}\cos 2x)' = -5e^{-x}\sin 2x$

$e^{-x}\sin 2x = -\dfrac{1}{5}\left\{(e^{-x}\sin 2x)' + 2(e^{-x}\cos 2x)'\right\}$

であるから，

$$\int e^{-x}\sin 2x\,dx$$

$$= -\frac{1}{5}(e^{-x}\sin 2x + 2e^{-x}\cos 2x) + C$$
$$= -\frac{e^{-x}}{5}(\sin 2x + 2\cos 2x) + C$$

(2) 右図より

$$0 \leq x \leq \frac{\pi}{2} \text{ のとき } \sin 2x \geq 0$$
$$\frac{\pi}{2} \leq x \leq \pi \text{ のとき } \sin 2x \leq 0$$

であるから，

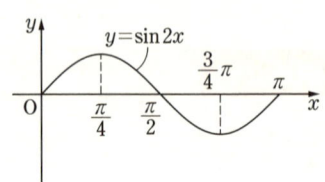

$$\int_0^\pi e^{-x}|\sin 2x|\,dx$$
$$= \int_0^{\frac{\pi}{2}} e^{-x}\sin 2x\,dx + \int_{\frac{\pi}{2}}^\pi (-e^{-x}\sin 2x)\,dx$$
$$= \left[-\frac{e^{-x}}{5}(\sin 2x + 2\cos 2x)\right]_0^{\frac{\pi}{2}}$$
$$\quad - \left[-\frac{e^{-x}}{5}(\sin 2x + 2\cos 2x)\right]_{\frac{\pi}{2}}^\pi$$
$$= \left\{-\frac{e^{-\frac{\pi}{2}}}{5} \times (-2)\right\} \times 2 - \left(-\frac{1}{5} \times 2\right) - \left(-\frac{e^{-\pi}}{5} \times 2\right)$$
$$= \frac{2}{5}\left(e^{-\pi} + 2e^{-\frac{\pi}{2}} + 1\right) = \frac{2}{5}\left(e^{-\frac{\pi}{2}} + 1\right)^2$$

問題 152 ▶▶▶ 設問 P154

(1) $\displaystyle\lim_{n\to\infty}\sum_{k=1}^n \frac{2k}{n^2+k^2} = \lim_{n\to\infty}\frac{1}{n}\sum_{k=1}^n \frac{2\frac{k}{n}}{1+\left(\frac{k}{n}\right)^2}$

$$= \int_0^1 \frac{2x}{1+x^2}\,dx = \left[\log(1+x^2)\right]_0^1 = \log 2$$

(2) (与式) $= \displaystyle\lim_{n\to\infty} \frac{1}{n} \sum_{k=1}^{n} \frac{\dfrac{k}{n}}{\sqrt{3+\left(\dfrac{k}{n}\right)^2}}$

$= \displaystyle\int_0^1 \frac{x}{\sqrt{3+x^2}}\, dx$

$= \displaystyle\int_0^1 (3+x^2)^{-\frac{1}{2}} \cdot (2x) \cdot \frac{1}{2}\, dx$

$= \left[\sqrt{3+x^2}\right]_0^1 = \boldsymbol{2-\sqrt{3}}$

(3) (与式) $= \displaystyle\lim_{n\to\infty} \frac{1}{n} \left\{ \frac{1}{1+\left(\dfrac{1}{n}\right)^2} + \frac{1}{1+\left(\dfrac{2}{n}\right)^2} + \cdots + \frac{1}{1+\left(\dfrac{n}{n}\right)^2} \right\}$

$= \displaystyle\lim_{n\to\infty} \frac{1}{n} \sum_{k=1}^{n} \frac{1}{1+\left(\dfrac{k}{n}\right)^2} = \int_0^1 \frac{1}{1+x^2}\, dx$

$x = \tan\theta$ とおくと $\dfrac{dx}{d\theta} = \dfrac{1}{\cos^2\theta}$

x	0	$\to$	1
θ	0	$\to$	$\dfrac{\pi}{4}$

(与式) $= \displaystyle\int_0^{\frac{\pi}{4}} \frac{1}{1+\tan^2\theta} \cdot \frac{1}{\cos^2\theta} d\theta$

$= \displaystyle\int_0^{\frac{\pi}{4}} d\theta = \left[\theta\right]_0^{\frac{\pi}{4}} = \boldsymbol{\dfrac{\pi}{4}}$

(4) (与式) $= \displaystyle\lim_{n\to\infty} \frac{1}{n} \sum_{k=1}^{n} \left(\frac{k}{n}\right)^2 e^{\frac{k}{n}} = \int_0^1 x^2 e^x\, dx$

$= \left[x^2 e^x\right]_0^1 - \displaystyle\int_0^1 2xe^x\, dx = e - 2\int_0^1 xe^x\, dx$

$= e - 2\left(\left[xe^x\right]_0^1 - \displaystyle\int_0^1 e^x\, dx\right) = e - 2\left(e - \left[e^x\right]_0^1\right)$

$= \boldsymbol{e-2}$

問題 153

$P = \dfrac{1}{n}\sqrt[n]{\dfrac{(4n)!}{(3n)!}}$ とおくと

$$P = \dfrac{1}{n}\sqrt[n]{(3n+1)(3n+2)(3n+3)\cdots(3n+n)}$$

$$= \sqrt[n]{\left(3+\dfrac{1}{n}\right)\left(3+\dfrac{2}{n}\right)\left(3+\dfrac{3}{n}\right)\cdots\left(3+\dfrac{n}{n}\right)}$$

$P > 0$ より，自然対数をとると

$$\log P = \dfrac{1}{n}\left\{\log\left(3+\dfrac{1}{n}\right) + \log\left(3+\dfrac{2}{n}\right) + \cdots + \log\left(3+\dfrac{n}{n}\right)\right\}$$

$$= \dfrac{1}{n}\sum_{k=1}^{n}\log\left(3+\dfrac{k}{n}\right)$$

より，

$$\lim_{n\to\infty}\log P = \int_0^1 \log(3+x)\,dx$$

$$= \Big[(3+x)\log(3+x) - (3+x)\Big]_0^1$$

$$= 4\log 4 - 3\log 3 - 1 = \log\dfrac{4^4}{3^3 e}$$

$f(x) = \log x$ は 1 対 1 に対応する関数だから $\displaystyle\lim_{n\to\infty}P = \boldsymbol{\dfrac{256}{27e}}$

問題 154

(1) 円の中心を O とする。
$A_k P_k = OA_k \sin\dfrac{k}{n}\pi = \sin\dfrac{k}{n}\pi$ であるから，

$S_4 = A_1 P_1 + A_2 P_2 + A_3 P_3$

$= \sin\dfrac{\pi}{4} + \sin\dfrac{2}{4}\pi + \sin\dfrac{3}{4}\pi = \boldsymbol{1 + \sqrt{2}}$

(2) $\displaystyle\lim_{n\to\infty}\dfrac{S_n}{n} = \lim_{n\to\infty}\dfrac{1}{n}\sum_{k=1}^{n-1}\sin\dfrac{k}{n}\pi$

$= \displaystyle\int_0^1 \sin\pi x\,dx = \Big[-\dfrac{1}{\pi}\cos\pi x\Big]_0^1 = \boldsymbol{\dfrac{2}{\pi}}$

問題 155

(1) $f(x) = \sin x$ とする.
$f'(x) = \cos x$, $f''(x) = -\sin x$ であるから, $0 < x < \dfrac{\pi}{2}$ において $f''(x) < 0$ で, $y = f(x)$ のグラフは上に凸である. また $f(0) = 0$, $f'(0) = 1$ より $y = x$ は, $y = \sin x$ の原点における接線であり, $y = \dfrac{2}{\pi}x$ は $y = \sin x$ 上の 2 点 $(0, 0)$, $\left(\dfrac{\pi}{2}, 1\right)$ を結ぶ直線である. よって右図から, $\dfrac{2}{\pi}x \leqq \sin x \leqq x$ $\left(0 \leqq x \leqq \dfrac{\pi}{2}\right)$ が成立することが示された.

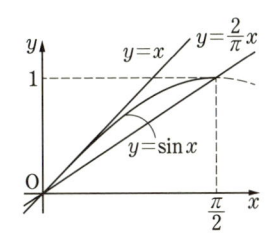

注

不等式の証明がメインテーマの場合, 上のような証明は避けた方が無難です. 本問は (1) はヒントに過ぎず, (2) がメインテーマですから, あえて上記のような解答をしました.

(2) (1) の結果から $0 \leqq x \leqq \dfrac{\pi}{2}$ において $-x \leqq -\sin x \leqq -\dfrac{2}{\pi}x$ ………①
① の等号は $x = 0$, $\dfrac{\pi}{2}$ においてのみ成立するから,

$$\int_0^{\frac{\pi}{2}} e^{-x}\, dx < \int_0^{\frac{\pi}{2}} e^{-\sin x}\, dx < \int_0^{\frac{\pi}{2}} e^{-\frac{2}{\pi}x}\, dx \qquad \cdots\cdots\cdots ②$$

ここで,

$$\int_0^{\frac{\pi}{2}} e^{-x}\, dx = \Big[-e^{-x}\Big]_0^{\frac{\pi}{2}} = 1 - \dfrac{1}{\sqrt{e^\pi}} \qquad \cdots\cdots\cdots ③$$

$$\int_0^{\frac{\pi}{2}} e^{-\frac{2}{\pi}x}\, dx = \Big[-\dfrac{\pi}{2}e^{-\frac{2}{\pi}x}\Big]_0^{\frac{\pi}{2}} = \dfrac{\pi}{2}\left(1 - \dfrac{1}{e}\right) \qquad \cdots\cdots\cdots ④$$

であるから, ③, ④ を ② に用いて,

$$1 - \dfrac{1}{\sqrt{e^\pi}} < \int_0^{\frac{\pi}{2}} e^{-\sin x}\, dx < \dfrac{\pi}{2}\left(1 - \dfrac{1}{e}\right) \text{ が示された.}$$

問題 156

(1) $a_1 = \int_0^1 xe^{x^2}\,dx = \int_0^1 e^{x^2}\cdot(2x)\cdot\frac{1}{2}\,dx = \left[\frac{1}{2}e^{x^2}\right]_0^1 = \boldsymbol{\dfrac{e-1}{2}}$

(2) $0 \leqq x \leqq 1$ のとき $0 \leqq x^2 \leqq 1$ であるから，$1 \leqq e^{x^2} \leqq e$ 全辺に x^{2n-1} をかけて $x^{2n-1} \leqq x^{2n-1}e^{x^2} \leqq e\cdot x^{2n-1}$

(3) (2) の不等式から
$$\int_0^1 x^{2n-1}\,dx < \int_0^1 x^{2n-1}e^{x^2}\,dx < \int_0^1 ex^{2n-1}\,dx$$
ここで
$$\int_0^1 x^{2n-1}\,dx = \left[\frac{1}{2n}x^{2n}\right]_0^1 = \frac{1}{2n}$$
より，上式に用いて
$$\frac{1}{2n} < a_n < \frac{e}{2n}$$

問題 157

(1) $I_1 = \int_0^1 \dfrac{x}{1+x}\,dx = \int_0^1 \left(1 - \dfrac{1}{1+x}\right)dx$
$= \left[x - \log|1+x|\right]_0^1 = \boldsymbol{1 - \log 2}$

次に，
$$I_n + I_{n+1} = \int_0^1 \left(\frac{x^n}{1+x} + \frac{x^{n+1}}{1+x}\right)dx = \int_0^1 x^n\,dx$$
$$= \left[\frac{1}{n+1}x^{n+1}\right]_0^1 = \frac{1}{n+1}$$

(2) $0 \leqq x \leqq 1$ のとき $\dfrac{x^n}{2} \leqq \dfrac{x^n}{1+x} \leqq x^n$ であるから，
$$\int_0^1 \frac{x^n}{2}\,dx \leqq \int_0^1 \frac{x^n}{1+x}\,dx \leqq \int_0^1 x^n\,dx$$
ここで，$\int_0^1 \dfrac{x^n}{2}\,dx = \dfrac{1}{2(n+1)}$，$\int_0^1 x^n\,dx = \dfrac{1}{n+1}$ であるから，

$$\frac{1}{2(n+1)} \leq I_n \leq \frac{1}{n+1}$$

(3) (1) より，$1 = I_1 + \log 2$, $\dfrac{1}{n+1} = I_{n+1} + I_n$ であるから

$$\sum_{k=1}^{n} \frac{(-1)^{k-1}}{k} = \frac{1}{1} - \frac{1}{2} + \frac{1}{3} - \frac{1}{4} + \cdots\cdots + \frac{(-1)^{n-1}}{n}$$
$$= (I_1 + \log 2) - (I_2 + I_1) + (I_3 + I_2) - \cdots + (-1)^{n-1}(I_n + I_{n-1})$$
$$= \log 2 + (-1)^{n-1} I_n$$

である．ここで，(2) において $\displaystyle\lim_{n\to\infty} \frac{1}{2(n+1)} = 0$, $\displaystyle\lim_{n\to\infty} \frac{1}{n+1} = 0$ とはさみうちの原理より，$\displaystyle\lim_{n\to\infty} I_n = 0$ であるから

$$\lim_{n\to\infty} \sum_{k=1}^{n} \frac{(-1)^{k-1}}{k} = \log 2$$

問題 158　　　　　　　　　　　　　　　　　　　▶▶▶設問 P162

$k-1 \leq x \leq k$ において，$\dfrac{1}{\sqrt{k}} \leq \dfrac{1}{\sqrt{x}}$ であるから

$$\int_{k-1}^{k} \frac{1}{\sqrt{k}}\, dx < \int_{k-1}^{k} \frac{1}{\sqrt{x}}\, dx \quad \therefore \quad \frac{1}{\sqrt{k}} < \int_{k-1}^{k} \frac{1}{\sqrt{x}}\, dx \quad \cdots\cdots ①$$

が成立する（下図 1 を参照）．また，$k \leq x \leq k+1$ において $\dfrac{1}{\sqrt{x}} \leq \dfrac{1}{\sqrt{k}}$ であるから

$$\int_{k}^{k+1} \frac{1}{\sqrt{x}}\, dx < \int_{k}^{k+1} \frac{1}{\sqrt{k}}\, dx \quad \therefore \quad \int_{k}^{k+1} \frac{1}{\sqrt{x}}\, dx < \frac{1}{\sqrt{k}} \quad \cdots\cdots ②$$

が成立する（下図 2 を参照）．

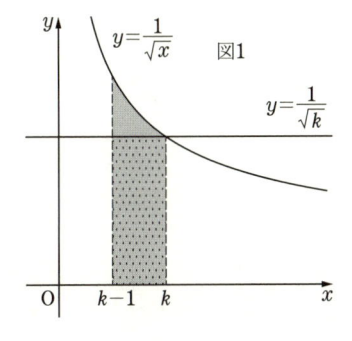

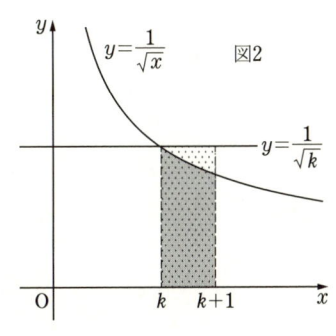

①において, $k = 2, 3, \cdots, 100$ として辺々加えると
$$\frac{1}{\sqrt{2}} + \frac{1}{\sqrt{3}} + \cdots + \frac{1}{\sqrt{100}} < \int_1^{100} \frac{1}{\sqrt{x}}\, dx$$
両辺に 1 を加えて
$$1 + \frac{1}{\sqrt{2}} + \frac{1}{\sqrt{3}} + \cdots + \frac{1}{\sqrt{100}} < 1 + \int_1^{100} \frac{1}{\sqrt{x}}\, dx$$
$$\therefore\quad S < 1 + \int_1^{100} \frac{1}{\sqrt{x}}\, dx = 1 + \left[2\sqrt{x}\right]_1^{100} = 19$$

同様に②において $n = 1, 2, \cdots, 99$ として辺々加えると
$$\int_1^{100} \frac{1}{\sqrt{x}}\, dx < 1 + \frac{1}{\sqrt{2}} + \frac{1}{\sqrt{3}} + \cdots + \frac{1}{\sqrt{99}}$$
両辺に $\dfrac{1}{\sqrt{100}}$ を加えて
$$\int_1^{100} \frac{1}{\sqrt{x}}\, dx + \frac{1}{\sqrt{100}} < 1 + \frac{1}{\sqrt{2}} + \frac{1}{\sqrt{3}} + \cdots + \frac{1}{\sqrt{99}} + \frac{1}{\sqrt{100}}$$
$$\therefore\quad S > \int_1^{100} \frac{1}{\sqrt{x}}\, dx + \frac{1}{\sqrt{100}} = \left[2\sqrt{x}\right]_1^{100} + \frac{1}{10} = 18 + \frac{1}{10} > 18$$

したがって $18 < S < 18 + 1$ より, S の整数部分の値は **18** となる.

問題 159　　　　　　　　　　　　　　　　　　　▶▶▶設問 P163

(1) $\dfrac{1}{1^2} + \dfrac{1}{2^2} + \dfrac{1}{3^2} + \cdots + \dfrac{1}{n^2} \leqq 2 - \dfrac{1}{n}$ ……① が成立することを数学的帰納法を用いて示す.

(ⅰ) $n = 2$ のとき, (左辺) $= \dfrac{1}{1} + \dfrac{1}{4} = \dfrac{5}{4}$, (右辺) $= 2 - \dfrac{1}{2} = \dfrac{3}{2} = \dfrac{6}{4}$ より成立する.

(ⅱ) $n = k\ (k \geqq 2)$ のとき, ① が成立する, すなわち
$$\frac{1}{1^2} + \frac{1}{2^2} + \frac{1}{3^2} + \cdots + \frac{1}{k^2} \leqq 2 - \frac{1}{k}$$
を仮定する. 両辺に $\dfrac{1}{(k+1)^2}$ を加えて,
$$\frac{1}{1^2} + \frac{1}{2^2} + \frac{1}{3^2} + \cdots + \frac{1}{k^2} + \frac{1}{(k+1)^2}$$

$$\leqq 2 - \frac{1}{k} + \frac{1}{(k+1)^2} \cdots\cdots ②$$

ここで
$$\left(2 - \frac{1}{k+1}\right) - \left\{2 - \frac{1}{k} + \frac{1}{(k+1)^2}\right\}$$
$$= \frac{1}{k} - \frac{1}{k+1} - \frac{1}{(k+1)^2} = \frac{1}{k(k+1)^2} > 0$$

より $2 - \frac{1}{k} + \frac{1}{(k+1)^2} < 2 - \frac{1}{k+1}$ …… ③ となるから，②，③ を合わせて
$$\frac{1}{1^2} + \frac{1}{2^2} + \frac{1}{3^2} + \cdots + \frac{1}{k^2} + \frac{1}{(k+1)^2} < 2 - \frac{1}{k+1}$$

これは $n = k+1$ のときに ① が成立することを意味するので，以上 (i), (ii) より与不等式が成立することが示された．

(2) $y = \frac{1}{x^2}$ は $x > 0$ で単調に減少する．k を自然数とすると，$k \leqq x \leqq k+1$ のとき $\frac{1}{(k+1)^2} \leqq \frac{1}{x^2}$ であるから，両辺を $k \leqq x \leqq k+1$ で定積分すると
$$\int_k^{k+1} \frac{1}{(k+1)^2}\, dx \leqq \int_k^{k+1} \frac{1}{x^2}\, dx$$
$$\therefore\ \frac{1}{(k+1)^2} \leqq \int_k^{k+1} \frac{1}{x^2}\, dx$$

上式で $k = 1, 2, \cdots, n-1$ として辺々加えると
$$\frac{1}{2^2} + \frac{1}{3^2} + \frac{1}{4^2} + \cdots + \frac{1}{n^2}$$
$$\leqq \int_1^2 \frac{1}{x^2}\, dx + \int_2^3 \frac{1}{x^2}\, dx + \cdots + \int_{n-1}^n \frac{1}{x^2}\, dx$$
$$= \int_1^n \frac{1}{x^2}\, dx = \left[-\frac{1}{x}\right]_1^n = 1 - \frac{1}{n}$$

両辺に 1 を加えると，$\frac{1}{1^2} + \frac{1}{2^2} + \frac{1}{3^2} + \cdots + \frac{1}{n^2} \leqq 2 - \frac{1}{n}$ が成立する．

問題 160

▶▶▶設問 P164

(1) $R_n(x) = \dfrac{1}{1+x} - \dfrac{1-(-x)^{n+1}}{1-(-x)} = \dfrac{(-x)^{n+1}}{1+x}$ ……①

ここで
$$0 \leqq \left| \int_0^1 R_n(x)\, dx \right| \leqq \int_0^1 |R_n(x)|\, dx$$
$$= \int_0^1 \dfrac{x^{n+1}}{1+x}\, dx \quad (\because\ |(-x)^{n+1}| = x^{n+1})$$
$$\leqq \int_0^1 x^{n+1}\, dx = \dfrac{1}{n+2}$$

が成立する. $\displaystyle\lim_{n\to\infty} \dfrac{1}{n+2} = 0$ と, はさみうちの原理より,
$$\lim_{n\to\infty} \left| \int_0^1 R_n(x)\, dx \right| = 0 \quad \therefore\ \lim_{n\to\infty} \int_0^1 R_n(x)\, dx = 0$$

①で x を x^2 に置き換えると, $R_n(x^2) = \dfrac{(-x^2)^{n+1}}{1+x^2}$ であるから

$$0 \leqq \left| \int_0^1 R_n(x^2)\, dx \right| \leqq \int_0^1 |R_n(x^2)|\, dx$$
$$= \int_0^1 \dfrac{x^{2n+2}}{1+x^2}\, dx$$
$$\leqq \int_0^1 x^{2n+2}\, dx = \dfrac{1}{2n+3}$$

が成立する. $\displaystyle\lim_{n\to\infty} \dfrac{1}{2n+3} = 0$ とはさみうちの原理より,
$$\lim_{n\to\infty} \left| \int_0^1 R_n(x^2)\, dx \right| = 0 \quad \therefore\ \lim_{n\to\infty} \int_0^1 R_n(x^2)\, dx = 0$$

(2) (i) $\displaystyle\int_0^1 R_n(x)\, dx$

$$= \int_0^1 \left\{ \dfrac{1}{1+x} - (1 - x + x^2 - \cdots + (-1)^n x^n) \right\} dx$$
$$= \left[\log(1+x) - \left\{ x - \dfrac{1}{2}x^2 + \dfrac{1}{3}x^3 - \cdots + \dfrac{(-1)^n x^{n+1}}{n+1} \right\} \right]_0^1$$
$$= \log 2 - \left\{ 1 - \dfrac{1}{2} + \dfrac{1}{3} - \cdots + \dfrac{(-1)^n}{n+1} \right\}$$
$$= \log 2 - \sum_{k=0}^n \dfrac{(-1)^k}{k+1}$$

両辺で $n \to \infty$ とすると，(1) の結果から
$$\sum_{n=0}^{\infty} \frac{(-1)^n}{n+1} = \lim_{n \to \infty} \sum_{k=0}^{n} \frac{(-1)^k}{k+1} = \mathbf{\log 2}$$

(ii) $\displaystyle\int_0^1 R_n(x^2)\, dx$

$\displaystyle = \int_0^1 \left\{ \frac{1}{1+x^2} - (1 - x^2 + x^4 - \cdots + (-1)^n x^{2n}) \right\} dx$

$\displaystyle = \int_0^1 \frac{1}{1+x^2}\, dx - \int_0^1 \{1 - x^2 + x^4 - \cdots + (-1)^n x^{2n}\}\, dx$

$\displaystyle = \int_0^1 \frac{1}{1+x^2}\, dx - \left[x - \frac{1}{3}x^3 + \frac{1}{5}x^5 - \cdots + \frac{(-1)^n}{2n+1}x^{2n+1} \right]_0^1$

$\displaystyle = \int_0^1 \frac{1}{1+x^2}\, dx - \left\{ 1 - \frac{1}{3} + \frac{1}{5} - \cdots + \frac{(-1)^n}{2n+1} \right\}$

$\displaystyle = \int_0^1 \frac{1}{1+x^2}\, dx - \sum_{k=0}^{n} \frac{(-1)^k}{2k+1}$

両辺で $n \to \infty$ とすると，(1) の結果から
$$\sum_{n=0}^{\infty} \frac{(-1)^n}{2n+1} = \lim_{n \to \infty} \sum_{k=0}^{n} \frac{(-1)^k}{2k+1} = \int_0^1 \frac{1}{1+x^2}\, dx$$

ここで $\displaystyle\int_0^1 \frac{1}{1+x^2}\, dx$ において，$x = \tan\theta \left(-\frac{\pi}{2} < \theta < \frac{\pi}{2} \right)$ とすると

x	0	$\to$	1
θ	0	$\to$	$\frac{\pi}{4}$

$dx = \dfrac{1}{\cos^2\theta}\, d\theta$

であるから
$$\int_0^1 \frac{1}{1+x^2}\, dx = \int_0^{\frac{\pi}{4}} \frac{1}{1+\tan^2\theta} \cdot \frac{1}{\cos^2\theta}\, d\theta$$
$$= \int_0^{\frac{\pi}{4}} d\theta = \frac{\pi}{4}$$

以上から，$\displaystyle\sum_{n=1}^{\infty} \frac{(-1)^n}{2n+1} = \mathbf{\frac{\pi}{4}}$

問題 161 ▶▶▶ 設問 P167

(1) $y = xe^x$ から $y' = e^x + xe^x = (1+x)e^x$

$y' = 0$ とすると $x = -1$

よって，y の増減は次の表のようになる．したがって，$x = -1$ のとき極小値 $-\dfrac{1}{e}$ をとる．

x	$\cdots$	-1	$\cdots$
$f'(x)$	$-$	0	$+$
$f(x)$	$\searrow$	$-\dfrac{1}{e}$	$\nearrow$

(2) $xe^x = e^x$ とすると $(x-1)e^x = 0$　よって $x = 1$

$0 \leqq x \leqq 1$ で $xe^x \leqq e^x$ であるから，右図を得る．したがって，求める面積を S とすると

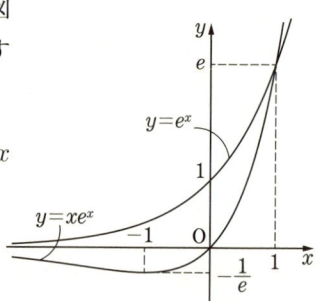

$$S = \int_0^1 (e^x - xe^x)\,dx = \int_0^1 (1-x)e^x\,dx$$

$$= \Big[(1-x)e^x\Big]_0^1 + \int_0^1 e^x\,dx$$

$$= -1 + \Big[e^x\Big]_0^1$$

$$= -1 + e - 1 = \boldsymbol{e - 2}$$

問題 162 ▶▶▶ 設問 P168

曲線 $y = \sin x \ (0 \leqq x \leqq \pi)$ と x 軸とで囲まれる部分の面積は

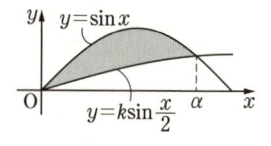

$$\int_0^\pi \sin x\,dx = \Big[-\cos x\Big]_0^\pi = 2$$

である．曲線 $y = \sin x$ と $y = k\sin\dfrac{x}{2}$ の原点以外の交点の x 座標を $\alpha \ (0 < \alpha < \pi)$ とすると，

$$\sin\alpha = k\sin\dfrac{\alpha}{2}$$

$$2\sin\dfrac{\alpha}{2}\cos\dfrac{\alpha}{2} = k\sin\dfrac{\alpha}{2} \quad \therefore \quad k = 2\cos\dfrac{\alpha}{2} \ \cdots\cdots ①$$

したがって $0 < k < 2$ $\cdots\cdots$ ②

曲線 $y = \sin x$ と $y = k\sin\dfrac{x}{2}$ とで囲まれる部分の面積 S は

$$\begin{aligned}
S &= \int_0^\alpha \left(\sin x - k\sin\dfrac{x}{2}\right) dx \\
&= \left[-\cos x + 2k\cos\dfrac{x}{2}\right]_0^\alpha \\
&= -\cos\alpha + 2k\cos\dfrac{\alpha}{2} - (-1 + 2k) \\
&= 1 - 2\cos^2\dfrac{\alpha}{2} + 2k\cos\dfrac{\alpha}{2} + 1 - 2k
\end{aligned}$$

ここで①を代入すると, $S = 1 - \dfrac{k^2}{2} + k^2 + 1 - 2k = \dfrac{k^2}{2} - 2k + 2$
これが 1 となるから,
$$\dfrac{k^2}{2} - 2k + 2 = 1 \quad \therefore \quad k^2 - 4k + 2 = 0$$
②に注意すると, 求める値は $\boldsymbol{k = 2 - \sqrt{2}}$

問題 163 　　　　　　　　　　　　　　　　　　　▶▶▶設問 P168

(1) $y' = e^x$ より点 $\mathrm{P}(t,\ e^t)$ における接線 l の方程式は
$$y - e^t = e^t(x - t) \quad \therefore \quad \boldsymbol{y = e^t x - te^t + e^t}$$

(2) l の方程式に $y = 0$ を代入すると
$$0 = e^t x - te^t + e^t \text{ より } 0 = x - t + 1 \quad \therefore \quad x = t - 1$$
よって, 接線 l と x 軸の交点の座標は $\boldsymbol{(t - 1,\ 0)}$

l の方程式に $x = 0$ を代入すると $y = -te^t + e^t$

よって, 接線 l と y 軸の交点の座標は $\boldsymbol{(0,\ -te^t + e^t)}$

(3) 右図より
$$\begin{aligned}
S(t) &= \int_0^1 \{e^x - (e^t x - te^t + e^t)\} dx \\
&= \left[e^x - \dfrac{1}{2}e^t x^2 + (te^t - e^t)x\right]_0^1 \\
&= \boldsymbol{te^t - \dfrac{3}{2}e^t + e - 1}
\end{aligned}$$

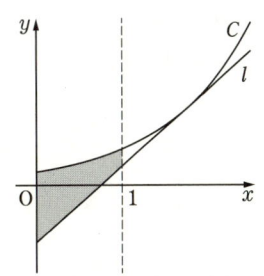

(4) $S(t) = te^t - \dfrac{3}{2}e^t + e - 1$ から $S'(t) = e^t + te^t - \dfrac{3}{2}e^t = \left(t - \dfrac{1}{2}\right)e^t$

$S'(t) = 0$ とすると，$e^t \neq 0$ から $t = \dfrac{1}{2}$

$0 \leqq t \leqq 1$ における $S(t)$ の増減は次の表のようになる．

x	0	$\cdots$	$\dfrac{1}{2}$	$\cdots$	1
$S'(t)$		$-$	0	$+$	
$S(t)$	$e - \dfrac{5}{2}$	↘	$e - \sqrt{e} - 1$	↗	$\dfrac{1}{2}e - 1$

$\left(e - \dfrac{5}{2}\right) - \left(\dfrac{1}{2}e - 1\right) = \dfrac{e-3}{2} < 0$ から $e - \dfrac{5}{2} < \dfrac{1}{2}e - 1$ に注意すると，

$S(t)$ は，$t = 1$ で最大値 $\dfrac{1}{2}e - 1$，$t = \dfrac{1}{2}$ で最小値 $e - \sqrt{e} - 1$ をとる．

問題 164 　　　　　　　　　　　　　　▶▶▶ 設問 P169

(1) $\displaystyle \int e^{-x} \sin x \, dx = -e^{-x} \sin x + \int e^{-x} \cos x \, dx$

$\displaystyle \qquad\qquad\qquad\quad = -e^{-x} \sin x - e^{-x} \cos x - \int e^{-x} \sin x \, dx$

$\displaystyle \int e^{-x} \sin x \, dx$ について解いて，

$\displaystyle \int e^{-x} \sin x \, dx = -\dfrac{1}{2} e^{-x} (\sin x + \cos x) + C$　　（C は積分定数）

別解

$(e^{-x} \sin x)' = -e^x \sin x + e^{-x} \cos x$ 　　　　　…… ①
$(e^{-x} \cos x)' = -e^x \cos x - e^{-x} \sin x$ 　　　　　…… ②

$\dfrac{① + ②}{2}$ より，$e^{-x} \sin x = -\dfrac{1}{2} \{(e^{-x} \sin x)' + (e^{-x} \cos x)'\}$

両辺を積分して

$\displaystyle \int e^{-x} \sin x \, dx = -\dfrac{1}{2} e^{-x} (\sin x + \cos x) + C$ 　　（C は積分定数）

(2) $\displaystyle S_n = \int_{(n-1)\pi}^{n\pi} |e^{-x} \sin x| \, dx = \int_{(n-1)\pi}^{n\pi} e^{-x} |\sin x| \, dx$

$t = x - (n-1)\pi$ とおくと $\dfrac{dx}{dt} = 1$

x	$(n-1)\pi$	$\to$	$n\pi$
t	0	$\to$	π

であるから，

$$S_n = \int_0^\pi e^{-t-(n-1)\pi}|\sin\{t+(n-1)\pi\}|\frac{dx}{dt}\,dt$$

$$= e^{-(n-1)\pi}\int_0^\pi e^{-t}|\sin t|\,dt$$

$$= e^{-(n-1)\pi}\int_0^\pi e^{-t}\sin t\,dt$$

$$= e^{-(n-1)\pi}\times\left(-\frac{1}{2}\right)\Big[e^{-t}(\sin t+\cos t)\Big]_0^\pi$$

$$= -\frac{1}{2}e^{-(n-1)\pi}\times(-e^{-\pi}-1)$$

$$= \boldsymbol{\frac{1}{2}(e^{-\pi}+1)e^{-(n-1)\pi}}$$

(3) $\sum_{n=1}^\infty e^{-(n-1)\pi}$ は初項 1，公比 $e^{-\pi}$ の無限等比級数の和を表す．

$0 < e^{-\pi} < 1$ であるから，$\sum_{n=1}^\infty e^{-(n-1)\pi}$ は収束する．よって，

$$\sum_{n=1}^\infty S_n = \frac{1}{2}(e^{-\pi}+1)\sum_{n=1}^\infty e^{-(n-1)\pi}$$

$$= \frac{1}{2}(e^{-\pi}+1)\times\frac{1}{1-e^{-\pi}} = \boldsymbol{\frac{e^\pi+1}{2(e^\pi-1)}}$$

問題 165　　　　　　　　　　　　　　　　　　　▶▶▶設問 P170

$\dfrac{dx}{dt} = -4\sin t,\ \dfrac{dy}{dt} = 2\cos 2t$ より増減表は次のようになる．

t	0	$\cdots$	$\dfrac{\pi}{4}$	$\cdots$	$\dfrac{\pi}{2}$
$\dfrac{dx}{dt}$		$-$	$-$	$-$	
$\dfrac{dy}{dt}$		$+$	0	$-$	
x	4	↘	$2\sqrt{2}$	↘	0
y	0	↗	1	↘	0

よって，求める面積を S とすると

$$S = \int_0^4 y\,dx = \int_{\frac{\pi}{2}}^0 y\frac{dx}{dt}\,dt$$
$$= \int_{\frac{\pi}{2}}^0 \sin 2t \cdot (-4\sin t)\,dt = 4\int_0^{\frac{\pi}{2}} \sin 2t \sin t\,dt$$
$$= 8\int_0^{\frac{\pi}{2}} \sin^2 t \cos t\,dt = 8\left[\frac{1}{3}\sin^3 t\right]_0^{\frac{\pi}{2}} = \boldsymbol{\frac{8}{3}}$$

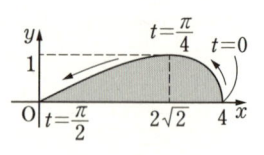

問題 166

▶▶▶ 設問 P170

C と l の共有点の x 座標は
$$x^2 = ax$$
$$x(x-a) = 0 \qquad \therefore \quad x = 0,\ a$$
となるから D は右図の網目部分のようになる.

(1) $\displaystyle V = \frac{1}{3}\cdot \pi(a^2)^2 \cdot a - \int_0^a \pi y^2\,dx$
$\displaystyle\quad = \frac{1}{3}\pi a^5 - \int_0^a \pi(x^2)^2\,dx = \frac{1}{3}\pi a^5 - \pi\int_0^a x^4\,dx$
$\displaystyle\quad = \frac{1}{3}\pi a^5 - \pi\cdot\frac{1}{5}a^5 = \boldsymbol{\frac{2}{15}\pi a^5}$

(2) $\displaystyle W = \int_0^{a^2} \pi x^2\,dy - \frac{1}{3}\cdot \pi a^2 \cdot a^2 = \int_0^{a^2} \pi y\,dy - \frac{1}{3}\pi a^4$
$\displaystyle\quad = \pi\left[\frac{1}{2}y^2\right]_0^{a^2} - \frac{1}{3}\pi a^4 = \pi\cdot\frac{1}{2}(a^2)^2 - \frac{1}{3}\pi a^4 = \boldsymbol{\frac{1}{6}\pi a^4}$

問題 167

$\sin x = -\sin 2x$ とすると

$2\sin x \cos x + \sin x = 0$

$\sin x (2\cos x + 1) = 0$

$\therefore \quad \sin x = 0$ または $\cos x = -\dfrac{1}{2}$

$0 \leqq x \leqq \pi$ の範囲で，これを解くと

$x = 0, \dfrac{2}{3}\pi, \pi$

曲線 C_1, C_2 の概形は図1のようになる．曲線 C_2 の x 軸より下側の部分を，x 軸に関して対称に折り返すと，図2のようになる．

求める体積を V とすると，V は図2の網目部分を x 軸の周りに1回転させてできる回転体の体積である．ここで，$\sin 2x = \sin x$ とすると，

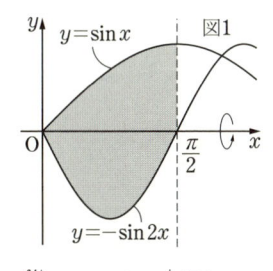

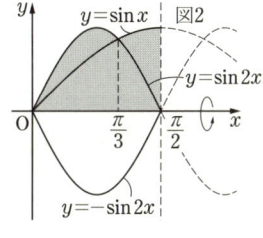

$2\sin x \cos x = \sin x$ より $\sin x(2\cos x - 1) = 0$

$\therefore \quad \sin x = 0$ または $\cos x = \dfrac{1}{2}$

$0 \leqq x \leqq \dfrac{\pi}{2}$ の範囲で，これを解くと $x = 0, \dfrac{\pi}{3}$

以上から，

$$V = \pi \int_0^{\frac{\pi}{3}} \sin^2 2x \, dx + \pi \int_{\frac{\pi}{3}}^{\frac{\pi}{2}} \sin^2 x \, dx$$

$$= \pi \int_0^{\frac{\pi}{3}} \frac{1 - \cos 4x}{2} \, dx + \pi \int_{\frac{\pi}{3}}^{\frac{\pi}{2}} \frac{1 - \cos 2x}{2} \, dx$$

$$= \pi \left[\frac{x}{2} - \frac{\sin 4x}{8} \right]_0^{\frac{\pi}{3}} + \pi \left[\frac{x}{2} - \frac{\sin 2x}{4} \right]_{\frac{\pi}{3}}^{\frac{\pi}{2}}$$

$$= \pi \left(\frac{\pi}{6} + \frac{\sqrt{3}}{16} \right) + \pi \left(\frac{\pi}{4} - \frac{\pi}{6} + \frac{\sqrt{3}}{8} \right) = \frac{\pi}{16}(4\pi + 3\sqrt{3})$$

参考

2曲線の交点を求めるとき，和積公式を利用して

$\sin x = -\sin 2x \iff \sin 2x + \sin x = 0 \iff 2\sin\dfrac{3}{2}x \cos\dfrac{x}{2} = 0$

より，$\sin\dfrac{3}{2}x = 0$ または $\cos\dfrac{x}{2} = 0$

$0 \leqq x \leqq \pi$ より $0 \leqq \frac{3}{2}x \leqq \frac{3}{2}\pi$ および $0 \leqq \frac{x}{2} \leqq \frac{\pi}{2}$ であるから, $\frac{3}{2}x = 0, \pi$ または $\frac{x}{2} = \frac{\pi}{2}$ $\therefore$ $x = 0, \frac{2}{3}\pi, \pi$
としてもよいでしょう.

問題 168　　　　　　　　　　　　　　　　　　　▶▶▶設問 P171

(1) 曲線 C 上の点 $(t, \log t)$ における接線の方程式は, $y' = \frac{1}{x}$ より
$$y = \frac{1}{t}(x - t) + \log t$$
これが原点を通るとき $0 - \log t = \frac{1}{t}(0 - t)$ $\therefore$ $\log t = 1$
ゆえに $t = e$ となるから, 接線 l の方程式は
$$y = \frac{1}{e}(x - e) + 1 \quad \therefore \quad \boldsymbol{y = \frac{x}{e}}$$

(2) $y = \log x$ を x について解くと, $x = e^y$　求める立体の体積 V は 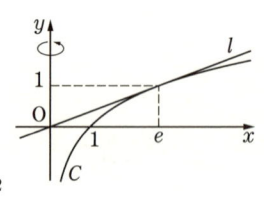
$$V = \pi \int_0^1 (e^y)^2 \, dy - \frac{1}{3}\pi e^2 \cdot 1$$
$$= \pi \left[\frac{e^{2y}}{2} \right]_0^1 - \frac{\pi}{3}e^2 = \frac{\pi}{2}(e^2 - 1) - \frac{\pi}{3}e^2$$
$$= \frac{\pi}{6}\{3(e^2 - 1) - 2e^2\} = \boldsymbol{\frac{e^2 - 3}{6}\pi}$$

問題 169　　　　　　　　　　　　　　　　　　　▶▶▶設問 P172

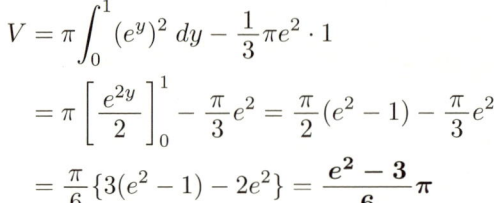

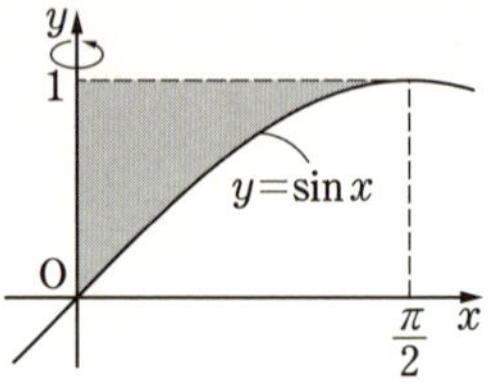

$$V = \int_0^1 \pi x^2 \, dy$$
$$= \int_0^{\frac{\pi}{2}} \pi x^2 \frac{dy}{dx} dx = \pi \int_0^{\frac{\pi}{2}} x^2 \cos x \, dx$$
$$= \pi \left(\left[x^2 \sin x \right]_0^{\frac{\pi}{2}} - \int_0^{\frac{\pi}{2}} 2x \sin x \, dx \right)$$
$$= \pi \left\{ \frac{\pi^2}{4} - 2\left(\left[x(-\cos x) \right]_0^{\frac{\pi}{2}} + \int_0^{\frac{\pi}{2}} \cos x \, dx \right) \right\} = \boldsymbol{\frac{\pi^3}{4} - 2\pi}$$

別解

下の図 1 で $y=f(x)$ と x 軸とで囲まれる部分を y 軸のまわりに回転させてできる体積を考えます．$y=f(x)$ を $x=g(y)$ の形で表すことができないときは，次のような考え方も可能です．

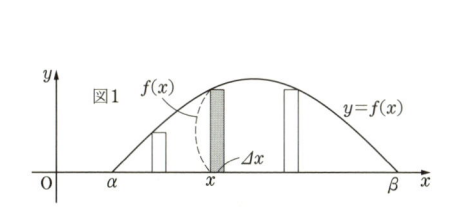

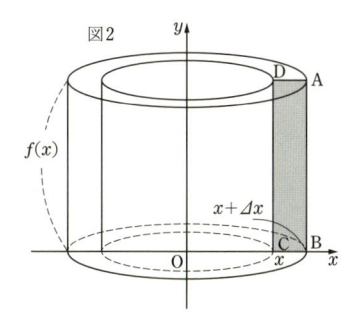

図 1 の網目部分を y 軸のまわりに回転させて得られる図 2 の円筒形の体積 ΔV は，Δx が十分小さいことから平面 ABCD で切開すると図 3 のような直方体に近似することができます．よって，

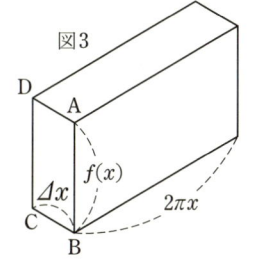

$$\Delta V \fallingdotseq 2\pi x f(x) \Delta x$$

となるから，これを $x=\alpha$ から $x=\beta$ まで寄せ集めると考えると，$y=f(x)$，x 軸，$x=\alpha$，$x=\beta$ で囲まれた部分を y 軸のまわりに回転してできる立体の体積は

$$V = \int_\alpha^\beta 2\pi x f(x)\,dx$$

となります．

これを少し厳密に説明すると，以下のようになります．

$\Delta x > 0$ とする．$[x,\ x+\Delta x]$ において，$y=f(x)$ と x 軸で挟まれる部分を y 軸のまわりに回転させてできる立体の体積を V とする．また，$[x,\ x+\Delta x]$ における $y=f(x)$ の最小値を m，最大値を M とする．このとき

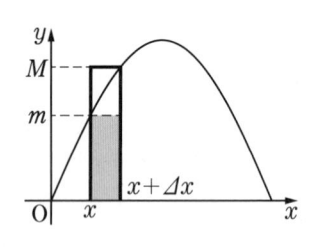

$$\pi\{(x+\Delta x)^2 - x^2\}m \leq \Delta V \leq \pi\{(x+\Delta x)^2 - x^2\}M$$
$$\pi\{2x\Delta x + (\Delta x)^2\}m \leq \Delta V \leq \pi\{2x\Delta x + (\Delta x)^2\}M$$
$$\pi(2x+\Delta x)m \leq \frac{\Delta V}{\Delta x} \leq \pi(2x+\Delta x)M$$

$\Delta x \to 0$ のとき，$m \to f(x)$，$M \to f(x)$ であるから，はさみうちの原理より

$$\lim_{\Delta x \to +0} \frac{\Delta V}{\Delta x} = 2\pi x f(x)$$

$\Delta x < 0$ でも同様であるから，$\displaystyle\lim_{\Delta x \to 0} \frac{\Delta V}{\Delta x} = \frac{dV}{dx} = 2\pi x f(x)$

以上から $y=f(x)$，x 軸，$x=\alpha$，$x=\beta$ で囲まれた部分を y 軸のまわりに回転してできる立体の体積は

$$V = \int_\alpha^\beta 2\pi x f(x)\, dx$$

となります．本問の場合，円柱から $y=\sin x$ $\left(0 \leq x \leq \dfrac{\pi}{2}\right)$，$x=\dfrac{\pi}{2}$，$x$ 軸で囲まれる部分をくり抜くと考えると，

$$\begin{aligned}
V &= \pi\left(\frac{\pi}{2}\right)^2 \cdot 1 - \int_0^{\frac{\pi}{2}} 2\pi x \sin x\, dx \\
&= \frac{\pi^3}{4} - 2\pi \int_0^{\frac{\pi}{2}} x \sin x\, dx \\
&= \frac{\pi^3}{4} - 2\pi \left\{ \Big[-x\cos x\Big]_0^{\frac{\pi}{2}} - \int_0^{\frac{\pi}{2}} (-\cos x)\, dx \right\} \\
&= \frac{\pi^3}{4} - 2\pi \Big[\sin x\Big]_0^{\frac{\pi}{2}} = \frac{\pi^3}{4} - 2\pi
\end{aligned}$$

となります．ただし，これを記述式で用いると減点のリスクがあります．あくまでも検算用に留めておくほうがよいでしょう．

問題 170

(1) $\dfrac{dx}{dt} = -\sin t$, $\dfrac{dy}{dt} = 6\sin^2 t \cos t$ であるから,

$$\dfrac{dy}{dx} = \dfrac{\dfrac{dy}{dt}}{\dfrac{dx}{dt}} = \dfrac{6\sin^2 t \cos t}{-\sin t} = -6\sin t \cos t = \boldsymbol{-3\sin 2t}$$

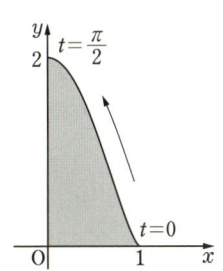

(2) $0 \leqq t \leqq \dfrac{\pi}{2}$ において $\dfrac{dy}{dx} \leqq 0$ であるから,曲線 C の概形は右の図のようになる.

求める面積を S とおくと

$$S = \int_0^1 y\,dx = \int_{\frac{\pi}{2}}^0 2\sin^3 t(-\sin t)\,dt = \int_0^{\frac{\pi}{2}} 2\sin^4 t\,dt$$

$$= \int_0^{\frac{\pi}{2}} 2\left(\dfrac{1-\cos 2t}{2}\right)^2 dt$$

$$= \int_0^{\frac{\pi}{2}} \left(\dfrac{1}{2} - \cos 2t + \dfrac{1}{2}\cos^2 2t\right) dt$$

$$= \int_0^{\frac{\pi}{2}} \left(\dfrac{1}{2} - \cos 2t + \dfrac{1}{2}\cdot\dfrac{1+\cos 4t}{2}\right) dt$$

$$= \int_0^{\frac{\pi}{2}} \left(\dfrac{3}{4} - \cos 2t + \dfrac{1}{4}\cos 4t\right) dt$$

$$= \left[\dfrac{3}{4}t - \dfrac{1}{2}\sin 2t + \dfrac{1}{16}\sin 4t\right]_0^{\frac{\pi}{2}} = \boldsymbol{\dfrac{3}{8}\pi}$$

(3) 求める体積を V とおくと

$$V = \pi\int_0^2 x^2\,dy = \pi\int_0^{\frac{\pi}{2}} \cos^2 t \cdot 6\sin^2 t \cos t\,dt$$

$$= \pi\int_0^{\frac{\pi}{2}} (1-\sin^2 t)\cdot 6\sin^2 t \cos t\,dt$$

$$= \pi\left[2\sin^3 t - \dfrac{6}{5}\sin^5 t\right]_0^{\frac{\pi}{2}} = \left(2 - \dfrac{6}{5}\right)\pi = \boldsymbol{\dfrac{4}{5}\pi}$$

問題 171　　　　　　　　　　　　　　　　　　▶▶▶ 設問 P172

$f(-x) = -x\sqrt{1-(-x)^2} = -f(x)$ より $f(x)$ は奇関数であるから，$0 \leqq x \leqq 1$ で考えれば十分である．このとき，

$$f'(x) = 1 \cdot \sqrt{1-x^2} + x \cdot \frac{-2x}{2\sqrt{1-x^2}} = \frac{1-2x^2}{\sqrt{1-x^2}}$$

$f'(x) = 0$ とすると $x = \pm\dfrac{1}{\sqrt{2}}$

$0 \leqq x \leqq 1$ における $f(x)$ の増減表は右のようになり，グラフの概形は右の図のようになる．

x	0	$\cdots$	$\dfrac{1}{\sqrt{2}}$	$\cdots$	1
$f'(x)$		$+$	0	$-$	
$f(x)$	0	↗	$\dfrac{1}{2}$	↘	0

$y = x\sqrt{1-x^2}$ から $y^2 = x^2(1-x^2)$
よって

$$(x^2)^2 - x^2 + y^2 = 0$$

$$x^2 = \frac{1 \pm \sqrt{1-4y^2}}{2}$$

求める体積は図の網目部を y 軸のまわりに回転させてできる図形の体積を 2 倍したものであるから

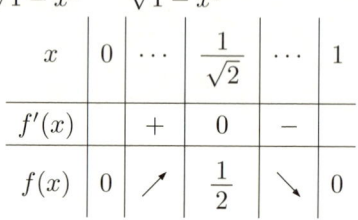

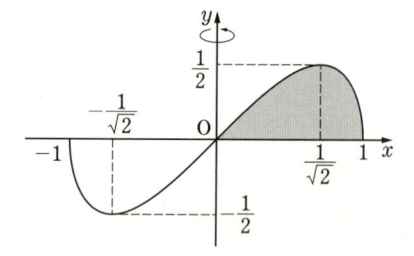

$$\frac{V}{2} = \pi \int_0^{\frac{1}{2}} \left(\frac{1+\sqrt{1-4y^2}}{2} - \frac{1-\sqrt{1-4y^2}}{2} \right) dy$$

$$= \pi \int_0^{\frac{1}{2}} \sqrt{1-4y^2}\, dy = \frac{\pi^2}{8} \quad (\text{積分は半径}\dfrac{1}{2}\text{の四分円の面積の 2 倍})$$

したがって，$V = \dfrac{\pi^2}{4}$

問題 172

▶▶▶ 設問 P173

$y = x^2$ 上に点 $P(x, x^2)$ $(0 \leqq x \leqq 1)$ をとる. P から直線 $y = x$ へ下ろした垂線の足を H, $Q(x, x)$ とする. このとき

$$PQ = x - x^2 \ (= g(x) \text{ とする})$$

$$OH = u, \ PH = v$$

とすると，求める体積は

$$V = \int_0^{\sqrt{2}} \pi PH^2 \, du$$

$$= \pi \int_0^{\sqrt{2}} v^2 \, du \ \cdots\cdots \ ①$$

となる．いま，

$$v = \frac{1}{\sqrt{2}} PQ = \frac{1}{\sqrt{2}} g(x),$$

$$u = OQ - QH = \sqrt{2} x - v = \sqrt{2} x - \frac{1}{\sqrt{2}} g(x)$$

となるから，$\dfrac{du}{dx} = \sqrt{2} - \dfrac{1}{\sqrt{2}} g'(x)$ となる．① に用いると，求める体積は

$$V = \pi \int_0^{\sqrt{2}} v^2 \, du = \pi \int_0^1 v^2 \frac{du}{dx} dx$$

$$= \pi \int_0^1 \left(\frac{g(x)}{\sqrt{2}}\right)^2 \left\{\sqrt{2} - \frac{1}{\sqrt{2}} g'(x)\right\} dx$$

$$= \frac{\pi}{\sqrt{2}} \int_0^1 \{g(x)\}^2 \, dx - \frac{\pi}{2\sqrt{2}} \int_0^1 \{g(x)\}^2 g'(x) \, dx$$

$$= \frac{\pi}{\sqrt{2}} \int_0^1 (x - x^2)^2 \, dx - \frac{\pi}{2\sqrt{2}} \left[\frac{1}{3} \{g(x)\}^3\right]_0^1$$

$$= \frac{\pi}{\sqrt{2}} \int_0^1 (x - x^2)^2 \, dx \quad (\because \ g(1) = g(0) = 0)$$

$$= \frac{\pi}{\sqrt{2}} \int_0^1 (x^2 - 2x^3 + x^4) \, dx = \frac{\pi}{\sqrt{2}} \left[\frac{1}{3} x^3 - \frac{1}{2} x^4 + \frac{1}{5} x^5\right]_0^1$$

$$= \frac{\pi}{\sqrt{2}} \left(\frac{1}{3} - \frac{1}{2} + \frac{1}{5}\right) = \boldsymbol{\frac{\sqrt{2}}{60} \pi}$$

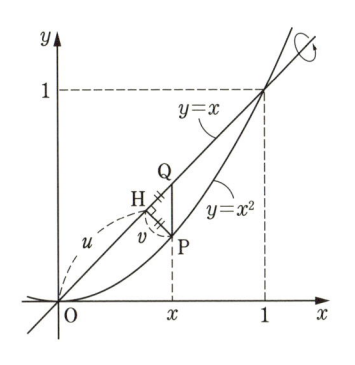

別解

$x - x^2 = g(x)$ と置く方法に気がつかなかった場合は，そのまま計算することになります．つまり

$$v = \frac{1}{\sqrt{2}}(x - x^2), \quad u = \sqrt{2}x - \frac{1}{\sqrt{2}}(x - x^2)$$

より $\dfrac{du}{dx} = \sqrt{2} - \dfrac{1}{\sqrt{2}} + \sqrt{2}x = \dfrac{1+2x}{\sqrt{2}}$ であるから

$$V = \int_0^{\sqrt{2}} \pi v^2 \, du = \pi \int_0^1 v^2 \frac{du}{dx} dx = \pi \int_0^1 \left(\frac{x-x^2}{\sqrt{2}}\right)^2 \cdot \frac{1+2x}{\sqrt{2}} \, dx$$

$$= \frac{\pi}{2\sqrt{2}} \int_0^1 \{(x-x^2)^2(1+2x)\} \, dx = \frac{\pi}{2\sqrt{2}} \int_0^1 (2x^5 - 3x^4 + x^2) \, dx$$

$$= \frac{\pi}{2\sqrt{2}} \left[\frac{1}{3}x^6 - \frac{3}{5}x^5 + \frac{1}{3}x^3\right]_0^1 = \frac{\pi}{2\sqrt{2}} \left(\frac{1}{3} - \frac{3}{5} + \frac{1}{3}\right) = \boldsymbol{\frac{\sqrt{2}}{60}\pi}$$

問題 173

▶▶▶ 設問 P174

図1のように座標軸を設定する．$x = t \ (0 \leqq t \leqq 2)$ で切断したとき，切断面は直角二等辺三角形となるから，その各点を図のように P, Q, R とする．図2で OP $= t$, OQ $= 2$ より

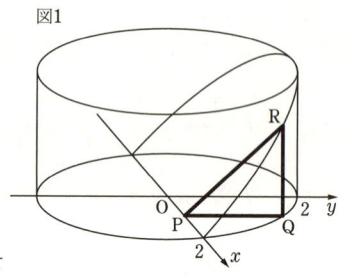

$$\mathrm{PQ} = \sqrt{\mathrm{OQ}^2 - \mathrm{OP}^2} = \sqrt{4-t^2}$$

となる．△PQR は PQ $=$ QR の直角二等辺三角形であるから，その面積を $S(t)$ とすると

$$S(t) = \frac{1}{2}(\sqrt{4-t^2})^2 = \frac{1}{2}(4-t^2)$$

対称性を考えると，求める体積は

$$V = 2\int_0^2 \frac{1}{2}(4-t^2) \, dt$$

$$= \left[4t - \frac{1}{3}t^3\right]_0^2 = \boldsymbol{\frac{16}{3}}$$

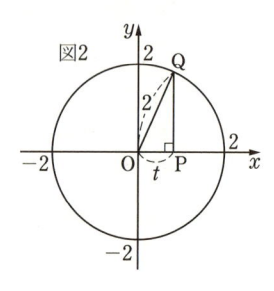

別解

図3のように座標軸を設定する。$y = t \ (0 \leqq t \leqq 2)$ で切断したとき、切断面は長方形になるので、その各点を図のようにP, Q, R, Sとする。またQ, Rからx軸に下ろした垂線の足をそれぞれT, Uとする。

図3

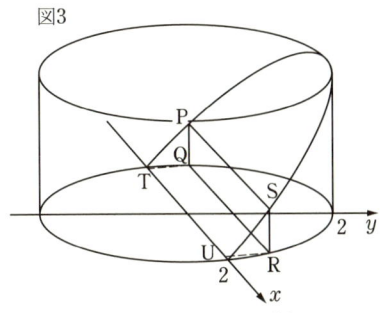

図4でQR $= 2\sqrt{4-t^2}$
また△PQTは直角二等辺三角形より
PQ $=$ QT $= t$ であるから、長方形PQRSの面積を$S(t)$ とすると
$$S(t) = 2\sqrt{4-t^2}\,t = 2t\sqrt{4-t^2}$$

図4

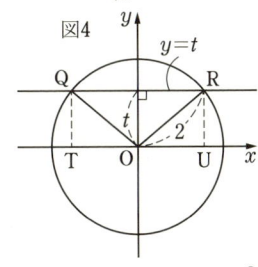

以上から、求める体積は
$$V = \int_0^2 2t\sqrt{4-t^2}\,dt = -\int_0^2 \sqrt{4-t^2}(4-t^2)'\,dt = -\left[\frac{2}{3}(4-t^2)^{\frac{3}{2}}\right]_0^2$$
$$= -\left(0 - \frac{2}{3}\cdot 4^{\frac{3}{2}}\right) = \frac{2}{3}\cdot 4^{\frac{3}{2}} = \frac{2}{3}\cdot 2^3 = \frac{16}{3}$$

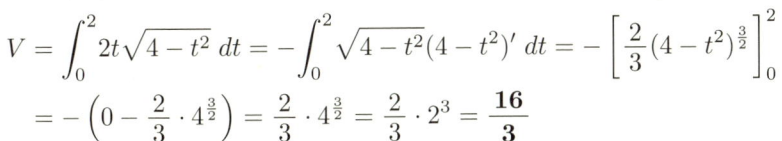

参考

最後にz軸に垂直に切断してみます。これはかなり面倒な計算になるので、苦手な方は読み飛ばして構いません。

図5のように座標軸を設定する。$z = t \ (0 \leqq t \leqq 2)$ で切断したとき、直角二等辺三角形より切り口のy座標もtとなることに注意します。また図6のように角θを定める。このとき図6の網目部分の面積を$S(t)$ とすると
$$S(t) = \frac{1}{2}\cdot 2^2 \cdot 2\theta - \frac{1}{2}\cdot 2^2 \cdot \sin 2\theta$$
$$= 4\theta - 2\sin 2\theta$$

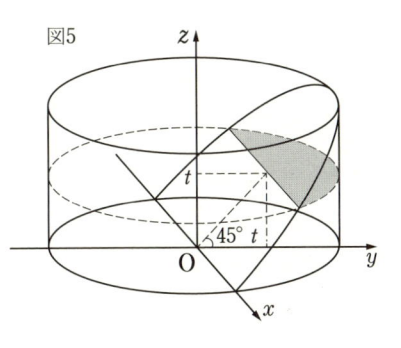

図5

より求める体積は

$$V = \int_0^2 (4\theta - 2\sin 2\theta)\, dt$$

ここで図6より，$\cos\theta = \dfrac{t}{2}$ であるから

t	0	→	2
θ	$\dfrac{\pi}{2}$	→	0

$-\sin\theta\, d\theta = \dfrac{1}{2} dt \qquad \therefore \quad dt = -2\sin\theta\, d\theta$

よって

$$V = \int_{\frac{\pi}{2}}^0 (4\theta - 2\sin 2\theta)(-2\sin\theta)\, d\theta$$

$$= \int_0^{\frac{\pi}{2}} (8\theta\sin\theta - 4\sin 2\theta\sin\theta)\, d\theta$$

$$= 8\int_0^{\frac{\pi}{2}} \theta\sin\theta\, d\theta - 4\int_0^{\frac{\pi}{2}} \sin 2\theta\sin\theta\, d\theta$$

$$\int_0^{\frac{\pi}{2}} \theta\sin\theta\, d\theta = \Big[\theta(-\cos\theta)\Big]_0^{\frac{\pi}{2}} - \int_0^{\frac{\pi}{2}} (-\cos\theta)\, d\theta$$

$$= \int_0^{\frac{\pi}{2}} \cos\theta\, d\theta = \Big[\sin\theta\Big]_0^{\frac{\pi}{2}} = 1$$

$$\int_0^{\frac{\pi}{2}} \sin 2\theta\sin\theta\, d\theta = \int_0^{\frac{\pi}{2}} 2\sin^2\theta\cos\theta\, d\theta$$

$$= \int_0^{\frac{\pi}{2}} 2\sin^2\theta(\sin\theta)'\, d\theta$$

$$= \Big[\dfrac{2}{3}\sin^3\theta\Big]_0^{\frac{\pi}{2}} = \dfrac{2}{3}$$

を代入して，$V = 8\cdot 1 - 4\cdot\dfrac{2}{3} = \mathbf{\dfrac{16}{3}}$

問題 174

▶▶▶ 設問 P174

xyz 空間において，2 つの円柱 C_1，C_2 はそれぞれ x 軸，y 軸が中心軸であるとする．このとき，C_1，C_2 の方程式はそれぞれ

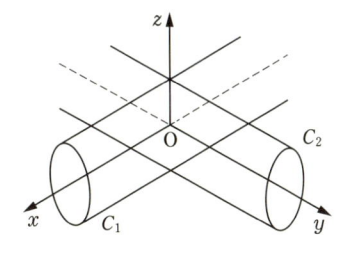

$$\begin{cases} y^2 + z^2 = r^2 \\ x^2 + z^2 = r^2 \end{cases}$$

となる．平面 $z = t$ ($-r \leqq t \leqq r$) における C_1 の切断面は，$y^2 + t^2 = r^2$ ($y = \pm\sqrt{r^2 - t^2}$) により，平面 $z = t$ 上における帯状領域 $-\sqrt{r^2 - t^2} \leqq y \leqq \sqrt{r^2 - t^2}$ である (図 1 参照)．

平面 $z = t$ ($-r \leqq t \leqq r$) における C_2 の切断面は

$$x^2 + t^2 = r^2$$
$$x = \pm\sqrt{r^2 - t^2}$$

により，平面 $z = t$ 上における帯状領域 $-\sqrt{r^2 - t^2} \leqq x \leqq \sqrt{r^2 - t^2}$ である (図 2 参照)．

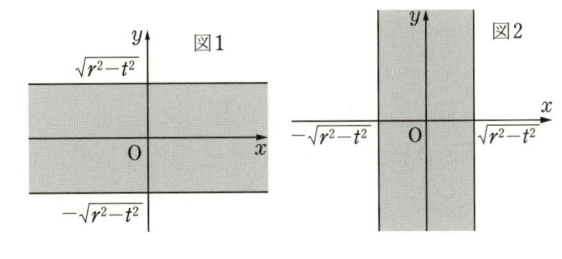

よって C_1 と C_2 の共通部分の $z = t$ における切断面は図 1 かつ図 2 を満たす部分であるから，その面積を $S(t)$ とすると

$$S(t) = (2\sqrt{r^2 - t^2})^2 = 4(r^2 - t^2)$$

以上から求める体積は

$$V = \int_{-r}^{r} S(t)\, dt = 2\int_{0}^{r} S(t)\, dt$$
$$= 8\int_{0}^{r} (r^2 - t^2)\, dt$$
$$= 8\left[r^2 t - \frac{1}{3}t^3\right]_{0}^{r} = \frac{16}{3}r^3$$

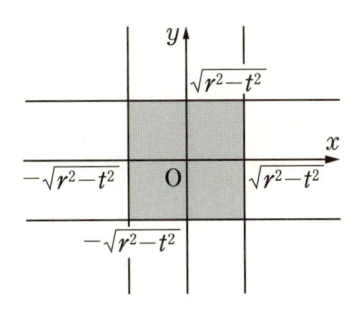

問題 175

(1) $0 \leqq z \leqq 1$ であるから $0 \leqq t \leqq 1$

$x^2 + y^2 + z^2 - 2xy - 1 \geqq 0$ において，$z = t$ とすると

$$x^2 + y^2 + t^2 - 2xy - 1 \geqq 0 \text{ より } (y-x)^2 \geqq 1 - t^2$$

$$y - x \leqq -\sqrt{1-t^2} \text{ または } \sqrt{1-t^2} \leqq y - x$$

$$\therefore \quad y \leqq x - \sqrt{1-t^2} \text{ または } y \geqq x + \sqrt{1-t^2}$$

$\alpha = \sqrt{1-t^2}$ とすると，題意の立体の平面 $z = t$ における切断面は右図の網目部分である．よって，

$$S(t) = 2 \cdot \frac{1}{2}(1 - \sqrt{1-t^2})^2$$

$$= (1 - \sqrt{1-t^2})^2$$

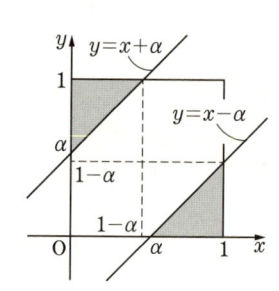

(2) 求める体積は

$$\int_0^1 S(t)dt = \int_0^1 (1 - \sqrt{1-t^2})^2 \, dt$$

$$= \int_0^1 (2 - t^2 - 2\sqrt{1-t^2}) \, dt$$

$$= \left[2t - \frac{t^3}{3}\right]_0^1 - 2\int_0^1 \sqrt{1-t^2} \, dt$$

$$= 2 - \frac{1}{3} - 2 \cdot \frac{1}{4} \cdot \pi \cdot 1^2 = \boldsymbol{\frac{5}{3} - \frac{\pi}{2}}$$

問題 176

(1) $\int_0^1 \frac{t^2}{1+t^2} \, dt = \int_0^1 \left(1 - \frac{1}{1+t^2}\right) dt = 1 - \int_0^1 \frac{1}{1+t^2} \, dt \quad \cdots\cdots \text{①}$

$\int_0^1 \frac{1}{1+t^2} \, dt$ において，$t = \tan\theta \; \left(-\frac{\pi}{2} < \theta < \frac{\pi}{2}\right)$ とすると，

$dt = \dfrac{d\theta}{\cos^2\theta}$

t	0	$\to$	1
θ	0	$\to$	$\dfrac{\pi}{4}$

であるから
$$\int_0^1 \frac{1}{1+t^2}\,dt = \int_0^{\frac{\pi}{4}} \frac{1}{1+\tan^2\theta} \cdot \frac{d\theta}{\cos^2\theta} = \int_0^{\frac{\pi}{4}} d\theta = \frac{\pi}{4}$$

となる．① に用いて，$\int_0^1 \dfrac{t^2}{1+t^2}\,dt = \boldsymbol{1 - \dfrac{\pi}{4}}$

(2) 立体 D を表す不等式 $x^2 + y^2 + \log(1+z^2) \leqq \log 2$ に $z = t$ を代入して
$$x^2 + y^2 \leqq \log 2 - \log(1+t^2) \quad \cdots\cdots \text{②}$$

これを満たす実数 x, y が存在するための条件は
$$\log 2 - \log(1+t^2) \geqq 0$$
$$2 \geqq 1 + t^2 \qquad t^2 \leqq 1 \qquad \therefore \quad \boldsymbol{-1 \leqq t \leqq 1}$$

(3) 立体 D の平面 $z = t\ (-1 \leqq t \leqq 1)$ における切断面は不等式 ② を満たすから，半径が $\sqrt{\log 2 - \log(1+t^2)}$ の円の周および内部を表す．

その面積を $S(t)$ とすると $S(t) = \pi\{\log 2 - \log(1+t^2)\}$

以上から，求める体積は
$$\begin{aligned}
V &= \int_{-1}^1 S(t)\,dt \\
&= \pi \int_{-1}^1 \{\log 2 - \log(1+t^2)\}\,dt \\
&= 2\pi \int_0^1 \{\log 2 - \log(1+t^2)\}\,dt \\
&\qquad (\because \quad \log 2 - \log(1+t^2) \text{ は偶関数}) \\
&= 2\pi \log 2 - 2\pi \int_0^1 \log(1+t^2)\,dt
\end{aligned}$$

ここで
$$\begin{aligned}
\int_0^1 \log(1+t^2)\,dt &= \int_0^1 1 \cdot \log(1+t^2)\,dt \\
&= \Big[t\log(1+t^2)\Big]_0^1 - \int_0^1 t \cdot \frac{2t}{1+t^2}\,dt \\
&= \log 2 - 2\int_0^1 \frac{t^2}{1+t^2}\,dt = \log 2 - 2\left(1 - \frac{\pi}{4}\right) \qquad (\because \quad (1))
\end{aligned}$$

となるから，$V = 2\pi\log 2 - 2\pi\left\{\log 2 - 2\left(1 - \dfrac{\pi}{4}\right)\right\} = \boldsymbol{\pi(4-\pi)}$

問題 177

▶▶▶ 設問 P176

(1) $\overrightarrow{OP} = \overrightarrow{OA} + t\overrightarrow{AB}$ と表されるから，
$$\overrightarrow{OP} = (0, a, 0) + t(1, -a, b) = (t, a(1-t), bt)$$
よって P の座標は $(t, a(1-t), bt)$ となる．

(2) 図形 M を平面 $x = t$ で切ったときの断面は中心 $Q(t, 0, 0)$，半径 PQ の円になるから，その断面積を $S(t)$ とすると
$$S(t) = \pi PQ^2 = \pi\{a^2(1-t)^2 + b^2 t^2\}$$
よって，求める体積は
$$\pi \int_0^1 \{a^2(1-t)^2 + b^2 t^2\} dt$$
$$= \pi \left[-\frac{a^2}{3}(1-t)^3 + \frac{b^2}{3}t^3 \right]_0^1$$
$$= \frac{\pi}{3}(a^2 + b^2)$$

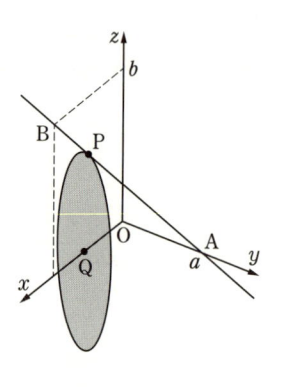

問題 178

▶▶▶ 設問 P180

(1) $y' = 2x^{\frac{1}{2}}$ より
$$l = \int_0^1 \sqrt{1 + y'^2}\, dx = \int_0^1 \sqrt{1 + 4x}\, dx$$
$$= \int_0^1 (1 + 4x)^{\frac{1}{2}} \cdot (1 + 4x)' \cdot \frac{1}{4}\, dx$$
$$= \frac{1}{4}\left[\frac{2}{3}(1 + 4x)^{\frac{3}{2}} \right]_0^1$$
$$= \frac{1}{6}(5^{\frac{3}{2}} - 1^{\frac{3}{2}}) = \frac{1}{6}(5\sqrt{5} - 1)$$

(2) $f(x) = \dfrac{e^x + e^{-x}}{2}$ とおくと，$f'(x) = \dfrac{e^x - e^{-x}}{2}$

$f(x) \leqq 5$ とすると
$$\frac{e^x + e^{-x}}{2} \leqq 5 \text{ より } (e^x)^2 - 10e^x + 1 \leqq 0$$

$$\therefore \quad 5 - 2\sqrt{6} \leqq e^x \leqq 5 + 2\sqrt{6}$$
$$\therefore \quad \log(5 - 2\sqrt{6}) \leqq x \leqq \log(5 + 2\sqrt{6})$$

求める曲線の長さを l とし，$a = \log(5 - 2\sqrt{6})$, $b = \log(5 + 2\sqrt{6})$ とすると

$$l = \int_a^b \sqrt{1 + \left(\frac{e^x - e^{-x}}{2}\right)^2} \, dx = \int_a^b \sqrt{\left(\frac{e^x + e^{-x}}{2}\right)^2} \, dx$$
$$= \int_a^b \frac{e^x + e^{-x}}{2} \, dx = \frac{1}{2}\left[e^x - e^{-x}\right]_a^b$$
$$= \frac{1}{2}\left[\{e^{\log(5+2\sqrt{6})} - e^{-\log(5+2\sqrt{6})}\} - \{e^{\log(5-2\sqrt{6})} - e^{-\log(5-2\sqrt{6})}\}\right]$$
$$= \left(5 + 2\sqrt{6} - \frac{1}{5 + 2\sqrt{6}}\right) - \left(5 - 2\sqrt{6} - \frac{1}{5 - 2\sqrt{6}}\right) = \boldsymbol{4\sqrt{6}}$$

問題 179 ▶▶▶ 設問 P180

$\dfrac{dx}{d\theta} = 1 - \cos\theta$, $\dfrac{dy}{d\theta} = \sin\theta$ より

$$\sqrt{\left(\frac{dx}{d\theta}\right)^2 + \left(\frac{dy}{d\theta}\right)^2} = \sqrt{(1 - \cos\theta)^2 + \sin^2\theta} = \sqrt{2(1 - \cos\theta)}$$
$$= \sqrt{2 \cdot 2\sin^2\frac{\theta}{2}} = 2\left|\sin\frac{\theta}{2}\right|$$

となるから，求める曲線の長さは

$$\int_0^\pi \sqrt{\left(\frac{dx}{d\theta}\right)^2 + \left(\frac{dy}{d\theta}\right)^2} \, d\theta$$
$$= 2\int_0^\pi \left|\sin\frac{\theta}{2}\right| \, d\theta$$
$$= 2\int_0^\pi \sin\frac{\theta}{2} \, d\theta \quad \left(\because \ 0 \leqq \frac{\theta}{2} \leqq \frac{\pi}{2} \text{で} \sin\frac{\theta}{2} \geqq 0\right)$$
$$= = 2\left[-2\cos\frac{\theta}{2}\right]_0^\pi = \boldsymbol{4}$$

問題 180

▶▶▶設問 P181

(1) $\dfrac{dx}{dt} = -e^{-t}\cos t - e^{-t}\sin t = -e^{-t}(\sin t + \cos t)$

$\dfrac{dy}{dt} = -e^{-t}\sin t + e^{-t}\cos t = e^{-t}(-\sin t + \cos t)$

であるから

$$\left(\dfrac{dx}{dt}\right)^2 + \left(\dfrac{dy}{dt}\right)^2 = e^{-2t}(\sin^2 t + 2\sin t\cos t + \cos^2 t)$$
$$+ e^{-2t}(\sin^2 t - 2\sin t\cos t + \cos^2 t) = 2e^{-2t}$$

よって,

$$l = \int_0^\pi \sqrt{2e^{-2t}}\, dt = \sqrt{2}\int_0^\pi e^{-t}\, dt$$
$$= \sqrt{2}\Big[-e^{-t}\Big]_0^\pi = \boldsymbol{\sqrt{2}(1 - e^{-\pi})}$$

(2) $\dfrac{dx}{dt} = -\sqrt{2}e^{-t}\sin\left(t + \dfrac{\pi}{4}\right)$ より, x についての増減表は右のようになる. $t = \dfrac{3}{4}\pi, \pi$ のときに対応する x をそれぞれ α, β とする. また $0 \leqq t \leqq \pi$ で $y \geqq 0$ であることから, 下図を得る.

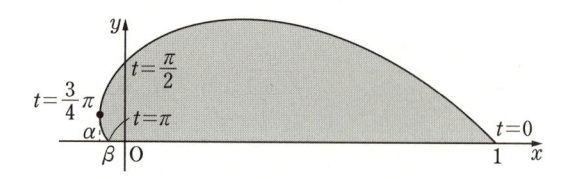

t	0	$\cdots$	$\dfrac{3}{4}\pi$	$\cdots$	π
$\dfrac{dx}{dt}$		$-$	0	$+$	
x	1	$\searrow$	α	$\nearrow$	β

$0 \leqq t \leqq \dfrac{3}{4}\pi$ に対応する部分を $y = y_1$, $\dfrac{3}{4}\pi \leqq t \leqq \pi$ に対応する部分を $y = y_2$ とすると

$$S = \int_\alpha^1 y_1\, dx - \int_\alpha^\beta y_2\, dx$$
$$= \int_{\frac{3}{4}\pi}^0 y\dfrac{dx}{dt}\, dt - \int_{\frac{3}{4}\pi}^\pi y\dfrac{dx}{dt}\, dt$$

$$= -\left(\int_0^{\frac{3}{4}\pi} y\frac{dx}{dt}\,dt + \int_{\frac{3}{4}\pi}^{\pi} y\frac{dx}{dt}\,dt \right)$$

$$= -\int_0^{\pi} y\frac{dx}{dt}\,dt$$

$$= -\int_0^{\pi} e^{-t}\sin t \cdot e^{-t}(-\cos t - \sin t)\,dt$$

$$= \int_0^{\pi} e^{-2t}(\sin t \cos t + \sin^2 t)\,dt$$

$$= \frac{1}{2}\int_0^{\pi} e^{-2t}(\sin 2t + 1 - \cos 2t)\,dt$$

$$= \frac{1}{2}\left(\int_0^{\pi} e^{-2t}\sin 2t\,dt - \int_0^{\pi} e^{-2t}\cos 2t\,dt + \int_0^{\pi} e^{-2t}\,dt \right)$$

ここで $I = \int_0^{\pi} e^{-2t}\sin 2t\,dt$, $J = \int_0^{\pi} e^{-2t}\cos 2t\,dt$ とすると,

$$I = \left[-\frac{1}{2}e^{-2t}\sin 2t \right]_0^{\pi} - \int_0^{\pi}\left(-\frac{1}{2}e^{-2t}\cdot 2\cos 2t\,dt \right) = J$$

であることから

$$S = \frac{1}{2}\int_0^{\pi} e^{-2t}\,dt = \frac{1}{2}\left[-\frac{1}{2}e^{-2t} \right]_0^{\pi} = \boldsymbol{\frac{1}{4}(1 - e^{-2\pi})}$$

別解

曲線 C 上の点 P が P$(r\cos\theta, r\sin\theta)$ で表されるとします (ただし r は θ の関数 $r = r(\theta)$). このとき, 角 θ が $\theta = \alpha$ から $\theta = \beta$ まで増加するとき, 線分 OP が通過する部分の領域の面積 S を考えてみます.

O を通る放射状の直線で分割すると, 角 θ が微小量 $\Delta\theta$ だけ増加するときに OP が通過する領域の面積 ΔS(図 1 の網目部分) は図 2 のような扇形で近似できるから,

$$\Delta S \fallingdotseq \frac{1}{2}r^2\Delta\theta$$

となります. これを $\theta = \alpha$ から $\theta = \beta$ まで寄せ集めると考えると, $S = \displaystyle\int_\alpha^\beta \frac{1}{2}r^2\,d\theta$ を得ます.

厳密に説明すると次のようになります.

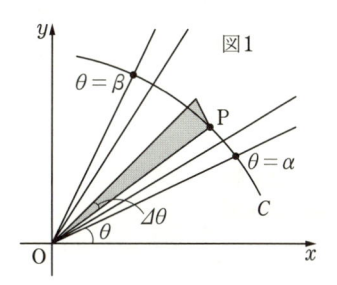

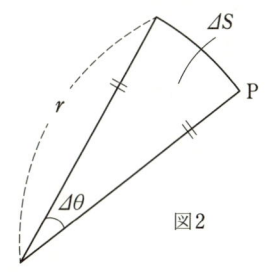

図3において $\Delta\theta > 0$ とする．θ から $\theta + \Delta\theta$ の間における OP の長さの最小値を m，最大値を M とする．ΔS は，半径 m，中心角 $\Delta\theta$ の扇形の面積と半径 M，中心角 $\Delta\theta$ の扇形の面積の間の値であるから，

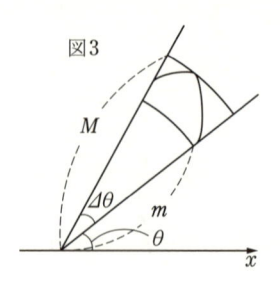

$$\frac{1}{2}m^2 \Delta\theta \leqq \Delta S \leqq \frac{1}{2}M^2 \Delta\theta$$

$$\frac{1}{2}m^2 \leqq \frac{\Delta S}{\Delta\theta} \leqq \frac{1}{2}M^2$$

図3

$\Delta\theta \to 0$ とすると，m, M はいずれも $r = r(\theta)$ に収束するから，はさみうちの原理より $\displaystyle\lim_{\Delta\theta \to +0} \frac{\Delta S}{\Delta\theta} = \frac{1}{2}r^2$
$\Delta\theta < 0$ のときも同様であるから，

$$\lim_{\Delta\theta \to 0} \frac{\Delta S}{\Delta\theta} = \frac{dS}{d\theta} = \frac{1}{2}r^2$$

したがって，$S = \displaystyle\int_\alpha^\beta \frac{1}{2}r^2 d\theta$ を得ます．

本問の場合は $r = e^{-t}$ であるから，

$$S = \int_0^\pi \frac{1}{2}(e^{-t})^2 \, dt = \frac{1}{2}\left[-\frac{1}{2}e^{-2t} \right]_0^\pi = \boldsymbol{\frac{1}{4}(1 - e^{-2\pi})}$$

といっきに求めることができます．このように，扇形で近似する考え方は曲線が極表示されているときに有効です．ただし，これを記述式で用いると減点のリスクがあります．あくまでも検算用に留めておくほうがよいでしょう．

問題 181　　　　　　　　　　　　　　　　　　　　　▶▶▶ 設問 P181

図1のように円 C の中心を C とし，円 C が角 θ だけ回転したときの円 C と x 軸の接点を Q とする．このとき，$\angle \mathrm{PCQ} = \theta$ であり，

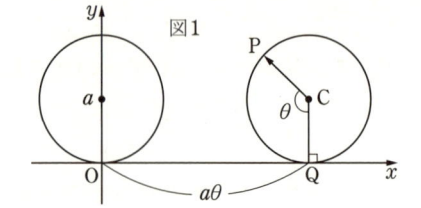

$$\mathrm{OQ} = \overset{\frown}{\mathrm{PQ}} = a\theta$$

図1

となるから，$\overrightarrow{OC} = (a\theta,\ a)$

また，図 2 から
$$\overrightarrow{CP} = \left(a\cos\left(\frac{3\pi}{2} - \theta\right),\ a\sin\left(\frac{3\pi}{2} - \theta\right)\right)$$
となるから，

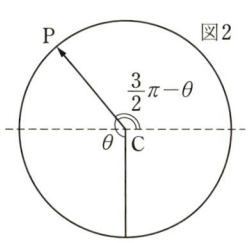

$$\begin{aligned}\overrightarrow{OP} &= \overrightarrow{OC} + \overrightarrow{CP} \\ &= (a\theta,\ a) + \left(a\cos\left(\frac{3\pi}{2} - \theta\right),\ a\sin\left(\frac{3\pi}{2} - \theta\right)\right) \\ &= (a(\theta - \sin\theta),\ a(1 - \cos\theta))\end{aligned}$$

$\begin{cases} x = a(\theta - \sin\theta) \\ y = a(1 - \cos\theta) \end{cases}$ とおくと，$\dfrac{dx}{d\theta} = a(1 - \cos\theta),\ \dfrac{dy}{d\theta} = a\sin\theta$

増減表は下のようになる．

θ	0	$\cdots$	π	$\cdots$	2π
$\dfrac{dx}{d\theta}$		$+$	$+$	$+$	
$\dfrac{dy}{d\theta}$		$+$	0	$-$	
x	0	↗	πa	↗	$2\pi a$
y	0	↗	$2a$	↘	0

よって，
$$\begin{aligned}S &= \int_0^{2\pi a} y\,dx = \int_0^{2\pi} y\frac{dx}{d\theta}\,d\theta \\ &= \int_0^{2\pi} a^2(1 - \cos\theta)^2\,d\theta \\ &= a^2 \int_0^{2\pi} (1 - 2\cos\theta + \cos^2\theta)\,d\theta \\ &= a^2 \int_0^{2\pi} \left(1 - 2\cos\theta + \frac{1 + \cos 2\theta}{2}\right) d\theta \\ &= a^2 \left[\theta - 2\sin\theta + \frac{\theta}{2} + \frac{\sin 2\theta}{4}\right]_0^{2\pi} = \boldsymbol{3\pi a^2}\end{aligned}$$

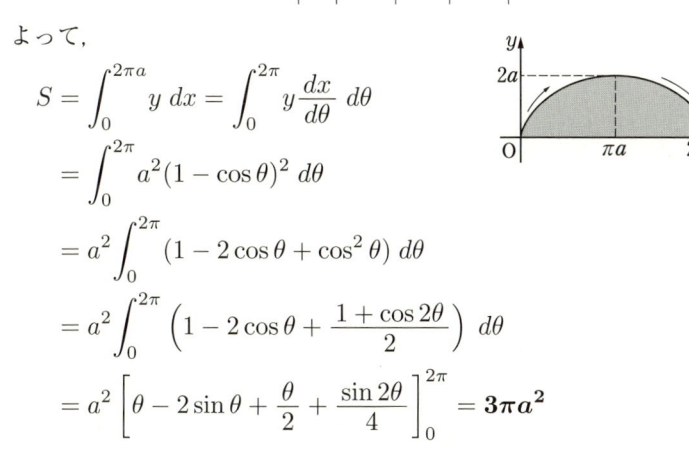

問題 182

▶▶▶ 設問 P182

(1) 円 C の中心を Q とする．また，x 軸と円 C の中心のなす角度が θ となったとき，円 C と円 E との接点を T とする．このとき，滑ることなく転がることから $\overset{\frown}{AT} = \overset{\frown}{AP}$ が成立する．また，図のように $\overrightarrow{QT}$ から時計回りに $\overrightarrow{QP}$ へ計った角を α とすると，

$$4 \cdot \theta = 1 \cdot \alpha \quad \therefore \quad \alpha = 4\theta$$

よって，x 軸正方向から $\overrightarrow{QP}$ への回転角は $\theta - 4\theta = -3\theta$ となるから $\left|\overrightarrow{QP}\right| = 1$ と合わせると，

$$\overrightarrow{QP} = (\cos(-3\theta),\ \sin(-3\theta)) = (\cos 3\theta,\ -\sin 3\theta)$$

以上から，

$$\begin{aligned}\overrightarrow{OP} &= \overrightarrow{OQ} + \overrightarrow{QP} \\ &= (3\cos\theta,\ 3\sin\theta) + (\cos 3\theta,\ -\sin 3\theta) \\ &= (3\cos\theta + \cos 3\theta,\ 3\sin\theta - \sin 3\theta)\end{aligned}$$

よって，P の座標は $(\boldsymbol{3\cos\theta + \cos 3\theta,\ 3\sin\theta - \sin 3\theta})$

(2) $x = 3\cos\theta + \cos 3\theta, y = 3\sin\theta - \sin 3\theta$ とおくと

$$\frac{dx}{d\theta} = -3(\sin\theta + \sin 3\theta),\ \frac{dy}{d\theta} = 3(\cos\theta - \cos 3\theta)$$

であるから，

$$\begin{aligned}\left(\frac{dx}{d\theta}\right)^2 + \left(\frac{dy}{d\theta}\right)^2 &= 9\{(\sin\theta + \sin 3\theta)^2 + (\cos\theta - \cos 3\theta)^2\} \\ &= 9\{2(1 + \sin 3\theta \sin\theta - \cos 3\theta \cos\theta)\} \\ &= 18(1 - \cos 4\theta) = 36\sin^2 2\theta\end{aligned}$$

よって，点 P の軌跡の長さは

$$\int_0^{2\pi} \sqrt{\left(\frac{dx}{d\theta}\right)^2 + \left(\frac{dy}{d\theta}\right)^2}\, d\theta = \int_0^{2\pi} \sqrt{36\sin^2 2\theta}\, d\theta$$

$$= 6\int_0^{2\pi} |\sin 2\theta|\, d\theta = 6 \cdot 4\int_0^{\frac{\pi}{2}} \sin 2\theta\, d\theta = 24\left[-\frac{1}{2}\cos 2\theta\right]_0^{\frac{\pi}{2}} = \boldsymbol{24}$$

問題 183

(1) $\dfrac{dx}{dt} = 12 - 6t$ より $t=1$ のとき，速度は **6**

(2) $\dfrac{d^2x}{dt^2} = -6$ より $t=1$ のとき，加速度は **-6**

(3) $\dfrac{dx}{dt} = 0$ とすると，$t=2$

$t < 2$ のとき $\dfrac{dx}{dt} > 0$，$t > 2$ のとき $\dfrac{dx}{dt} < 0$ であるから，$t = \mathbf{2}$ のときに，座標が $12 \cdot 2 - 3 \cdot 2^2 = \mathbf{12}$ である点において運動の向きを変える．

(4) $\displaystyle\int_0^5 |12-6t| dt = \int_0^2 (12-6t)dt + \int_2^5 (-12+6t)dt$

$\qquad = \Big[12t - 3t^2 \Big]_0^2 + \Big[-12t + 3t^2 \Big]_2^5 = 12 + 27 = \mathbf{39}$

問題 184

(1) $V = \pi \displaystyle\int_1^{e^3} x^2 \, dy = \pi \int_0^3 x^2 e^x \, dx$

$\qquad = \pi \Big[(x^2 - 2x + 2)e^x \Big]_0^3 = \pi(5e^3 - 2)$

となるから，$\dfrac{\pi}{a}(5e^3 - 2)$ 秒後

(2) 水面が t 秒後に (x, e^x) にあり，水面の面積が S であるとき $\dfrac{dV}{dt} = S\dfrac{dh}{dt}$ より，$a = \pi x^2 \dfrac{a}{4\pi}$　よって $x = 2$ となるから，水深は $\mathbf{e^2 - 1}$

問題 185

(1) $\displaystyle\int (x^{\frac{2}{3}} - a)^2 dx = \int (x^{\frac{4}{3}} - 2ax^{\frac{2}{3}} + a^2) dx$

$\qquad = \dfrac{3}{7} x^{\frac{7}{3}} - 2a \cdot \dfrac{3}{5} x^{\frac{5}{3}} + a^2 x + C$

$\qquad = \dfrac{3}{7} x^2 \sqrt[3]{x} - \dfrac{6}{5} ax \sqrt[3]{x^2} + a^2 x + C$

(2) $\displaystyle\int_1^4 x^{\frac{1}{2}} dx = \left[\frac{2}{3}x^{\frac{3}{2}}\right]_1^4 = \frac{2}{3}(2^3 - 1) = \boldsymbol{\frac{14}{3}}$

(3) $\displaystyle\int_e^{e^2} \frac{1}{x} dx = \Big[\log |x|\Big]_e^{e^2} = \log e^2 - \log e = 2 - 1 = \boldsymbol{1}$

(4) $\displaystyle\int_1^4 x^{-\frac{3}{2}} dx = \left[-2x^{-\frac{1}{2}}\right]_1^4 = -2\left(\frac{1}{2} - 1\right) = \boldsymbol{1}$

(5) $\displaystyle\int \frac{2 - 3x}{\sqrt{x}} dx = \int (2x^{-\frac{1}{2}} - 3x^{\frac{1}{2}}) dx$

$\qquad\qquad = 4x^{\frac{1}{2}} - 2x^{\frac{3}{2}} + C = \boldsymbol{4\sqrt{x} - 2x\sqrt{x} + C}$

(6) まず,

$(4 - x^2) = -(x^2 - 4)$

$\qquad\qquad = -(x^2 + 4x + 4) + 4x + 8$

$\qquad\qquad = -(x + 2)^2 + 4(x + 2)$

より,

$(4 - x^2)(2 + x)^n = \{-(x + 2)^2 + 4(x + 2)\}(x + 2)^n$

$\qquad\qquad\qquad = -(x + 2)^{n+2} + 4(x + 2)^{n+1}$

以上から,

$\displaystyle\int_{-2}^2 (4 - x^2)(2 + x)^n dx$

$= \displaystyle\int_{-2}^2 \{-(x + 2)^{n+2} + 4(x + 2)^{n+1}\} dx$

$= -\displaystyle\int_{-2}^2 (x + 2)^{n+2} dx + 4\int_{-2}^2 (x + 2)^{n+1} dx$

$= -\left[\dfrac{(x + 2)^{n+3}}{n + 3}\right]_{-2}^2 + 4\left[\dfrac{(x + 2)^{n+2}}{n + 2}\right]_{-2}^2$

$= -\dfrac{4^{n+3}}{n + 3} + 4 \cdot \dfrac{4^{n+2}}{n + 2} = -\dfrac{4^{n+3}}{n + 3} + \dfrac{4^{n+3}}{n + 2}$

$= \dfrac{-4^{n+3}(n + 2) + 4^{n+3}(n + 3)}{(n + 3)(n + 2)} = \boldsymbol{\dfrac{4^{n+3}}{(n + 3)(n + 2)}}$

別解

$$\int_{-2}^{2}(4-x^2)(2+x)^n dx = \int_{-2}^{2}(2-x)(2+x)(2+x)^n dx$$

$$= \int_{-2}^{2}(2-x)(2+x)^{n+1}dx$$

$$= \left[\frac{1}{n+2}(2-x)(2+x)^{n+2}\right]_{-2}^{2}$$

$$-\int_{-2}^{2}\left(-\frac{(2+x)^{n+2}}{n+2}\right)dx$$

$$= \left[\frac{(2+x)^{n+3}}{(n+2)(n+3)}\right]_{-2}^{2} = \frac{4^{n+3}}{(n+3)(n+2)}$$

問題 186 　　　　　　　　　　　　▶▶▶ 設問 P186

(1) $\displaystyle\int_{0}^{3}\frac{1}{2x+1}dx = \left[\frac{1}{2}\log|2x+1|\right]_{0}^{3} = \frac{1}{2}(\log 7 - \log 1) = \boldsymbol{\frac{1}{2}\log 7}$

(2) $\dfrac{x}{(x-1)(2x-1)} = \dfrac{a}{x-1} + \dfrac{b}{2x-1}$ とおく．

両辺に $(x-1)(2x-1)$ をかけ，係数を比較すると $a=1, b=-1$

以上から，

$$\int\left(\frac{1}{x-1}+\frac{-1}{2x-1}\right)dx = \boldsymbol{\log|x-1|-\frac{1}{2}\log|2x-1|+C}$$

(3) $x^3+x^2+2x+2 = (x+1)(x^2+2)$ より，

$$\frac{3x^2+x+4}{x^3+x^2+2x+2} = \frac{3x^2+x+4}{(x+1)(x^2+2)} = \frac{a}{x+1} + \frac{bx+c}{x^2+2}$$

とおく．両辺に $(x+1)(x^2+2)$ をかけて，

$$3x^2+x+4 = a(x^2+2) + (bx+c)(x+1)$$

係数を比較して，$a=2, b=1, c=0$

以上から

$$\int \left(\frac{2}{x+1} + \frac{x}{x^2+2}\right) dx$$
$$= \int \left(\frac{2}{x+1} + \frac{1}{2} \cdot \frac{2x}{x^2+2}\right) dx$$
$$= 2\log|x+1| + \frac{1}{2}\log(x^2+2) + C$$

(4) $\int_2^{e+1} \frac{1}{1-x} dx = \Big[-\log|1-x|\Big]_2^{e+1} = -\log e + \log 1 = -1$

(5) $\int \frac{x^2}{x^3+1} dx = \frac{1}{3}\int \frac{3x^2}{x^3+1} dx = \frac{1}{3}\log|x^3+1| + C$

(6) $\int \frac{1}{4-x^2} dx = \frac{1}{4}\int \left(\frac{1}{2+x} + \frac{1}{2-x}\right) dx$
$$= \frac{1}{4}\left(\log|2+x| - \log|2-x|\right) + C$$
$$= \frac{1}{4}\log\left|\frac{2+x}{2-x}\right| + C$$

(7) $\int \frac{1}{x\log x} dx = \int \frac{(\log x)'}{\log x} dx = \log|\log x| + C$

(8) $\int \frac{\log x}{x} dx = \int \log x (\log x)' dx = \frac{1}{2}(\log x)^2 + C$

問題 187　　　　　　　　　　　　　▶▶▶ 設問 P187

(1) $\int_0^{\log 3} e^{3x} dx = \Big[\frac{1}{3}e^{3x}\Big]_0^{\log 3}$
$$= \frac{1}{3}(e^{3\log 3} - e^0)$$
$$= \frac{1}{3}(e^{\log 3^3} - e^0) = \frac{1}{3}(3^3 - 1) = \frac{26}{3}$$

(2) $\int_0^1 (e^{\frac{t}{2}} + e^{-\frac{t}{2}}) dt = \Big[2e^{\frac{t}{2}} - 2e^{-\frac{t}{2}}\Big]_0^1 = 2\left(\sqrt{e} - \frac{1}{\sqrt{e}}\right)$

(3) $\int \frac{e^x}{1+e^x} dx = \int \frac{(1+e^x)'}{1+e^x} dx = \log(1+e^x) + C$

(4) $\displaystyle\int_0^a \frac{e^x}{e^x + e^{a-x}}\,dx = \int_0^a \frac{e^x}{e^x + \frac{e^a}{e^x}}\,dx$

$\displaystyle = \int_0^a \frac{e^{2x}}{e^{2x} + e^a}\,dx$

$\displaystyle = \frac{1}{2}\int_0^a \frac{(e^{2x} + e^a)'}{e^{2x} + e^a}\,dx$

$\displaystyle = \frac{1}{2}\Big[\log|e^{2x} + e^a|\Big]_0^a$

$\displaystyle = \frac{1}{2}\{\log(e^{2a} + e^a) - \log(1 + e^a)\}$

$\displaystyle = \frac{1}{2}\log\frac{e^a(e^a + 1)}{e^a + 1} = \frac{1}{2}\log e^a = \boldsymbol{\frac{1}{2}a}$

(5) $\displaystyle\int \frac{e^x}{e^x + e^{-x}}\,dx = \int \frac{e^x}{e^x + e^{-x}}\cdot\frac{e^x}{e^x}\,dx$

$\displaystyle = \int \frac{e^{2x}}{e^{2x} + 1}\,dx$

$\displaystyle = \frac{1}{2}\int \frac{(e^{2x} + 1)'}{e^{2x} + 1}\,dx = \boldsymbol{\frac{1}{2}\log(e^{2x} + 1) + C}$

(6) $\displaystyle\int 5^x\,dx = \boldsymbol{\frac{1}{\log 5}\cdot 5^x + C}$

問題 188　　　▶▶▶ 設問 P187

(1) $\displaystyle\int \sin^2 x\,dx = \int \frac{1 - \cos 2x}{2}\,dx$

$\displaystyle = \int \left(\frac{1}{2} - \frac{1}{2}\cos 2x\right) dx$

$\displaystyle = \boldsymbol{\frac{1}{2}x - \frac{1}{4}\sin 2x + C}$

(2) $\displaystyle\int \cos^2 x\,dx = \int \frac{1 + \cos 2x}{2}\,dx$

$\displaystyle = \int \left(\frac{1}{2} + \frac{1}{2}\cos 2x\right) dx$

$\displaystyle = \boldsymbol{\frac{1}{2}x + \frac{1}{4}\sin 2x + C}$

(3) $\displaystyle\int_0^\pi \sin 3x \cos 2x \, dx = \int_0^\pi \frac{1}{2}(\sin 5x + \sin x) \, dx$ 　　（∵ 積和の公式）

$\displaystyle = \frac{1}{2}\int_0^\pi \sin 5x \, dx + \frac{1}{2}\int_0^\pi \sin x \, dx$

$\displaystyle = \frac{1}{2}\left[-\frac{1}{5}\cos 5x\right]_0^\pi + \frac{1}{2}\left[-\cos x\right]_0^\pi$

$\displaystyle = \frac{1}{2}\left(-\frac{1}{5}\cos 5\pi + \frac{1}{5}\cos 0\right) + \frac{1}{2}(-\cos\pi + \cos 0)$

$\displaystyle = \frac{1}{2}\cdot\left(-\frac{1}{5}\right)\cdot(-1) + \frac{1}{2}\cdot\frac{1}{5}\cdot 1 - \frac{1}{2}\cdot(-1) + \frac{1}{2}\cdot 1$

$\displaystyle = \frac{1}{10} + \frac{1}{10} + \frac{1}{2} + \frac{1}{2} = \boldsymbol{\frac{6}{5}}$

(4) $\displaystyle\int_0^{\frac{\pi}{2}} \sin 3x \sin x \, dx = \int_0^{\frac{\pi}{2}} -\frac{1}{2}(\cos 4x - \cos 2x) \, dx$ 　　（∵ 積和の公式）

$\displaystyle = -\frac{1}{2}\int_0^{\frac{\pi}{2}} \cos 4x \, dx + \frac{1}{2}\int_0^{\frac{\pi}{2}} \cos 2x \, dx$

$\displaystyle = -\frac{1}{2}\left[\frac{1}{4}\sin 4x\right]_0^{\frac{\pi}{2}} + \frac{1}{2}\left[\frac{1}{2}\sin 2x\right]_0^{\frac{\pi}{2}}$

$\displaystyle = -\frac{1}{8}\cdot 0 + \frac{1}{8}\cdot 0 + \frac{1}{4}\cdot 0 - \frac{1}{4}\cdot 0 = \boldsymbol{0}$

(5) $\displaystyle\int \tan^2 x \, dx = \int\left(\frac{1}{\cos^2 x} - 1\right) dx = \boldsymbol{\tan x - x + C}$

(6) $\displaystyle\int \cos^4 x \, dx = \int\left(\frac{1 + \cos 2x}{2}\right)^2 dx$

$\displaystyle = \frac{1}{4}\int\left(1 + 2\cos 2x + \cos^2 2x\right) dx$

$\displaystyle = \frac{1}{4}\int\left(1 + 2\cos 2x + \frac{1 + \cos 4x}{2}\right) dx$

$\displaystyle = \int\left(\frac{3}{8} + \frac{1}{2}\cos 2x + \frac{1}{8}\cos 4x\right) dx$

$\displaystyle = \boldsymbol{\frac{3}{8}x + \frac{1}{4}\sin 2x + \frac{1}{32}\sin 4x + C}$

問題 189 ▶▶▶ 設問 P188

(1) $\displaystyle\int \sin^4 x \, dx = \int \left(\dfrac{1-\cos 2x}{2}\right)^2 dx$

$\displaystyle\qquad = \dfrac{1}{4}\int \left(1 - 2\cos 2x + \cos^2 2x\right) dx$

$\displaystyle\qquad = \dfrac{1}{4}\int \left(1 - 2\cos 2x + \dfrac{1+\cos 4x}{2}\right) dx$

$\displaystyle\qquad = \int \left(\dfrac{3}{8} - \dfrac{1}{2}\cos 2x + \dfrac{1}{8}\cos 4x\right) dx$

$\displaystyle\qquad = \boldsymbol{\dfrac{3}{8}x - \dfrac{1}{4}\sin 2x + \dfrac{1}{32}\sin 4x + C}$

(2) $\displaystyle\int_0^{\frac{\pi}{2}} \cos^3 x \, dx = \int_0^{\frac{\pi}{2}} \cos x \cdot \cos^2 x \, dx$

$\displaystyle\qquad = \int_0^{\frac{\pi}{2}} \cos x \left(1 - \sin^2 x\right) dx$

$\displaystyle\qquad = \int_0^{\frac{\pi}{2}} \cos x \, dx - \int_0^{\frac{\pi}{2}} \cos x \cdot \sin^2 x \, dx$

$\displaystyle\qquad = \int_0^{\frac{\pi}{2}} \cos x \, dx - \int_0^{\frac{\pi}{2}} (\sin x)' \cdot \sin^2 x \, dx$

$\displaystyle\qquad = \Big[\sin x\Big]_0^{\frac{\pi}{2}} - \Big[\dfrac{1}{3}\sin^3 x\Big]_0^{\frac{\pi}{2}}$

$\displaystyle\qquad = 1 - \dfrac{1}{3} = \boldsymbol{\dfrac{2}{3}}$

(3) $\displaystyle\int_0^{\frac{\pi}{2}} \sin^3 x \, dx = \int_0^{\frac{\pi}{2}} \sin x \cdot \sin^2 x \, dx$

$\displaystyle\qquad = \int_0^{\frac{\pi}{2}} \sin x \left(1 - \cos^2 x\right) dx$

$\displaystyle\qquad = \int_0^{\frac{\pi}{2}} \sin x \, dx + \int_0^{\frac{\pi}{2}} (-\sin x) \cdot \cos^2 x \, dx$

$\displaystyle\qquad = \int_0^{\frac{\pi}{2}} \sin x \, dx + \int_0^{\frac{\pi}{2}} (\cos x)' \cdot \cos^2 x \, dx$

$\displaystyle\qquad = \Big[-\cos x\Big]_0^{\frac{\pi}{2}} + \Big[\dfrac{1}{3}\cos^3 x\Big]_0^{\frac{\pi}{2}}$

$$= 1 - \frac{1}{3} = \frac{2}{3}$$

(4) $\displaystyle\int_0^{\frac{\pi}{4}} \tan x\, dx = \int_0^{\frac{\pi}{4}} \frac{\sin x}{\cos x}\, dx$

$$= -\int_0^{\frac{\pi}{4}} \frac{(\cos x)'}{\cos x}\, dx$$

$$= -\Big[\log|\cos x|\Big]_0^{\frac{\pi}{4}}$$

$$= -\left(\log\left|\cos\frac{\pi}{4}\right| - \log|\cos 0|\right)$$

$$= -\log\frac{1}{\sqrt{2}} + \log 1 = \frac{1}{2}\log 2$$

(5) $0 \leqq \theta \leqq \dfrac{\pi}{2}$ で,

$$1 - \cos\theta = 2\sin^2\frac{\theta}{2} \qquad \therefore\ \sqrt{1-\cos\theta} = \sqrt{2}\sin\frac{\theta}{2}$$

となるから,

$$\int_0^{\frac{\pi}{2}} \sqrt{1-\cos\theta}\, d\theta = \int_0^{\frac{\pi}{2}} \sqrt{2}\sin\frac{\theta}{2}\, d\theta$$

$$= \sqrt{2}\left[-2\cos\frac{\theta}{2}\right]_0^{\frac{\pi}{2}}$$

$$= \sqrt{2}\left(-2\cos\frac{\pi}{4} + 2\cos 0\right)$$

$$= \sqrt{2}\left(-2\cdot\frac{1}{\sqrt{2}} + 2\cdot 1\right)$$

$$= -2 + 2\sqrt{2}$$

(6) $0 \leqq \theta \leqq \dfrac{\pi}{2}$ で,

$$1 + \cos\theta = 2\cos^2\frac{\theta}{2} \qquad \therefore\ \sqrt{1+\cos\theta} = \sqrt{2}\cos\frac{\theta}{2}$$

となるから,

$$\int_0^{\frac{\pi}{2}} \sqrt{1+\cos\theta}\, d\theta = \int_0^{\frac{\pi}{2}} \sqrt{2}\cos\frac{\theta}{2}\, d\theta$$

$$= \sqrt{2}\left[2\sin\frac{\theta}{2}\right]_0^{\frac{\pi}{2}}$$

$$= \sqrt{2}\left(2\sin\frac{\pi}{4} - 2\sin 0\right)$$

$$= \sqrt{2}\left(2\cdot\frac{1}{\sqrt{2}} - 2\cdot 0\right) = \mathbf{2}$$

問題 190 ▶▶▶ 設問 P188

(1) $\displaystyle\int x\sin 3x\, dx = x\left(-\frac{1}{3}\cos 3x\right) - \int\left(-\frac{1}{3}\cos 3x\right) dx$

$\displaystyle\qquad = -\frac{1}{3}x\cdot\cos 3x + \frac{1}{3}\int\cos 3x\, dx$

$\displaystyle\qquad = -\frac{1}{3}x\cos 3x + \frac{1}{9}\sin 3x + C$

(2) $\displaystyle\int_1^2 x\log x\, dx = \left[\frac{1}{2}x^2\log x\right]_1^2 - \int_1^2 \frac{x^2}{2}\cdot(\log x)'\, dx$

$\displaystyle\qquad = \left(\frac{2^2}{2}\log 2 - \frac{1}{2}\log 1\right) - \int_1^2 \frac{x^2}{2}\cdot\frac{1}{x}\, dx$

$\displaystyle\qquad = 2\log 2 - \frac{1}{2}\int_1^2 x\, dx$

$\displaystyle\qquad = 2\log 2 - \frac{1}{2}\left[\frac{1}{2}x^2\right]_1^2 = \mathbf{2\log 2 - \frac{3}{4}}$

(3) $\displaystyle\int_1^e \frac{\log x}{x^2}\, dx = \left[-\frac{1}{x}\log x\right]_1^e + \int_1^e \frac{1}{x}\cdot\frac{1}{x}\, dx$

$\displaystyle\qquad = \left(-\frac{1}{e}\log e + \frac{1}{1}\log 1\right) + \int_1^e \frac{1}{x^2}\, dx$

$\displaystyle\qquad = -\frac{1}{e} + \left[-\frac{1}{x}\right]_1^e$

$\displaystyle\qquad = -\frac{1}{e} - \frac{1}{e} + \frac{1}{1} = \mathbf{1 - \frac{2}{e}}$

(4) $x \geqq 0$ において，$\log(x^2+2x+1) = \log(x+1)^2 = 2\log(x+1)$ より，

$$\int_0^1 \log(x^2+2x+1)\,dx = 2\int_0^1 \log(x+1)\,dx$$
$$= 2\Big[(x+1)\log(x+1) - (x+1)\Big]_0^1$$
$$= \mathbf{2(2\log 2 - 1)}$$

(5) $\displaystyle\int xe^x\,dx = xe^x - \int e^x\,dx$
$$= xe^x - e^x + C$$
$$= \boldsymbol{(x-1)e^x + C}$$

(6) $\displaystyle\int 3^x \cdot x\,dx = \frac{1}{\log 3} 3^x \cdot x - \int \frac{1}{\log 3} \cdot 3^x\,dx$
$$= \frac{1}{\log 3} 3^x x - \frac{1}{\log 3}\int 3^x\,dx$$
$$= \frac{1}{\log 3} 3^x x - \frac{1}{\log 3} \cdot \frac{1}{\log 3} \cdot 3^x + C$$
$$= \boldsymbol{\frac{3^x}{(\log 3)^2}(x\log 3 - 1) + C}$$

問題 191　　　　　　　　　　　　　　▶▶▶ 設問 P189

(1) $\displaystyle\int x^2 e^{-x}\,dx = -x^2 e^{-x} + \int 2xe^{-x}\,dx$
$$= \boldsymbol{-(x^2+2x+2)e^{-x} + C}$$

(2) $\displaystyle\int x\cos^2 x\,dx = \int x \cdot \frac{1+\cos 2x}{2}\,dx$
$$= \frac{1}{2}\left(\int x\,dx + \int x\cos 2x\,dx\right)$$
$$= \frac{1}{2}\left(\frac{1}{2}x^2 + x \cdot \frac{1}{2}\sin 2x - \int \frac{1}{2}\sin 2x\,dx\right)$$
$$= \boldsymbol{\frac{1}{4}x^2 + \frac{1}{4}x\sin 2x + \frac{1}{8}\cos 2x + C}$$

(3) $\displaystyle\int x^2 \sin x\, dx = x^2(-\cos x) - \int 2x(-\cos x)\, dx$

$\displaystyle \qquad = -x^2 \cos x + \int 2x \cos x\, dx$

$\displaystyle \qquad = -x^2 \cos x + 2\left(x \sin x - \int \sin x\, dx\right)$

$\displaystyle \qquad = \boldsymbol{-x^2 \cos x + 2x \sin x + 2\cos x + C}$

(4) $\displaystyle\int (\log x)^2 dx = \int 1 \cdot (\log x)^2 dx$

$\displaystyle \qquad = x(\log x)^2 - \int x \cdot 2\log x \cdot \frac{1}{x} dx$

$\displaystyle \qquad = x(\log x)^2 - 2\int \log x\, dx$

$\displaystyle \qquad = x(\log x)^2 - 2(x\log x - x) + C$

$\displaystyle \qquad = \boldsymbol{x(\log x)^2 - 2x\log x + 2x + C}$

(5) $\displaystyle\int \log(x+3)\, dx = \boldsymbol{(x+3)\log(x+3) - (x+3) + C}$

(6) $\displaystyle\int \frac{\log(1+x)}{x^2} dx = \int \frac{1}{x^2} \log(1+x)\, dx$

$\displaystyle \qquad = -\frac{1}{x}\log(1+x) - \int \left(-\frac{1}{x}\right) \cdot \frac{1}{1+x} dx$

$\displaystyle \qquad = -\frac{1}{x}\log(1+x) + \int \left(\frac{1}{x} \cdot \frac{1}{1+x}\right) dx$

$\displaystyle \qquad = -\frac{1}{x}\log(1+x) + \int \left(\frac{1}{x} - \frac{1}{1+x}\right) dx$

$\displaystyle \qquad = -\frac{1}{x}\log(1+x) + \log|x| - \log|1+x| + C$

$\displaystyle \qquad = \boldsymbol{-\frac{1}{x}\log(1+x) + \log\left|\frac{x}{1+x}\right| + C}$

問題 192

▶▶▶ 設問 P189

(1) $\displaystyle\int \sin^2 x \cos x \, dx = \int \sin^2 x \cdot (\sin x)' dx = \dfrac{1}{3}\sin^3 x + C$

(2) $\displaystyle\int \cos^3 x \sin x \, dx = -\int \cos^3 x \cdot (\cos x)' dx = -\dfrac{1}{4}\cos^4 x + C$

(3) $\displaystyle\int_0^1 x e^{-x^2} dx = -\dfrac{1}{2}\int_0^1 (-x^2)' e^{-x^2} dx$

$= -\dfrac{1}{2}\Big[e^{-x^2}\Big]_0^1 = \dfrac{1}{2}\left(1 - \dfrac{1}{e}\right)$

(4) $\displaystyle\int_e^{2e} \dfrac{2\log x}{x \log 2} dx = \dfrac{1}{\log 2}\int_e^{2e} 2\log x (\log x)' dx$

$= \dfrac{1}{\log 2}\Big[(\log x)^2\Big]_e^{2e}$

$= \dfrac{(\log 2e)^2 - 1^2}{\log 2}$

$= \dfrac{(1+\log 2)^2 - 1}{\log 2} = \log 2 + 2$

(5) $\displaystyle\int_0^{\frac{\pi}{4}} \cos^2 x \sin x \, dx = -\int_0^{\frac{\pi}{4}} \cos^2 x (\cos x)' dx$

$= -\Big[\dfrac{1}{3}\cos^3 x\Big]_0^{\frac{\pi}{4}}$

$= -\left\{\dfrac{1}{3}\cdot\left(\dfrac{1}{\sqrt{2}}\right)^3 - \dfrac{1}{3}\right\} = \dfrac{4-\sqrt{2}}{12}$

(6) $\displaystyle\int \dfrac{x}{\sqrt{7x^2+1}} dx = \int x(7x^2+1)^{-\frac{1}{2}} dx$

$= \displaystyle\int \dfrac{1}{14}(7x^2+1)'(7x^2+1)^{-\frac{1}{2}} dx$

$= \dfrac{1}{14}\cdot 2(7x^2+1)^{\frac{1}{2}} + C = \dfrac{1}{7}\sqrt{7x^2+1} + C$

問題 193　　　　　　　　　　　　　　　　　　▶▶▶ 設問 P190

(1) $\int_1^2 x\sqrt{x-1}\,dx$ において，$x-1=t$ とおくと，

$1 = \dfrac{dt}{dx}$ 　∴　$dt = dx$ 　　$\begin{array}{c|ccc} x & 1 & \to & 2 \\ \hline t & 0 & \to & 1 \end{array}$

このとき，(与式) $= \displaystyle\int_0^1 (t+1)\sqrt{t}\,dt$

$= \displaystyle\int_0^1 (t+1)t^{\frac{1}{2}}\,dt$

$= \displaystyle\int_0^1 \left(t^{\frac{3}{2}} + t^{\frac{1}{2}}\right)dt$

$= \left[\dfrac{2}{5}t^{\frac{5}{2}} + \dfrac{2}{3}t^{\frac{3}{2}}\right]_0^1 = \dfrac{\mathbf{16}}{\mathbf{15}}$

(2) $\int_0^1 x\sqrt{2-x}\,dx$ において，$2-x=t$ とおくと，

$-1 = \dfrac{dt}{dx}$ 　∴　$dx = -dt$ 　　$\begin{array}{c|ccc} x & 0 & \to & 1 \\ \hline t & 2 & \to & 1 \end{array}$

このとき，(与式) $= \displaystyle\int_2^1 (2-t)\sqrt{t}\,(-dt)$

$= \displaystyle\int_2^1 \left(t^{\frac{3}{2}} - 2t^{\frac{1}{2}}\right)dt$

$= \left[\dfrac{2}{5}t^{\frac{5}{2}} - \dfrac{4}{3}t^{\frac{3}{2}}\right]_2^1 = \dfrac{\mathbf{-14 + 16\sqrt{2}}}{\mathbf{15}}$

(3) $\displaystyle\int_0^1 \dfrac{x}{\sqrt{x+3}+\sqrt{x}}\,dx = \int_0^1 \dfrac{x}{\sqrt{x+3}+\sqrt{x}} \cdot \dfrac{\sqrt{x+3}-\sqrt{x}}{\sqrt{x+3}-\sqrt{x}}\,dx$

$= \displaystyle\int_0^1 \dfrac{x\left(\sqrt{x+3}-\sqrt{x}\right)}{3}\,dx$

$= \dfrac{1}{3}\displaystyle\int_0^1 x\sqrt{x+3}\,dx - \dfrac{1}{3}\int_0^1 x\sqrt{x}\,dx$

以下，$\displaystyle\int_0^1 x\sqrt{x+3}\,dx$ を求める．$x+3=t$ とおくと，

$$1 = \frac{dt}{dx} \quad \therefore \ dx = dt$$

x	0	$\to$	1
t	3	$\to$	4

よって，
$$\int_0^1 x\sqrt{x+3}\,dx = \int_3^4 (t-3)\cdot t^{\frac{1}{2}}\,dt$$
$$= \int_3^4 \left(t^{\frac{3}{2}} - 3t^{\frac{1}{2}}\right) dt$$
$$= \left[\frac{2}{5}t^{\frac{5}{2}} - 3\cdot \frac{2}{3}t^{\frac{3}{2}}\right]_3^4$$
$$= -\frac{16}{5} + \frac{12\sqrt{3}}{5}$$

また，
$$\int_0^1 x\sqrt{x}\,dx = \left[\frac{2}{5}x^{\frac{5}{2}}\right]_0^1 = \frac{2}{5}$$

以上から，求める値は
$$\frac{1}{3}\left(-\frac{16}{5} + \frac{12\sqrt{3}}{5} - \frac{2}{5}\right) = -\frac{6}{5} + \frac{4\sqrt{3}}{5}$$

(4) $\displaystyle\int \frac{x+2}{(x-1)^3}\,dx$ において，$x-1 = t$ とおくと，
$$1 = \frac{dt}{dx} \quad \therefore \ dx = dt$$
よって，
$$(\text{与式}) = \int \frac{t+3}{t^3}\,dt$$
$$= \int \left(t^{-2} + 3t^{-3}\right) dt$$
$$= -t^{-1} - \frac{3}{2}t^{-2} + C$$
$$= -\frac{1}{x-1} - \frac{3}{2(x-1)^2} + C$$

(5) $\displaystyle\int_0^1 \frac{e^{2x}}{e^x+1}\,dx$ において，$e^x + 1 = t$ とおくと，
$$e^x = \frac{dt}{dx} \quad \therefore \ dx = \frac{dt}{e^x}$$

x	0	$\to$	1
t	2	$\to$	$e+1$

よって，

$$(与式) = \int_2^{e+1} \frac{e^{2x}}{t} \cdot \frac{dt}{e^x}$$

$$= \int_2^{e+1} \frac{e^x}{t} dt$$

$$= \int_2^{e+1} \frac{t-1}{t} dt$$

$$= \int_2^{e+1} \left(1 - \frac{1}{t}\right) dt$$

$$= \Big[t - \log|t|\Big]_2^{e+1}$$

$$= e - 1 + \log 2 - \log(e+1)$$

(6) $\int_0^1 \frac{dx}{e^x + 1}$ において，$e^x + 1 = t$ とおくと，

$$e^x = \frac{dt}{dx} \quad \therefore \quad dx = \frac{dt}{e^x}$$

x	0	$\to$	1
t	2	$\to$	$e+1$

よって，

$$(与式) = \int_2^{e+1} \frac{1}{t} \cdot \frac{1}{t-1} dt$$

$$= \int_2^{e+1} \left(-\frac{1}{t} + \frac{1}{t-1}\right) dt$$

$$= \Big[-\log|t| + \log|t-1|\Big]_2^{e+1}$$

$$= \Big[\log\Big|\frac{t-1}{t}\Big|\Big]_2^{e+1}$$

$$= \log \frac{e}{e+1} - \log \frac{1}{2} = \log \frac{2e}{e+1}$$

(7) $\int \cos^2 x \sin^3 x \, dx$ において，$\cos x = t$ とおくと，

$$-\sin x = \frac{dt}{dx} \quad \therefore \quad dx = \frac{dt}{-\sin x}$$

よって，

$$(与式) = \int t^2(-\sin^2 x)\,dt$$
$$= -\int t^2(1-t^2)\,dt$$
$$= \int (t^4 - t^2)\,dt$$
$$= \frac{1}{5}t^5 - \frac{1}{3}t^3 + C = \frac{1}{5}\cos^5 x - \frac{1}{3}\cos^3 x + C$$

問題 194　　　▶▶▶ 設問 P190

(1) $\displaystyle\int_0^2 \frac{dx}{\sqrt{16-x^2}}$ において，$x = 4\sin\theta \left(-\dfrac{\pi}{2} \leqq \theta \leqq \dfrac{\pi}{2}\right)$ とおくと，

$\dfrac{dx}{d\theta} = 4\cos\theta \quad \therefore\ dx = 4\cos\theta\,d\theta$

x	0	$\to$	2
θ	0	$\to$	$\frac{\pi}{6}$

よって，

$$(与式) = \int_0^{\frac{\pi}{6}} \frac{4\cos\theta\,d\theta}{\sqrt{16 - 16\sin^2\theta}}$$
$$= \int_0^{\frac{\pi}{6}} \frac{4\cos\theta}{\sqrt{16\cos^2\theta}}\,d\theta$$
$$= \int_0^{\frac{\pi}{6}} \frac{4\cos\theta}{4\cos\theta}\,d\theta$$
$$= \int_0^{\frac{\pi}{6}} d\theta$$
$$= \Big[\theta\Big]_0^{\frac{\pi}{6}} = \frac{\pi}{6}$$

(2) $\displaystyle\int_{-2}^1 \sqrt{4-x^2}\,dx$ において，$x = 2\sin\theta \left(-\dfrac{\pi}{2} \leqq \theta \leqq \dfrac{\pi}{2}\right)$ とおくと，

$\dfrac{dx}{d\theta} = 2\cos\theta \quad \therefore\ dx = 2\cos\theta\,d\theta$

x	-2	$\to$	1
θ	$-\frac{\pi}{2}$	$\to$	$\frac{\pi}{6}$

よって，

$$(与式) = \int_{-\frac{\pi}{2}}^{\frac{\pi}{6}} \sqrt{4-4\sin^2\theta} \cdot 2\cos\theta \, d\theta$$

$$= \int_{-\frac{\pi}{2}}^{\frac{\pi}{6}} 4\cos^2\theta \, d\theta$$

$$= \int_{-\frac{\pi}{2}}^{\frac{\pi}{6}} 4 \cdot \left(\frac{1+\cos 2\theta}{2}\right) d\theta$$

$$= \Big[2\theta + \sin 2\theta\Big]_{-\frac{\pi}{2}}^{\frac{\pi}{6}} = \frac{4\pi}{3} + \frac{\sqrt{3}}{2}$$

別解

$\int_{-2}^{1} \sqrt{4-x^2}\, dx$ は右図の斜線と網目部分の面積を表す．

A$(1,\ \sqrt{3})$, B$(1,\ 0)$, C$(-2,\ 0)$ として，△OAB と扇形 AOC の面積の合計と考える．扇形 AOC は，半径が 2，中心角 $\frac{2}{3}\pi$ であるから，

$$(与式) = \frac{1}{2} \cdot 1 \cdot \sqrt{3} + \frac{1}{2} \cdot 2^2 \cdot \frac{2}{3}\pi$$

$$= \frac{4\pi}{3} + \frac{\sqrt{3}}{2}$$

(3) $\int_{0}^{1} \sqrt{1-x^2}\, dx$ において，$x = \sin\theta \left(-\frac{\pi}{2} \leqq \theta \leqq \frac{\pi}{2}\right)$ とおくと，

$\dfrac{dx}{d\theta} = \cos\theta \quad \therefore\ dx = \cos\theta\, d\theta$

x	0	$\to$	1
θ	0	$\to$	$\frac{\pi}{2}$

よって，

$$(与式) = \int_{0}^{\frac{\pi}{2}} \sqrt{1-\sin^2\theta} \cdot \cos\theta \, d\theta$$

$$= \int_{0}^{\frac{\pi}{2}} \cos^2\theta \, d\theta$$

$$= \int_{0}^{\frac{\pi}{2}} \frac{1+\cos 2\theta}{2} d\theta$$

$$= \left[\frac{1}{2}\theta + \frac{1}{4}\sin 2\theta\right]_0^{\frac{\pi}{2}} = \frac{\pi}{4}$$

別解

$\int_0^1 \sqrt{1-x^2}\,dx$ は右図の網目部分の面積を表すから,

$$（与式） = \frac{1}{2} \cdot 1^2 \cdot \frac{\pi}{2} = \frac{\pi}{4}$$

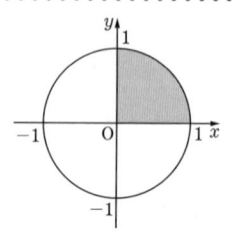

(4) ここは面積だけでやってしまいます．もしも置換積分で求めるのならば，$x = \frac{2}{5}\sin\theta$ とおきましょう．

$$\int_0^{\frac{2}{5}} \sqrt{4-25x^2}\,dx = 5\int_0^{\frac{2}{5}} \sqrt{\left(\frac{2}{5}\right)^2 - x^2}\,dx$$

$\int_0^{\frac{2}{5}} \sqrt{\left(\frac{2}{5}\right)^2 - x^2}\,dx$ は右図の網目部分の面積を表すので,

$$\int_0^{\frac{2}{5}} \sqrt{\left(\frac{2}{5}\right)^2 - x^2}\,dx = \frac{1}{2} \cdot \left(\frac{2}{5}\right)^2 \cdot \frac{\pi}{2} = \frac{\pi}{25}$$

よって，求める値は $5 \cdot \frac{\pi}{25} = \boldsymbol{\frac{\pi}{5}}$

(5) $\int_0^{\sqrt{3}} \frac{dx}{x^2+3}$ において，$x = \sqrt{3}\tan\theta \left(-\frac{\pi}{2} < \theta < \frac{\pi}{2}\right)$ とおくと,

$$\frac{dx}{d\theta} = \sqrt{3}\frac{1}{\cos^2\theta} \qquad \therefore\ dx = \frac{\sqrt{3}}{\cos^2\theta}\,d\theta$$

x	0	$\to$	$\sqrt{3}$
θ	0	$\to$	$\frac{\pi}{4}$

よって,

$$（与式） = \int_0^{\frac{\pi}{4}} \frac{1}{3\tan^2\theta + 3} \cdot \frac{\sqrt{3}}{\cos^2\theta}\,d\theta$$

$$= \int_0^{\frac{\pi}{4}} \frac{1}{3(\tan^2\theta + 1)} \cdot \frac{\sqrt{3}}{\cos^2\theta}\,d\theta$$

$$= \int_0^{\frac{\pi}{4}} \frac{\cos^2\theta}{3} \cdot \frac{\sqrt{3}}{\cos^2\theta}\,d\theta$$

$$= \frac{\sqrt{3}}{3}\int_0^{\frac{\pi}{4}} d\theta = \frac{\sqrt{3}}{12}\pi$$

(6) $\displaystyle\int_0^1 \frac{dx}{(x^2+1)^{\frac{5}{2}}}$ において，$x = \tan\theta \left(-\frac{\pi}{2} < \theta < \frac{\pi}{2}\right)$ とおくと，

$$\frac{dx}{d\theta} = \frac{1}{\cos^2\theta} \qquad \therefore dx = \frac{1}{\cos^2\theta}\,d\theta$$

x	0	$\to$	1
θ	0	$\to$	$\frac{\pi}{4}$

よって，

$$\begin{aligned}
(与式) &= \int_0^{\frac{\pi}{4}} \frac{1}{(\tan^2\theta+1)^{\frac{5}{2}}} \cdot \frac{1}{\cos^2\theta}\,d\theta \\
&= \int_0^{\frac{\pi}{4}} \frac{1}{\left(\frac{1}{\cos^2\theta}\right)^{\frac{5}{2}}} \cdot \frac{1}{\cos^2\theta}\,d\theta \\
&= \int_0^{\frac{\pi}{4}} \cos^3\theta\,d\theta \\
&= \int_0^{\frac{\pi}{4}} \frac{\cos 3\theta + 3\cos\theta}{4}\,d\theta \quad (\because 3\text{倍角の公式}) \\
&= \frac{1}{4}\left[\frac{1}{3}\sin 3\theta + 3\sin\theta\right]_0^{\frac{\pi}{4}} \\
&= \frac{1}{4}\left(\frac{1}{3}\cdot\frac{1}{\sqrt{2}} + \frac{3}{\sqrt{2}}\right) = \frac{5\sqrt{2}}{12}
\end{aligned}$$

(7) $\displaystyle\int_0^2 \frac{dx}{4+x^2}$ において，$x = 2\tan\theta \left(-\frac{\pi}{2} < \theta < \frac{\pi}{2}\right)$ とおくと，

$$\frac{dx}{d\theta} = \frac{2}{\cos^2\theta} \qquad \therefore dx = \frac{2}{\cos^2\theta}\,d\theta$$

x	0	$\to$	2
θ	0	$\to$	$\frac{\pi}{4}$

よって，

$$\begin{aligned}
(与式) &= \int_0^{\frac{\pi}{4}} \frac{1}{4(1+\tan^2\theta)} \cdot \frac{2}{\cos^2\theta}\,d\theta \\
&= \frac{1}{2}\int_0^{\frac{\pi}{4}} d\theta = \frac{\pi}{8}
\end{aligned}$$

問題 195

(1) $\int_0^1 \dfrac{x^3}{x^8+1}\,dx$ において，$x^4 = t$ とおくと，

$\dfrac{dt}{dx} = 4x^3$ 　$\therefore\ dx = \dfrac{dt}{4x^3}$

x	0	$\to$	1
t	0	$\to$	1

よって，

$$\int_0^1 \dfrac{x^3}{x^8+1}\,dx = \dfrac{1}{4}\int_0^1 \dfrac{1}{t^2+1}\,dt$$

ここで，$t = \tan\theta$ $\left(-\dfrac{\pi}{2} < \theta < \dfrac{\pi}{2}\right)$ とおくと，

$\dfrac{dt}{d\theta} = \dfrac{1}{\cos^2\theta}$ 　$\therefore\ dt = \dfrac{d\theta}{\cos^2\theta}$

t	0	$\to$	1
θ	0	$\to$	$\dfrac{\pi}{4}$

よって，

$$(与式) = \dfrac{1}{4}\int_0^{\frac{\pi}{4}} \dfrac{1}{\tan^2\theta + 1} \cdot \dfrac{d\theta}{\cos^2\theta}$$

$$= \dfrac{1}{4}\Big[\theta\Big]_0^{\frac{\pi}{4}} = \boldsymbol{\dfrac{\pi}{16}}$$

(2) $\int \dfrac{1}{x\log x}\,dx = \log|\log x| + C$ と気付けば何ということはないのですが，気付かない場合は以下のようにやりましょう．

$\int_e^{e^2} \dfrac{1}{x\log x}\,dx$ において，$\log x = t$ とおくと，

$\dfrac{dt}{dx} = \dfrac{1}{x}$ 　$\therefore\ dx = x\,dt$

x	e	$\to$	e^2
t	1	$\to$	2

よって，

$$\int_e^{e^2} \dfrac{1}{x\log x}\,dx = \int_1^2 \dfrac{1}{t}\,dt$$

$$= \Big[\log|t|\Big]_1^2 = \boldsymbol{\log 2}$$

(3) $\int e^{\sin x} \sin 2x \, dx$ において，$\sin x = t$ とおくと，

$\cos x = \dfrac{dt}{dx} \quad \therefore \ dx = \dfrac{dt}{\cos x}$

よって，

$(与式) = 2 \int e^{\sin x} \sin x \cos x \, dx$

$= 2 \int t e^t \, dt = 2(t-1)e^t + C$

$= \mathbf{2(\sin x - 1)e^{\sin x} + C}$

(4) $\int \tan^3 x \, dx = \int \tan x \cdot \tan^2 x \, dx$

$= \int \tan x \left(\dfrac{1}{\cos^2 x} - 1 \right) dx$

$= \int \dfrac{1}{\cos^2 x} \tan x \, dx - \int \tan x \, dx$

$= \int (\tan x)' \tan x \, dx + \int \dfrac{(\cos x)'}{\cos x} \, dx$

$= \mathbf{\dfrac{1}{2} \tan^2 x + \log|\cos x| + C}$

(5) $\int \dfrac{dx}{(1+\sqrt{x})\sqrt{x}}$ において，$\sqrt{x} = t$ とおくと，

$\dfrac{1}{2\sqrt{x}} = \dfrac{dt}{dx} \quad \therefore dx = 2t \, dt$

よって，

$(与式) = \int \dfrac{1}{(1+t)t} \cdot 2t \, dt$

$= \int \dfrac{2}{1+t} \, dt$

$= 2 \log|1+t| + C = \mathbf{2\log(1+\sqrt{x}) + C}$

(6) $\int_1^e \dfrac{\sin(\pi \log x)}{x}\, dx$ において，$\pi \log x = t$ とおくと，

$\dfrac{dt}{dx} = \dfrac{\pi}{x}$ 　　$\therefore\ dx = \dfrac{x}{\pi} dt$

x	1	$\to$	e
t	0	$\to$	π

よって，

$$\begin{aligned}
(与式) &= \int_0^\pi \dfrac{\sin t}{x} \cdot \dfrac{x}{\pi}\, dt \\
&= \dfrac{1}{\pi} \int_0^\pi \sin t\, dt \\
&= \dfrac{1}{\pi} \Big[-\cos t \Big]_0^\pi = \boldsymbol{\dfrac{2}{\pi}}
\end{aligned}$$

問題 196　　▶▶▶ 設問 P192

(1) $\displaystyle\int (x+1)\log x\, dx = \left(\dfrac{x^2}{2} + x\right)\log x - \int \left(\dfrac{x^2}{2} + x\right)\dfrac{1}{x}\, dx$

$ = \left(\dfrac{x^2}{2} + x\right)\log x - \int \left(\dfrac{x}{2} + 1\right) dx$

$ = \left(\boldsymbol{\dfrac{x^2}{2} + x}\right)\boldsymbol{\log x - \dfrac{1}{4}x^2 - x + C}$

(2) $\displaystyle\int (x^2 + 2x)e^x dx = \{(x^2 + 2x) - (2x+2) + 2\}e^x + C$

$ = \boldsymbol{x^2 e^x + C}$

(3) $\dfrac{5(x-1)}{x^2 - x - 6} = \dfrac{a}{x+2} + \dfrac{b}{x-3}$ とおく．

両辺に $(x+2)(x-3)$ をかけ，係数を比較すると，$a = 3,\ b = 2$

$\displaystyle\int \dfrac{5(x-1)}{x^2 - x - 6}\, dx = \int \left(\dfrac{3}{x+2} + \dfrac{2}{x-3}\right) dx$

$\phantom{\displaystyle\int \dfrac{5(x-1)}{x^2 - x - 6}\, dx} = 3\log|x+2| + 2\log|x-3| + C$

$\phantom{\displaystyle\int \dfrac{5(x-1)}{x^2 - x - 6}\, dx} = \boldsymbol{\log\left|(x+2)^3(x-3)^2\right| + C}$

(4) $\displaystyle\int \frac{1}{x(x+1)(x+2)}\,dx = \frac{1}{2}\int\left(\frac{1}{x(x+1)} - \frac{1}{(x+1)(x+2)}\right)dx$

$\displaystyle\qquad = \frac{1}{2}\int\left(\frac{1}{x} - \frac{2}{x+1} + \frac{1}{x+2}\right)dx$

$\displaystyle\qquad = \frac{1}{2}\left(\log|x| - 2\log|x+1| + \log|x+2|\right) + C$

$\displaystyle\qquad = \boldsymbol{\frac{1}{2}\log\frac{|x(x+2)|}{(x+1)^2} + C}$

(5) $\displaystyle\int \frac{x}{\sqrt{x+1}+1}\,dx = \int \frac{x(\sqrt{x+1}-1)}{(x+1)-1}\,dx$

$\displaystyle\qquad = \int(\sqrt{x+1}-1)\,dx$

$\displaystyle\qquad = \boldsymbol{\frac{2}{3}(x+1)\sqrt{x+1} - x + C}$

(6) $\displaystyle\int \sin 3x \sin 5x\,dx = \int \frac{1}{2}\{\cos(3x-5x) - \cos(3x+5x)\}\,dx$

$\displaystyle\qquad = \int \frac{1}{2}(\cos 2x - \cos 8x)\,dx$

$\displaystyle\qquad = \boldsymbol{\frac{1}{4}\sin 2x - \frac{1}{16}\sin 8x + C}$

(7) $(e^x \cos x)' = e^x(\cos x - \sin x)$

$(e^x \sin x)' = e^x(\sin x + \cos x)$

である．よって，辺々加えて，

$\{e^x(\cos x + \sin x)\}' = 2e^x \cos x$

両辺を x で積分して

$\displaystyle\int e^x \cos x\,dx = \boldsymbol{\frac{e^x}{2}(\cos x + \sin x) + C}$

(8) $\displaystyle\int_0^1 \sqrt{x}(1+x)\,dx = \int_0^1 (x^{\frac{1}{2}} + x^{\frac{3}{2}})\,dx = \left[\frac{2}{3}x^{\frac{3}{2}} + \frac{2}{5}x^{\frac{5}{2}}\right]_0^1 = \frac{2}{3} + \frac{2}{5}$

$\displaystyle\qquad = \boldsymbol{\frac{16}{15}}$

(9) $\displaystyle\int_0^1 \log(x+2)\,dx = \left[(x+2)\log(x+2) - (x+2)\right]_0^1 = \boldsymbol{\log\frac{27}{4e}}$

(10) $\displaystyle\int_0^1 \frac{1}{x^2-2x-3}\,dx = \int_0^1 \frac{1}{(x-3)(x+1)}\,dx$

$\displaystyle = \int_0^1 \frac{1}{4}\left(\frac{1}{x-3}-\frac{1}{x+1}\right)dx$

$\displaystyle = \frac{1}{4}\left[\log\left|\frac{x-3}{x+1}\right|\right]_0^1 = -\frac{1}{4}\log 3$

(11) $\displaystyle\int_0^1 x^2 e^{-x}\,dx = \left[-(x^2+2x+2)e^{-x}\right]_0^1 = 2-\frac{5}{e}$

(12) $\displaystyle\int_0^1 \frac{1}{1+e^{-x}}\,dx = \int_0^1 \frac{e^x}{e^x+1}\,dx = \int_0^1 \frac{(e^x+1)'}{e^x+1}\,dx = \left[\log(e^x+1)\right]_0^1$

$\displaystyle = \log\frac{e+1}{2}$

(13) $\displaystyle\int_0^{\frac{\pi}{4}}(\cos x+\sin 2x)\,dx = \left[\sin x-\frac{1}{2}\cos 2x\right]_0^{\frac{\pi}{4}} = \frac{\sqrt{2}}{2}-\left(-\frac{1}{2}\right)$

$\displaystyle = \frac{\sqrt{2}+1}{2}$

(14) $\displaystyle\int_0^{\frac{\pi}{3}}\frac{\sin 2x}{1+\sin^2 x}\,dx$ において，$1+\sin^2 x = t$ とおくと，

$2\sin x\cos x\,dx = dt$

x	0	$\to$	$\frac{\pi}{3}$
t	1	$\to$	$\frac{7}{4}$

よって，

$\displaystyle\int_0^{\frac{\pi}{3}}\frac{\sin 2x}{1+\sin^2 x}\,dx = \int_0^{\frac{\pi}{3}}\frac{2\sin x\cos x}{1+\sin^2 x}\,dx$

$\displaystyle = \int_1^{\frac{7}{4}}\frac{dt}{t}$

$\displaystyle = \left[\log|t|\right]_1^{\frac{7}{4}} = \log\frac{7}{4}$

(15) $\displaystyle\int_0^{\frac{\pi}{8}} \sin^2 x \cos^2 x\, dx = \int_0^{\frac{\pi}{8}} \frac{1}{4}\sin^2 2x\, dx$

$\displaystyle\qquad\qquad\qquad\qquad = \frac{1}{8}\int_0^{\frac{\pi}{8}} (1-\cos 4x)\, dx$

$\displaystyle\qquad\qquad\qquad\qquad = \frac{1}{8}\left[x - \frac{1}{4}\sin 4x\right]_0^{\frac{\pi}{8}} = \boldsymbol{\frac{\pi-2}{64}}$

(16) $\displaystyle\int_0^{\frac{\pi}{2}} (\cos x)\log(3-2\sin x)\, dx$ において, $3-2\sin x = t$ とおくと,

$-2\cos x = \dfrac{dt}{dx}$

x	0	$\to$	$\frac{\pi}{2}$
t	3	$\to$	1

よって,

$\displaystyle\int_0^{\frac{\pi}{2}} (\cos x)\log(3-2\sin x)\, dx = \int_3^1 \left(-\frac{1}{2}\log t\right) dt$

$\displaystyle\qquad\qquad\qquad\qquad\qquad\qquad = \frac{1}{2}\int_1^3 \log t\, dt$

$\displaystyle\qquad\qquad\qquad\qquad\qquad\qquad = \frac{1}{2}\Big[t\log t - t\Big]_1^3$

$\displaystyle\qquad\qquad\qquad\qquad\qquad\qquad = \frac{3}{2}\log 3 - 1 = \boldsymbol{\log\frac{3\sqrt{3}}{e}}$

問題 197

(1) $\displaystyle\int_0^\pi \left(\sin x + \cos\frac{x}{2}\right)dx = \left[-\cos x + 2\sin\frac{x}{2}\right]_0^\pi = (1+2)-(-1) = \mathbf{4}$

(2) $y = \sin x$, $y = \sin\dfrac{x}{3}$ の $0 \leqq x \leqq \pi$ における交点の x 座標について，

$$\sin x = \sin\frac{x}{3} \quad \therefore\ x = \frac{x}{3} \quad \text{または} \quad x = \pi - \frac{x}{3} \quad \therefore\ x = 0,\ \frac{3}{4}\pi$$

よって，

$$\left|\sin x - \sin\frac{x}{3}\right| = \begin{cases}\sin x - \sin\dfrac{x}{3} & \left(0 \leqq x \leqq \dfrac{3}{4}\pi\right) \\ -\sin x + \sin\dfrac{x}{3} & \left(\dfrac{3}{4}\pi \leqq x \leqq \pi\right)\end{cases}$$

であるから，

$$\begin{aligned}\int_0^\pi \left|\sin x - \sin\frac{x}{3}\right|dx &= \int_0^{\frac{3}{4}\pi}\left(\sin x - \sin\frac{x}{3}\right)dx \\ &\quad + \int_{\frac{3}{4}\pi}^\pi \left(-\sin x + \sin\frac{x}{3}\right)dx \\ &= \int_0^{\frac{3}{4}\pi}\left(\sin x - \sin\frac{x}{3}\right)dx \\ &\quad + \int_\pi^{\frac{3}{4}\pi}\left(\sin x - \sin\frac{x}{3}\right)dx \\ &= \left[-\cos x + 3\cos\frac{x}{3}\right]_0^{\frac{3}{4}\pi} + \left[-\cos x + 3\cos\frac{x}{3}\right]_\pi^{\frac{3}{4}\pi} \\ &= \frac{1}{\sqrt{2}} + \frac{3}{\sqrt{2}} - (-1) - 3 + \frac{1}{\sqrt{2}} + \frac{3}{\sqrt{2}} - 1 - \frac{3}{2} \\ &= \mathbf{4\sqrt{2} - \dfrac{9}{2}}\end{aligned}$$

(3) $\dfrac{5x^2 - 9x - 38}{x^3 - 6x^2 - x + 30} = \dfrac{(x+2)(5x-19)}{(x+2)(x-3)(x-5)} = \dfrac{5x-19}{(x-3)(x-5)}$

$\qquad\qquad\qquad\quad = \dfrac{2}{x-3} + \dfrac{3}{x-5}$

であるから，

$$\int_6^8 \frac{5x^2-9x-38}{x^3-6x^2-x+30}\,dx = \int_6^8 \left(\frac{2}{x-3}+\frac{3}{x-5}\right)dx$$
$$= \Big[2\log|x-3|+3\log|x-5|\Big]_6^8$$
$$= 2\log 5 - 2\log 3 + 3\log 3 - 3\log 1$$
$$= 2\log 5 + \log 3$$
$$= \mathbf{\log 75}$$

(4) $\displaystyle\int_1^3 \left(\sqrt{x}+\frac{1}{x^2}\right)dx = \left[\frac{2}{3}x\sqrt{x}-\frac{1}{x}\right]_1^3 = \left(\frac{2}{3}\cdot 3\sqrt{3}-\frac{1}{3}\right)-\left(\frac{2}{3}-1\right)$
$\qquad\qquad = \mathbf{2\sqrt{3}}$

(5) $0 \leqq x \leqq \dfrac{\pi}{4}$ で $\sin x \leqq \cos x$, $\dfrac{\pi}{4} \leqq x \leqq \dfrac{\pi}{2}$ で $\sin x \geqq \cos x$ となるので,

$$\int_0^{\frac{\pi}{2}}|\sin x - \cos x|\,dx = \int_0^{\frac{\pi}{4}}(\cos x - \sin x)\,dx + \int_{\frac{\pi}{4}}^{\frac{\pi}{2}}(\sin x - \cos x)\,dx$$
$$= \Big[\sin x + \cos x\Big]_0^{\frac{\pi}{4}} + \Big[-\cos x - \sin x\Big]_{\frac{\pi}{4}}^{\frac{\pi}{2}}$$
$$= \left(\frac{1}{\sqrt{2}}+\frac{1}{\sqrt{2}}-1\right)+\left(-1+\frac{1}{\sqrt{2}}+\frac{1}{\sqrt{2}}\right)$$
$$= 2(\sqrt{2}-1) = \mathbf{2\sqrt{2}-2}$$

(6) $\displaystyle\int_{\frac{1}{2}}^2 |\log x|\,dx = -\int_{\frac{1}{2}}^1 \log x\,dx + \int_1^2 \log x\,dx$
$\qquad\qquad = \Big[x\log x - x\Big]_1^{\frac{1}{2}} + \Big[x\log x - x\Big]_1^2$
$\qquad\qquad = \dfrac{1}{2}\log\dfrac{1}{2} + 2\log 2 - \dfrac{1}{2}$
$\qquad\qquad = \dfrac{3}{2}\log 2 - \dfrac{1}{2}$
$\qquad\qquad = \mathbf{\dfrac{1}{2}\log\dfrac{8}{e}}$

(7) $\displaystyle\int_{-2}^1 \frac{3}{3x+7}\,dx = \Big[\log(3x+7)\Big]_{-2}^1 = \mathbf{\log 10}$

(8) $\displaystyle\int_{-1}^{2} (x+|x|+1)^2\,dx = \int_{-1}^{0} 1^2\,dx + \int_{0}^{2} (2x+1)^2\,dx$

$\displaystyle\qquad = \Big[x\Big]_{-1}^{0} + \left[\dfrac{1}{6}(2x+1)^3\right]_{0}^{2}$

$\displaystyle\qquad = 1 + \dfrac{5^3-1^3}{6} = \dfrac{65}{3}$

(9) $\displaystyle\int x\log x\,dx = \dfrac{x^2}{2}\log x - \int \dfrac{x^2}{2}\cdot\dfrac{1}{x}\,dx$

$\displaystyle\qquad = \dfrac{x^2}{2}\log x - \dfrac{1}{2}\int x\,dx$

$\displaystyle\qquad = \boldsymbol{\dfrac{x^2}{2}\log x - \dfrac{x^2}{4} + C}$

(10) $\displaystyle\int x(\log x)^2\,dx = \int \left(\dfrac{x^2}{2}\right)' (\log x)^2\,dx$

$\displaystyle\qquad = \dfrac{x^2}{2}(\log x)^2 - \int x\log x\,dx$

$\displaystyle\qquad = \dfrac{x^2}{2}(\log x)^2 - \int \left(\dfrac{x^2}{2}\right)' \log x\,dx$

$\displaystyle\qquad = \dfrac{x^2}{2}(\log x)^2 - \dfrac{x^2}{2}\log x + \int \dfrac{x}{2}\,dx$

$\displaystyle\qquad = \boldsymbol{\dfrac{x^2}{2}(\log x)^2 - \dfrac{x^2}{2}\log x + \dfrac{x^2}{4} + C}$

(11) $\displaystyle\int \dfrac{\log x}{x}\,dx = \int \log x\cdot(\log x)'\,dx = \boldsymbol{\dfrac{1}{2}(\log x)^2 + C}$

(12) $\displaystyle\int \dfrac{\sin x}{2+\cos x}\,dx = \int \dfrac{-(2+\cos x)'}{2+\cos x}\,dx = \boldsymbol{-\log(2+\cos x) + C}$

(13) $\displaystyle\int x^2\sin x\,dx = -x^2\cos x + 2\int x\cos x\,dx$

$\displaystyle\qquad = -x^2\cos x + 2x\sin x - 2\int \sin x\,dx$

$\displaystyle\qquad = -x^2\cos x + 2x\sin x + 2\cos x + C$

であるから，

$$\int_0^{2\pi} x^2|\sin x|\,dx$$
$$= \int_0^{\pi} x^2 \sin x\,dx - \int_{\pi}^{2\pi} x^2 \sin x\,dx$$
$$= \Big[-x^2\cos x + 2x\sin x + 2\cos x\Big]_0^{\pi} - \Big[-x^2\cos x + 2x\sin x + 2\cos x\Big]_{\pi}^{2\pi}$$
$$= \pi^2 - 4 - (-5\pi^2 + 4)$$
$$= \boldsymbol{6\pi^2 - 8}$$

(14) $\displaystyle\int_1^{e-1} \dfrac{\log\{\log(x+1)\}}{x+1}\,dx$ において，$t = \log(x+1)$ とおくと，

$$\dfrac{dt}{dx} = \dfrac{1}{x+1} \qquad \therefore\ dt = \dfrac{dx}{x+1}$$

x	1	$\to$	$e-1$
t	$\log 2$	$\to$	1

となるから，

$$\int_1^{e-1} \dfrac{\log\{\log(x+1)\}}{x+1}\,dx = \int_{\log 2}^{1} \log t\,dt$$
$$= \Big[t\log t - t\Big]_{\log 2}^{1}$$
$$= \boldsymbol{-(\log 2)\log(\log 2) + \log 2 - 1}$$

(15) $\displaystyle\int_0^1 (x+x^3)\sqrt{1-x^2}\,dx$ において，$\sqrt{1-x^2} = t$ とおくと，$x^2 = 1 - t^2$ より，

$$2x\,dx = -2t\,dt \qquad \therefore\ dx = -\dfrac{t}{x}dt$$

x	0	$\to$	1
t	1	$\to$	0

となるから，

$$\int_0^1 (x+x^3)\sqrt{1-x^2}\,dx = \int_1^0 (2-t^2)t(-t)\,dt$$
$$= \Big[\dfrac{2t^3}{3} - \dfrac{t^5}{5}\Big]_0^1$$
$$= \boldsymbol{\dfrac{7}{15}}$$

(16) $\int_{1}^{e^2} \dfrac{\log x}{\sqrt{x}}\, dx$ において，$\sqrt{x}=t$ とおくと，$x=t^2$ より，

$dx = 2t dt$

x	1	$\to$	e^2
t	1	$\to$	e

となるから，

$$\int_{1}^{e^2} \dfrac{\log x}{\sqrt{x}}\, dx = \int_{1}^{e} \dfrac{\log t^2}{t} \cdot 2t\, dt$$

$$= 4 \int_{1}^{e} \log t\, dt$$

$$= 4 \Big[t\log t - t \Big]_{1}^{e} = \mathbf{4}$$

点数が確実にUPする！

数学Ⅲ
入試問題集

2016（平成28）年7月30日　初版第1刷発行

著　者　土田竜馬、高橋全人、小島祐太
発行者　錦織圭之介
発行所　株式会社　東洋館出版社
　　　　〒113-0021　東京都文京区本駒込5-16-7
　　　　営業部　電話 03-3823-9206／FAX 03-3823-9208
　　　　編集部　電話 03-3823-9207／FAX 03-3823-9209
　　　　振替　00180-7-96823
　　　　URL http://www.toyokan.co.jp

装　幀　中濱健治
印　刷　藤原印刷株式会社
製　本　牧製本印刷株式会社

ISBN978-4-491-03255-9　Printed in Japan

[JCOPY] <(社)出版者著作権管理機構　委託出版物>
本書の無断複写は著作権法上での例外を除き禁じられています。複写される場合は、そのつど事前に、(社)出版者著作権管理機構（電話 03-3513-6969，FAX 03-3513-6979，e-mail：info@jcopy.or.jp）の許諾を得てください。

ISBN978-4-491-03255-9